高等学校软件工程专业校企深度合作系列实践教材

Web 前端项目开发实践

总主编　周清平
主　编　颜一鸣
副主编　钟　键　张彬连
　　　　陈园琼　张延亮

U0344214

中南大学出版社
www.csupress.com.cn

图书在版编目（ＣＩＰ）数据

高等学校软件工程专业校企深度合作系列实践教材／周清平总主编.
Web 前端项目开发实践/颜一鸣主编.--长沙:中南大学出版社,2015.3
ISBN 978 - 7 - 5487 - 1402 - 6

I. W⋯ II.①周⋯②颜⋯ III.①超文本标记语言－程序设计
②网页制作工具③JAVA 语言－程序设计
　IV.①TP312②TP393.092

中国版本图书馆 CIP 数据核字(2015)第 050610 号

Web 前端项目开发实践

颜一鸣　主编

□责任编辑	刘　灿
□责任印制	易红卫
□出版发行	中南大学出版社
	社址：长沙市麓山南路　　　邮编：410083
	发行科电话：0731 - 88876770　　传真：0731 - 88710482
□印　　装	长沙印通印刷有限公司

□开　　本	787×1092　1/16	□印张 18.5	□字数 457 千字
□版　　次	2015 年 3 月第 1 版	□2017 年 12 月第 2 次印刷	
□书　　号	ISBN 978 - 7 - 5487 - 1402 - 6		
□定　　价	40.00 元		

内容简介

Introduction

随着互联网的飞速发展，特别是进入 Web2.0 时代，良好的用户体验、精美的 UI 设计、巧妙多变的交互特效，成为了网站设计与应用的新亮点。本书针对软件企业 Web 前端人才的知识、技能和素质要求，以 WCMS（网站内容发布系统）项目作为实训案例，使学生系统掌握完成一个真实项目开发所具备的专业知识、国际统一开发规范和标准，熟练使用 Web 前端开发关键技术和工具，建立 UED 设计思想。

本书的内容顺序和层次按照 Web 前端实际的开发流程，将 WCMS 项目以"项目描述、项目目标、项目实施、项目小结与拓展"为章节分解成项目前台首页设计与开发 12 个任务、前台栏目页与内容页设计与开发 11 个任务、后台管理页设计与开发 6 个任务，每个实训任务的设计都围绕着提高专业实践能力和创新能力、强化职业拓展力、组织实施实战训练。相关理论知识讲解有机融入到项目实施过程，通过自主学习便可完成跨平台的 WCMS 项目开发。

本书是一本 Web 前端项目开发实训的指导教程，适合高等院校"Web 前端开发"课程实践教学参考用书，也可供对 Web 前端开发有兴趣者参考。

作者简介 / About the Author

总主编：

周清平，男，1966 年 3 月出生，湖南省张家界人，土家族，教授，博士后，现任中国服务贸易协会专家委员会副理事长，全国服务外包技能考试专家委员会副理事长，吉首大学软件服务外包学院院长，长期从事软件工程专业课程教学和开发，主要研究方向为量子信息、软件信息系统，主持国家自然科学基金、中国科学院科学研究基金、中国博士后基金、教育部科学研究重点项目、湖南省景区信息化专项等科研项目，主持国家级工程实践教育中心、软件工程综合改革试点专业、福特 II 国际合作项目、湖南省教育信息化专项等教研教改项目，获中国服务外包人才培养最佳实践新锐奖、湖南省自然科学奖、湖南省自然科学优秀学术论文奖，在 Springer：*Quant. Inform. Proces.*，*phys. Leet. A* 等国内外高级学术期刊发表 SCI 论文二十余篇。

本书主编：

颜一鸣，男，1976 年 9 月出生，湖南省益阳人，汉族，副教授，硕士，长期从事软件工程专业课程教学，主讲软件工程、Web 前端开发等课程，有丰富的 Web 前端开发经验。主要研究方向为大数据处理、人机交互工程。参与国家级工程实践教育中心、软件工程综合改革试点专业、福特 II 国际合作项目、湖南省教育信息化专项等教研教改项目，指导学生参加第三届、第四届、第五届"中国大学生软件服务外包创新创业大赛"，荣获一等奖 1 次，二等奖 2 次，三等奖 2 次。

编审委员会

Editorial Committee / 高等学校软件工程专业
校企深度合作系列实践教材

总序 /

企业专业实训是在真实的企业工作环境中，以项目组的工作方式实现完整的项目开发过程，是实现高素质软件人才培养的重要实践教学环节，是集中训练学生的科学研究能力、工程实践能力和创新能力的必要一环，是对学生综合运用多学科的理论、方法、工具和技术解决实际问题的真实检验，对全面提高教育教学质量具有重要意义。

近年来，吉首大学大力践行"整体渗透、优势互补、人才共育、过程共管、资源共享、责任共担、利益共生、合作共赢"的校企深度合作办学模式，先后与中软国际、青软实训、苏软培训等知名企业开展专业共建，在沉浸式实训模式创新、课程研发、实践教学资源建设等方面取得了显著成效，本次编写出版的"高等学校软件工程专业校企深度合作系列实践教材"就是其中一项重要成果。

本系列教材包括《C 语言项目开发实践》《数据库项目开发实践》《Java 项目开发实践》《Web 前端项目开发实践》《Java EE 项目开发实践》《. Net 项目开发实践》《Android 项目开发实践》《嵌入式 ARM 体系结构编程项目开发实践》，共 8 本。校企双方教师、技术专家联合组成了教材编写委员会，他们深入生产实际、把握主流技术、遵循教学规律，摆脱了传统教材"理论知识 + 实训案例"的简单模式，将实训内容项目化、专业化和职业化，以真实的企业项目案例为载体，循序渐进地引导学生完成实训项目开发流程，使其专业知识得到巩固，专业技能得到提升，综合分析和解决实际问题的能力、项目开发能力、项目管理能力和创新精神得到强化，同时，在项目执行力、职业技能与素养诸方面得到有效锻炼。

本套教材内容覆盖了软件工程专业主要能力点，精选了一定数量的软件项目案例，从项目描述、项目目标、项目实施、项目小结与拓展等方面介绍，均符合各自相关的项目开发规范，项目实施遵循软件生命周期模型，给出了软件设计思想、开发过程和开发结果。学生通过项目需求分析、系统设计、编码实现、系统测试与系统部署等环节，不断积累项目开发经验。本套丛书构思设计之巧、涉猎领域之广、推广应用之实，无不反映了吉首大学的教育教学改革已经转型到以学生发展为中心、以能力培养为核心的全面综合素质教育上来，是推行校企深度合作办学基础上微创新教学改革成果的集中展示。

"一分耕耘，一分收获"，吉首大学的老师们致力于耕耘，期待着收获。站在第一读者的角度，我更期待本套教材能成为高等院校软件工程专业、职业培训和软件从业人员最具实用价值的实训教材和参考书，用书中所蕴含的智慧创造更多的财富。

是为序。

教授

联合国教科文组织产学合作教席理事会理事
教育部软件工程专业教学指导委员会副主任
国家示范性软件学院建设工作办公室副主任
北京交通大学软件学院院长、博士生导师

2014 年 6 月

前言 /

我国互联网行业的发展呈现迅猛增长的势头，对 Web 前端人才的需求也随之大增。欧美等技术发达国家，前端开发和后台开发人员的比例为 1∶1，而我国目前依旧在 1∶3 以下，人才缺口较大。为解决 Web 前端开发人才供给不足的问题，提高大学生实践能力和创新能力，强化 Web 前端技术开发实训是非常有效的方法。在以往的项目实训实施过程中，我们发现实际效果往往低于预期目标，其主要原因是学生缺乏可参考的实训教材作指导。为避免实训流于形式，提升实训效果，我们与中软国际有限公司实行校企深度合作，组建了"Web 前端项目开发实践"课程研发团队。课程开发特点是将知识点项目化，将枯燥的讲授变为生动的项目开发体验，通过长期教学实践积淀，逐步完成了本教材的构思和编写。

本教材以 WCMS(网站内容管理系统)前端项目开发作为实训案例，开发流程贯穿整个实训过程，并按照项目管理规范，将开发过程划分为若干阶段，根据交付物将每个阶段细分为若干个实训任务，每个实训任务对应一个项目的子功能，真实反映软件企业商业项目的开发过程。读者依据教材指导便可完成全流程开发训练，大大缩短学生专业能力与企业软件开发岗位能力需求之间的差距，提高读者的软件开发能力和职业素质，提高就业竞争力。

全书共 4 章，第 1 章主要介绍 Web 前端项目开发所必备的专业技术知识，结合实训案例需求分析和 Web 前端开发规范，明确实训任务，并按知识、能力、素质给出具体的实训目标；第 2 章主要介绍应用主流前端框架 Bootstrap 实现 WCMS 项目前台首页设计与开发；第 3 章主要介绍应用 Bootstrap 实现 WCMS 项目前台栏目页与内容页设计与开发；第 4 章主要介绍应用主流前端框架 EasyUI 实现 WCMS 项目后台管理系统 UI 界面的设计与开发。

参加本书编写工作的有周清平，颜一鸣，钟键，张彬连，陈园琼，张延亮等。全书由颜一鸣副教授统稿，周清平教授对全书进行了审核。

在本书编写过程中，中软国际周景林高级工程师为我们提供了项目资料、企业项目实施文档等，刘敏、胡杰同学进行了代码测试和校稿工作，在此对他们表示衷心感谢，同时也衷心感谢在此书出版过程中给予我们支持与帮助的中南大学出版社相关老师和工作人员。

本书中部分程序代码电子文件可在中南大学出版社网站（www. csupree. com. cn)"下载专区"免费下载。

限于编者的水平和时间，书中难免存在纰漏和不足之处，敬请读者批评指正。

编者
2014 年 6 月

目 录

CONTENTS

第 1 章

Web 前端开发基础

　　Web 前端开发是从网页制作演变而来的，名称上有很明显的时代特征。在互联网的演化进程中，网页制作是 Web1.0 时代的产物，那时网站的主要内容都是静态的，用户使用网站的行为也以浏览为主。web2.0 注重网站的交互性和设计标准，网站重构的影响力正以惊人的速度增长。(x)HTML + CSS 布局、DHTML 和 AJAX 像一阵旋风，铺天盖地席卷而来，包括新浪、搜狐、网易、腾讯、淘宝等在内的互联网企业都对自己的网站进行了重构。随着 Web3.0 时代的来临，人们更加注重用户体验，网站设计也更加突出个性化、互动性和深入的应用服务。Web 前端开发正是运用 HTML、CSS、DIV、JavaScript、Dom、Ajax 等技术实现网站整体风格的优化与用户体验的提升，其应用领域越来越广泛。

1.1　Web 前端开发实训目标

　　本书以"网站内容管理系统(WCMS)Web 前端设计与开发"为实训案例，学生通过实战训练，将 Web 前端开发技术应用于实际项目开发过程中，培养学生项目实践经验和技能。

1.1.1　实训知识目标

　　(1)了解网站内容管理系统的工作原理。

　　(2)掌握 Web 前端界面设计规范。

　　(3)掌握 HTML 常用标签。

　　(4)掌握 CSS 常用属性。

　　(5)理解 JavaScript 中对象的定义及含义；理解 JavaScript 中事件的概念；理解 JavaScript中属性与方法的概念。

　　(6)掌握 JQuery 基本语法，选择器，方法，事件，动画。

　　(7)掌握 BootStrap 前端框架常用组件的使用。

　　(8)掌握 EasyUI 前端框架常用组件的使用。

　　(9)掌握图表绘制组件的使用。

　　(10)了解 HTML、CSS、JavaScript 在不同浏览器上的兼容性、渲染原理和存在的问题(Bug)。

　　(11)掌握网站性能优化、搜索引擎优化(SEO)和服务器开发技术的基础知识。

　　(12)学会运用各种 Web 前端开发与测试工具进行辅助开发。

1.1.2 实训能力目标

(1)网站需求分析能力。

(2)页面规划和布局能力。

(3)网站素材收集、整理及处理能力。

(4)应用 BootStrap 开发框架实现网站前台页面的设计与开发能力。

(5)应用 EasyUI 开发框架实现网站后台页面的设计与开发能力。

(6)交互式页面设计能力。

(7)开发文档撰写能力。

1.1.3 实训素质目标

(1)用户至上的开发理念。

(2)良好的项目开发规范意识。

(3)良好的团队精神和合作意识。

(4)良好的沟通与表达能力。

(5)良好的自主学习能力。

(6)良好的创新意识。

(7)诚实守信,责任感强。

1.2 Web 前端开发实训项目概述

1.2.1 WCMS 项目概述

1. 内容管理系统(CMS)

内容管理(content management)最早于 2000 年提出,此后逐渐成为一个重要的应用领域。主要解决的是将各种非结构化或半结构化的数字资源从采集、管理、利用、传递和增值,能有机地集成到结构化数据的商业智能环境中。内容的创作人员、编辑人员、发布人员使用内容管理系统来提交、修改、审批和发布内容。这里指的"内容"包括文件、表格、图片、数据库中的数据甚至视频等一切用户想要发布到因特网(internet)、内联网(intranet)和企业外联网(extranet)网站的信息。CMS 是(content management system)的缩写,意为"内容管理系统",主要划分成企业内容管理系统(enterprise content management system, ECMS)、网站内容管理系统(web content management system, WCMS)、出版内容管理系统(publish content management system, PCMS)三种类型。内容管理系统是一种基于 Web 前台和后端办公系统的中间软件系统,是许多先进技术的联合应用,而不是某种单独的创新技术,它包括企业各子网络的应用,比如因特网、内联网和企业外联网,这样就在很大程度上突破了办公自动化软件、传统信息流管理软件和文档管理软件的使用效果、应用范围和商业价值。

目前,国内外有众多厂商从事内容管理系统的开发,国外比较著名的厂商有:

(1)Vignette(2009 年被 Open Text Corporation 收购):主要面向企业客户,如迪斯尼、福克斯新闻、国家地理、大都会人寿、惠普、Sun 等。

（2）Interwoven：是一家专业致力于企业内容管理（ECM）解决方案的提供商，能够协助各行业的世界级企业客户改善关键商业流程，借此加快收入增长，减低风险及运营成本。目前有 4200 多家机构组织使用，其中大部分是世界 500 强企业，如空客、微软、汇丰银行、万事达、壳牌石油、联邦快递、三星、思科、花旗等。

（3）Documentum：许多制药公司、石油公司、联邦政府、州政府以及地方政府，以及其他大企业纷纷求助于 Documentum 公司，来对关键文档的创建和发布进行系统管理和控制。

（4）IBMDB2：是一套全面的企业级内容管理集成软件解决方案，其内容在单一开放式的体系架构中，处理所有类型数字化内容的管理共享重用和存档。2004 年 IBM 计划将 XML 技术加入其内容管理软件，用以加速建立内容管理系统的程序，并且在系统建立和运行后，简化更改 XML 文件定义的过程，让企业文件的存取更快速、更有弹性。

（5）Microsoft content management server：是一种允许企业快速高效地建立部署并维护高度动态化 Internet 企业内部网络及企业外部网络 Web 站点的企业级 Web 内容管理系统，其中的关键功能包括支持 XML、数据交换和微软. Net Web 服务的 Web 标准。

这些公司的内容管理产品专业性很强，解决方案很完善，主要面向企业级用户，大多数基于 J2EE 等平台。

国内厂商与国外相比较，在技术和市场方面差距巨大，规模更是无法相比，经常被提到的有：动易、逐浪、科讯、TurboCMS、TRS、风讯等。国外产品高昂的价格令国内众多企业却步，国内厂商相对更具有成本优势，虽然产品不是很成熟，但更能适应国内市场的需求，灵活性更高。

2. 网站内容管理系统（WCMS）

网站内容管理系统是内容管理系统中的一个分支。网站内容管理系统外观展现和内容分离管理的思想对网站建设具有重大意义，网站内容管理系统也可称为信息发布系统，可以对网站的内容、栏目、模板等进行更新和管理，且使用模板技术，可以加快网站建设速度和提高网站质量。

网站内容管理系统目前还没有一个权威统一的定义，现列出几种流传较广的定义供读者参考。

维基百科定义网站内容管理系统是内容管理系统的一种，关注于创建和管理网页内容并支持相应的 Web 应用程序。它被用来管理大型动态的网络内容的集合，包括 HTML 文档、图像及视频等，可以极大地方便内容的创作、控制和编辑。另外还提供重要的网络维护功能。

Merrill Lynch 的分析师则侧重于从信息的价值提取方面对内容管理系统进行定义，认为与 BI 系统侧重于结构化数据的价值提取不同，内容管理更侧重于非信息的价值提取。通过提供信息的检索、使用、分析和共享，实现非结构数据的战略价值。

GigaGroup 偏向于内容管理系统作为电子商务引擎的角色，认为将其与电子商务服务器的集成，可以形成内容的产生、传递到电子商务的一整套完整的端到端系统。

TRS 则认为内容管理是许多技术的综合应用，突破了传统的办公自动化、文档管理、工作流管理软件之间的间隔，解决了各种非结构化或半结构化的信息的采集、管理、利用、传递和增值。同时通过与 ERP、CRM 等系统的整合，实现了内容价值链的最优化。

contentmanager. eu. com 使用一组功能特征作为 Web 内容管理系统的定义。它认为，一个 Web 内容管理系统应该具备以下一组功能：

（1）管理一组小型的信息单元，比如网页。各个信息单元之间通过导航系统或路径紧密地联系起来。

（2）具有广泛的跨页间的连接，使得访问者可以使用除导航条之外的别的方式从一个页面链接到另一个页面。

（3）主要侧重于网页的制作和编辑，提供内容的创建、控制和编辑功能，并且还可以支持基本的网站维护职能，使得非技术人员无需了解编程及标记语言就可以创建和管理网站内容。

（4）提供了一个发布引擎，将创建或修改的内容提供给网站访问者。

（5）往往提供了一个批准流程或工作流，确保内容在发布到网站之前是被验证过的。

综上所述可知，网站内容管理系统的基本工作是创建、管理和维护大量非结构化或者半结构化的信息。可以将包括文本和图像在内的内容存储在分散空间内，例如一个数据库或是一个文件系统，而这些分散的空间都与 HTML 模板连接。可以在无需影响 HTML，也无需了解编程知识或者标记语言的情况下就升级网站的内容。也可以在不影响内容的情况下改变网页的可视效果和感觉。在不同地方出现的相同内容可以在一个地点被升级，而不必担心它们会发生冲突。同时它还可以与其他系统、软件集成，作为电子商务、信息分析研究的引擎，实现内容价值链的最优化。

1.2.2　WCMS 项目前端界面分析

1. 网站内容管理系统（WCMS）需求分析

1）系统的业务流程图

WCMS 主要包括两方面内容，一是网站内容的管理和用户管理；二是提供用户查看信息内容的功能，包括按栏目信息浏览、信息搜索、信息评论等功能。网站内容管理系统业务流程图如图 1－1 所示。

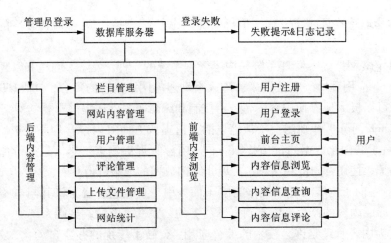

图 1－1　网站内容管理系统业务流程图

2）系统的功能分析

根据 WCMS 的业务流程图，可将网站内容发布系统划分为两个子系统，即后端内容管理子系统和前端内容浏览子系统。

（1）后端内容管理子系统应具有下列功能：

①栏目管理：建立网站应该包含的栏目，其中栏目可以无限级地包含子栏目。

②网站内容管理：网站内容以文章形式展示，主要负责管理文章的相关信息，比如文章编号、所属栏目、文章标题、文章内容、更新时间、图片路径等关于文章的详细信息。

③用户管理：管理各类用户的注册、登录和权限分配等工作。

④评论管理：管理用户对网站内容的评论信息。

⑤文件管理：管理由文章内容上传的图片文件、附件文件（doc 文档，pdf 文档等）等相关信息。

⑥网站统计：管理网站访问信息，并对信息进行统计分析，如网站访问量的增长趋势图、用户访问最高的时段、访问最多的网页、停留时间、用户使用的搜索引擎，主要关键词、来路、入口、浏览深度、所用语言、时区、所用浏览器种类、时段访问量统计分析、日段访问量统计分析以及周月访问量统计分析等网站访问数据的基础分析。

（2）前端内容浏览子系统应具有下列功能：

①用户注册：负责用户注册账号的功能，它会存储用户注册账号填写的资料，如用户名、用户密码、用户邮箱等，在注册完后，系统自动转发注册确认链接到用户的邮箱中，由用户点击确认，这样才算完整地完成了用户注册。

②用户登录：负责用户登录。

③前台主页：此模块主要按照版块显示网站内容（文章），在页面提供了文章搜索功能。对于最近比较重要的新闻信息采用图片方式进行显示。

④内容信息浏览：此模块主要是负责文章内容的排版显示，包括文章标题、文章录入者、查看次数、文章内容、相关链接、评论和评论框等功能。用户可以查看整篇文章，并根据相关链接查看更多有联系的文章。如果需要对此文章进行评论，就可以将自己的评论写在评论框内进行发表。

⑤内容信息查询：此模块提供搜索站内文章的功能，它可以通过文章标题进行搜索，最后将搜索结果显示在新的页面上。

⑥内容信息评论：此模块主要提供给用户对文章进行评论的功能，包括评论发表和评论重置。

2. 网站内容管理系统（WCMS）前端界面任务分解

根据需求，WCMS 的 Web 前端界面分为两大块，一是前台内容浏览子系统前端界面，二是后台内容管理子系统界面。

1）前台内容浏览子系统前端界面任务

前台内容浏览即游客、普通用户能够浏览的页面。前台展示内容的确定，需要根据建设方建站要求，分析网站业务背景。实训案例以吉首大学软件服务外包学院门户网站前台页面作为前台内容的展示页。具体要实现的页面前端界面任务如下：

（1）网站前台首页任务。首页响应式布局、网站 Logo 与站内搜索框制作、导航栏制作、文字列表面板制作、图片轮播制作、前台用户登录界面制作、前台用户注册界面制作、视频播放制作、选项卡面板制作、图文列表面板制作、快捷通道制作、底部版权信息制作。

（2）网站栏目页与内容页任务。栏目页响应式布局、顶部固定导航条制作、滚动通知公告制作、图文信息列表和文字信息列表制作、最热新闻制作、精彩评论制作、专业教育平台制作、栏目内容页制作、内容评论制作、回到顶部和侧栏分享的制作。

任务分析：前台界面具有响应式设计（响应式设计是针对浏览设备优化页面中既有内容的一种方法。比如，在桌面浏览器中既可以看到网站的常规版本，也可以在用户接入更大的显示器时看到针对宽屏的布局；在平板电脑中看到的是针对其横屏和竖屏模式优化之后的布局；而在手机上，则是能够适应更窄宽度的布局）特点，拟采用业界流行前端框架 Bootstrap 进行前台界面的制作，以达到响应式设计、风格统一、界面美观、提高开发效率的目的。

2）后台内容管理子系统界面任务

后台内容管理即管理员用户能够浏览的页面。后台内容管理应具有通用性，不受前台内容的限制（即前台可以是各种信息发布类网站，如企事业单位宣传网站）。具体要实现的任务包括：后台登录页制作、后台首页制作、栏目管理制作、用户管理制作、文章管理制作、评论管理制作、文件管理制作、数据统计制作。其中用户管理、文章管理、评论管理界面制作过程相似，可合并成一个任务。

任务分析：后台界面具有通用性、组件化特点，拟采用业界流行前端框架 EasyUI 进行后台界面制作，以达到组件化、风格统一、提高开发效率的目的。

1.3 Web 前端开发技术

Web 前端开发是从网页制作演变而来的，之前使用 Photoshop 和 Dreamweaver 就可以方便地制作网页。但如果要让网页的内容更加生动，提供更多交互形式的用户体验，以满足企业级别的需求，那么还需要掌握基本的 Web 前端开发技术，其中最基础的是 HTML、CSS 和 JavaScript。HTML 是内容，CSS 是表现，JavaScript 是行为。在此基础上则延伸了大量的插件、框架和模板，丰富了 Web 前端的交互内容，提高了 Web 的开发效率。

1.3.1 HTML 语言

HTML（hypertext markup language）超文本标记语言是 Web 网页设计的结构基础，它是标准通用标记语言下的一个应用，也是一种规范，一种标准，它通过标记符号来标记要显示的网页中的各个部分。网页文件本身是一种文本文件，通过在文本文件中添加标记符，可以告诉浏览器如何显示其中的内容（如：文字如何处理，画面如何安排，图片如何显示等）。浏览器按顺序阅读网页文件，然后根据标记符解释和显示其标记的内容，对书写出错的标记将不指出其错误，且不停止其解释执行过程，编制者只能通过显示效果来分析出错原因和出错部位。但需要注意的是，对于不同的浏览器，对同一标记符可能会有不完全相同的解释，因而可能会有不同的显示效果。

1. HTML 超文本标记语言的发展历史

HTML（第一版）：1993 年 6 月，互联网工程工作小组（IETF）发布工作草案（并非标准）。

HTML2.0：1995 年 11 月，发布 RFC 1866，在 2000 年 6 月发布 RFC 2854 之后被宣布已经过时。

HTML 3.2：1997 年 1 月 14 日，发布 W3C 推荐标准。

HTML 4.0：1997 年 12 月 18 日，发布 W3C 推荐标准。

HTML 4.01：1999 年 12 月 24 日，发布 W3C 推荐标准（微小改进）。

HTML 5.0：2014 年 10 月 28 日，发布 W3C 推荐标准。

随着 HTML5 的正式发布，HTML5 将会取代 1999 年制定的 HTML 4.01、XHTML 1.0 标准，以期能在互联网应用迅速发展的时候，使网络标准达到符合当代的网络需求，为桌面和移动平台带来无缝衔接的丰富内容。

2. HTML5 的优势

网络标准：HTML5 由 W3C（即万维网联盟，创建于 1994 年，是 Web 技术领域最具权威和影响力的国际中立性技术标准机构）推荐发布，由谷歌、苹果、诺基亚、中国移动等几百家公司一起研发的公开技术标准。换句话说，每一个公开的标准都可以根据 W3C 的资料库找寻根源。另一方面，W3C 通过的 HTML5 标准也就意味着每一个浏览器或每一个平台都会去实现。

多设备跨平台：使用 HTML5 的优点主要在于这个技术可以进行跨平台使用。比如开发了一款 HTML5 的游戏，可以很轻易地移植到 UC 的开放平台、Opera 的游戏中心、Facebook 应用平台，甚至可以通过封装的技术发放到 App Store 或 Google Play 上，由于跨平台性非常强大，使得大多数人都喜欢使用 HTML5 技术。

自适应网页设计：很早就有人设想，能不能"一次设计，普遍适用"，让同一张网页自动适应不同大小的屏幕，根据屏幕宽度，自动调整布局（layout）。2010 年，Ethan Marcotte 提出了"自适应网页设计"这个名词，它是指可以自动识别屏幕宽度，并作出相应调整的网页设计。这就解决了传统的一种局面——网站为不同的设备提供不同的网页，比如专门提供一个 mobile 版本，或者 iPhone / iPad 版本。这样做固然保证了效果，但是比较麻烦，同时要维护好几个版本，而且如果一个网站有多个 portal（入口），会大大增加架构设计的复杂度。

即时更新：游戏客户端每次都要更新，维护困难。但更新 HTML5 游戏就好像更新页面一样，具有即时的更新。

总结概括 HTML5 有以下优点：

（1）提高可用性和增强用户体验。

（2）增加几个新的标签，有助于开发人员定义重要的内容。

（3）为站点带来更多的多媒体元素（视频和音频）。

（4）可以很好地替代 FLASH 和 Silverlight。

（5）当涉及网站的抓取和索引的时候，对于 SEO 很友好。

（6）将大量被应用于移动应用程序和游戏。

（7）可移植性好。

HTML5 将成为未来 5~10 年内移动互联网领域的主宰者。本书部分实例采用 HTML5 进行开发。HTML 基本语法与常用标签见附录一。

1.3.2　CSS 语言

CSS（cascading style sheet）级联样式表，也称为层叠样式表。在设计 Web 网页时采用 CSS 技术，可以有效地对页面的布局、字体、颜色、背景和其他效果实现更加精确的控制。只要对相应的代码做一些简单的修改，就可以改变同一页面的不同部分，或者页数不同的网站的外观和格式。在设计网页时采用 CSS 技术是为了解决网页内容与表现分离的问题。

CSS 语言是一种标记语言，不需要编译，属于浏览器解释型语言，可以直接由浏览器解释执行。CSS 标准由 W3C 的 CSS 工作组制定和维护。

1. CSS 的发展历史

CSS1：1996 年 12 月 17 日发布，W3C 推荐标准。

CSS2：1999 年 1 月 11 日发布，W3C 推荐标准，CSS2 添加了对媒介（打印机和听觉设备）、可下载字体的支持。

CSS3：计划将 CSS 划分为更小的模块，这些模块包括盒子模型、列表模块、超链接方式、语言模块、背景和边框、文字特效、多栏布局等。

2. CSS3 的新特性

CSS3 规范的全面推广和支持还须等待，但是目前主流浏览器都已开始支持 CSS3 部分特性。具体包括：扩展属性选择器、RBGA 透明度、多栏布局、多背景图、块阴影与圆角阴影、圆角和边框图片等。本书部分实例采用 CSS3 进行开发。

CSS 基本语法与常用属性见附录二。

1.3.3　JavaScript 语言

JavaScript 是一种基于对象和事件驱动并具有相对安全性的客户端脚本语言，同时也是一种广泛用于客户端 Web 开发的脚本语言，常用来给 HTML 网页添加动态功能，例如响应用户的各种操作。完整的 JavaScript 实现包含三个部分：ECMAScript、文档对象模型和字节顺序记号。JavaScript 的出现使得网页和用户之间实现了一种实时性的、动态性的和交互性的关系，使网页包含更多活跃的元素和更加精彩的内容。JavaScript 短小精悍，又是在客户机上执行的，大大提高了网页的浏览速度和交互能力。

JavaScript 最初由 Netscape 的 Brendan Eich 设计。发展初期，JavaScript 的标准并未确定，同期有 Netscape 的 JavaScript，微软的 JScript 和 CEnvi 的 ScriptEase 三足鼎立。1997 年，在 ECMA（欧洲计算机制造商协会）的协调下，由 Netscape、Sun、微软、Borland 组成的工作组确定统一标准：ECMA-262。目前最新版为 ECMA-262 5th Edition。

JavaScript 常用对象方法见附录三。

1.3.4　AJAX 框架

AJAX（asynchronous javaScript and XML）即异步 JavaScript 和 XML，在 Web2.0 的热潮中，已成为人们谈论最多的技术术语。AJAX 是多种技术的综合，它使用 XHTML 和 CSS 标准化呈现，使用 DOM 实现动态显示和交互，使用 XML 和 XSTL 进行数据交换与处理，使用 XMLHttpRequest 对象进行异步数据读取，使用 JavaScript 绑定和处理所有数据。更重要的是，它打破了使用页面重载的惯例技术组合，可以说 AJAX 已成为 Web 开发的重要技术。

1. AJAX 的工作原理

AJAX 的核心是 JavaScript 对象 XMLHttpRequest。该对象在 Internet Explorer5 中首次引入，它是一种支持异步请求的技术，简言之，XMLHttpRequest 可以使用 JavaScript 向服务器提出请求并处理响应，而不阻塞用户。

通过 AJAX，可以使用 JavaScript 的 XMLHttpRequest 对象来直接与服务器进行通信，不再需要重载页面与 Web 服务器交换数据。

AJAX 在浏览器与 Web 服务器之间使用异步数据传输（HTTP 请求），这样就可使网页从服务器请求少量的信息，而不是整个页面。

2. AJAX 的优点

AJAX 给我们带来的好处归纳起来有以下四点：

(1)页面无刷新，在页面内与服务器通信，用户体验非常好。

(2)使用异步方式与服务器通信，不需要打断用户的操作，具有更加迅速的响应能力。

(3)可以把服务器负担的工作转嫁到客户端，利用客户端闲置的能力来处理，减轻服务器和带宽的负担，节约空间和宽带租用成本，AJAX 的原则是"按需取数据"，可以最大限度地减少冗余请求、响应对服务器造成的负担。

(4)基于标准化的并被广泛支持的技术，不需要下载插件或者小程序。

3. AJAX 的缺点

平时大对数人关注的都是 AJAX 所带来的好处(如用户体验的提升)，而对 AJAX 所带来的缺陷有所忽视。下面阐述 AJAX 的缺陷：

(1)AJAX 破坏浏览器的前进与后退功能，使得用户的习惯得不到延续。

(2)安全问题。

(3)对搜索引擎的支持比较弱。

(4)破坏了程序的异常机制。

(5)违背了 URL 和资源定位的初衷。

(6)对一些手持设备(如智能手机、平板电脑等)，现在还不能很好地支持。

1.3.5　jQuery 框架

jQuery 是对 JS(JavaScript)底层 Dom 操作封装的一个框架，它是轻量级的 JS 库，封装了大量常用的 Dom 操作，使开发者在编写 Dom 操作相关程序的时候能够得心应手。jQuery 没有大量的专有对象，常使用函数进行 Dom 操作。它使用户能更方便地处理 HTML、events，实现动画效果，并且方便地为网站提供 AJAX 交互，它不是偏重于富客户端的框架，而是侧重于 Dom 编程。JQuery 框架最大的特点兼容各种主流浏览器，为了降低开发成本、提高开发效率，本实训大部分交互行为效果实例将采用 jQuery 实现。更多 jQuery 知识见附录四。

1.3.6　BootStrap 框架

BootStrap 是一个非常受欢迎的前端开发框架，由在 Twitter 工作的 Mark Otto 和 Jacob Thornton 共同开发的一个开源框架。该框架可提高团队的开发效率，同时也可规范团队成员在使用 CSS 和 JavaScript 方面的编写规范。BootStrap 的强大之处在于它对常见的 CSS 布局小组件和 JavaScript 插件都进行了完整且完善的封装，使得开发人员(不仅是前端开发人员)轻松使用。它解决了广大后端开发人员的难题，使得在团队没有前端开发人员的情况下独立开发一个规范且美观的 Web 系统。本实训前台内容浏览子系统前端界面将采用 BootStrap 框架进行开发。Bootstrap 安装步骤与整体框架见附录五。

1.3.7　EasyUI 框架

EasyUI 是一种基于 jQuery 的用户界面插件集合。EasyUI 具有以下特点：

(1)为创建交互式 Web 界面提供丰富的 UI 组件。

（2）只需要 HTML 代码，就可以定义用户界面。

（3）完美支持 HTML5 网页的完整框架。

（4）提高 Web 前端开发效率。

本实训后台内容管理子系统界面将采用 EasyUI 框架进行开发。EasyUI 安装步骤与整体框架见附录六。

1.4　Web 前端开发工具

"工欲善其事，必先利其器"。好的开发工具可以帮助 Web 前端开发者事半功倍，用于 Web 前端开发的工具有很多，可以根据使用习惯进行选择。

1.4.1　NotePad

NotePad 是 Windows 操作系统的记事本程序，是一个纯文本文件编辑器软件，它具备最基本的编辑功能，而且体积小巧、启动快、占用内存低、容易使用。适合于编辑 HTML、CSS、JavaScript、PHP、C/C++ 等语言。使用记事本编辑代码不会产生冗余代码。其程序界面如图 1 - 2 所示。

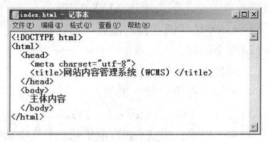

图 1 - 2　NotePad 程序界面

1.4.2　EditPlus

EditPlus 是 Windows 下的一个文本、HTML、PHP 以及 Java 编辑器。它不但是记事本的一个很好的代替工具，同时它也为网页制作者和程序设计员提供了许多强大的功能。对 HTML、PHP、Java、C/C++ 、JavaScript、CSS 的语法有突出显示。同时，根据自定义语法文件，它能够扩展支持其他程序语言。无缝网络浏览器预览 HTML 页面，以及 FTP 命令上传本地文件到 FTP 服务器。其他功能包括 HTML 工具栏、用户工具栏、行号、标尺、URL 突出显示、自动完成、素材文本、列选择、强大的搜索和替换、多重撤销/重做、拼写检查、自定义快捷键，以及更多其他功能。其程序界面如图 1 - 3 所示。

1.4.3　Dreamweaver

Dreamweaver 是美国 Macromedia 公司(现已被 Adobe 公司收购)开发的集网页制作和管理网站于一身的所见即所得网页编辑器，它是第一套针对网页设计师特别开发的可视化网页开发工具，利用它可以轻而易举地作出跨越平台限制和跨越浏览器限制的充满动感的网页。

Dreamweaver 支持最新的 Web 技术，包含 HTML 检查、HTML 格式控制、HTML 格式化选项、HomeSite/BBEdit 捆绑、可视化网页设计、图像编辑、全局查找替换、全 FTP 功能、处理 Flash 和 shockWave 等富媒体和动态 HTML、基于团队的 Web 创作。在编辑上可以选择可视化方式或者源码编辑方式。其程序界面如图 1 - 4 所示。

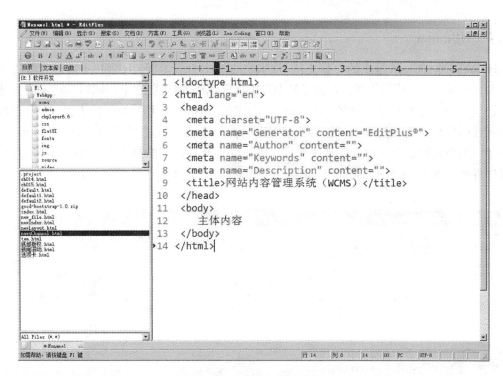

图 1-3　EditPlus 程序界面

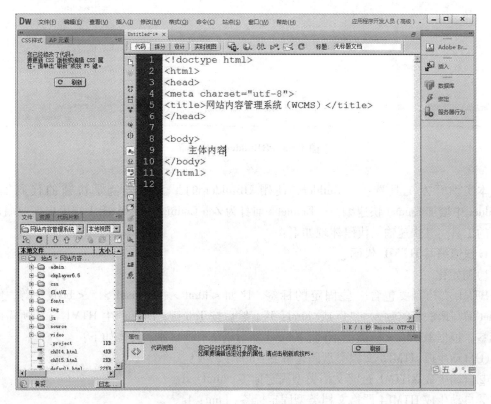

图 1-4　Dreamweaver 程序界面

1.4.4 HBuilder

HBuilder 是 DCloud 推出的一款支持 HTML5 的 Web 开发 IDE。HBuilder 通过完整的语法提示和代码输入法、代码块等，大幅提升 HTML、JS、CSS 的开发效率。同时，它还包括最全面的语法库和浏览器兼容性数据。HBuilder 里预置了一个 hello HBuilder 的工程，用户在敲了几十行代码后会发现，HBuilder 比其他开发工具至少快 5 倍。以"快"为核心的 HBuilder，还引入了"快捷键语法"的概念，巧妙地解决了困扰许多开发者的快捷键过多而记不住的问题。其程序界面如图 1 - 5 所示。

图 1 - 5 HBuilder 程序界面

本实训开发工具选择 HBuilder，使用 HBuilder 的最大优势就是快速的代码输入，HBuilder 中增加 Emmet 快速编写。Emmet（前身为 Zen Coding）是一个能大幅度提高前端开发效率的工具。其快速输入代码体现如下：

1. 快速编写 HTML 代码

1）初始化

HTML 文档需要包含一些固定的标签，比如 < html >、< head >、< body > 等，使用 Emmet 缩写语法只需输入如"！"或"html：5"，然后按 Tab 键，即可产生 HTML 文档所需的固定标签。根据 HTML 文档类型不同，Emmet 缩写语法有所区别，具体如下：

①自动生成 HTML5 文档类型固定标签：html：5 或！。

②自动生成 XHTML 过渡文档类型固定标签：html：xt。

③自动生成 HTML4 严格文档类型固定标签：html：4s。

2）标签或标签添加类、ID、文本和属性

输入标签名，Emmet 会自动补全，比如输入 style，然后按 Tab 键，自动生成 < style type = "text/css" > </style > 。连续输入元素名称和 ID，Emmet 会自动补全，比如输入 div#menu. nav，然后按 Tab 键，自动生成代码 < div id = "menu" class = "nav" > </div > 。

3）嵌套

只需 1 行代码即可实现标签的嵌套。符号"＞"表示子元素符号，表示嵌套的元素；符号"＋"表示同级标签符号；符号"＾"可以使该符号前的标签提升一级嵌套。比如输入 div > span，然后按 Tab 键，自动生成代码 < div > < span > </span > </div > 。

4）分组

可以通过嵌套和括号来快速生成一些代码块，比如输入（. foo > h1）+（. bar > h2），然后按 Tab 键，会自动生成如下代码：

< div class = "foo" > < h1 > </h1 > </div >

< div class = "bar" > < h2 > </h2 > </div >

5）定义多个元素

要定义多个元素，可以使用 ∗ 符号。比如输入 ul > li ∗ 3，然后按 Tab 键，自动生成如下代码：

< ul > < li > </li > < li > </li > < li > </li > </ul >

6）定义多个带属性的元素

如果输入 ul > li. item $ ∗ 3，然后按 Tab 键，自动生成如下代码：

< ul > < li class = "item1" > </li > < li class = "item2" > </li > < li class = "item3" > </li > </ul >

输入如下 Emmet 缩写，#page > div. logo + ul#navigation > li ∗ 5 > a｛Item $｝，然后按 Tab 键，自动生成如下代码：

```
1      < div id = "page" >
2        < div class = "logo" > </div >
3        < ul id = "navigation" >
4          < li > < a href = "" > Item 1 </a > </li >
5          < li > < a href = "" > Item 2 </a > </li >
6          < li > < a href = "" > Item 3 </a > </li >
7          < li > < a href = "" > Item 4 </a > </li >
8          < li > < a href = "" > Item 5 </a > </li >
9        </ul >
10     </div >
```

2. 快速编写 CSS 代码

1）值

比如要定义元素的宽度，只需输入 w100，然后按 Tab 键，即可生成 width：100px；。单位除了 px 外，也可以生成其他单位，比如输入 h10p + m5e，可生成 height：10%；margin：5em；。

2）附加属性

附加属性的缩写，比如 @f，可以生成：@ font-face｛font-family：；src：url（）；｝。一些其他的属性，比如 background-image、border-radius、font、@ font-face、text-outline、text-shadow 等额外的选项，可以通过"＋"符号来生成，比如输入@ f +，将生成如下代码：

```
1      @ font-face ｛
```

```
2    font-family： ' FontName ' ；
3    src： url（ ' FileName. eot ' ）；
4    src： url（ ' FileName. eot?  #iefix ' ）format（ ' embedded-opentype ' ），
5        url（ ' FileName. woff ' ）format（ ' woff ' ），
6        url（ ' FileName. ttf ' ）format（ ' truetype ' ），
7        url（ ' FileName. svg#FontName ' ）format（ ' svg ' ）；
8    font-style： normal；
9    font-weight： normal；
10   ｝
```

3）供应商前缀

如果输入非 W3C 标准的 CSS 属性，Emmet 会自动加上供应商前缀，比如输入 trs，则会生成如下代码：

```
1    -webkit-transition： prop time；
2    -moz-transition： prop time；
3    -ms-transition： prop time；
4    -o-transition： prop time；
5    transition： prop time；
```

1.4.5 浏览器工具

使用 HMTL、CSS、JavaScript 组合技术设计的 Web 页面，只有通过浏览器才能观看其设计效果。基于 Internet 的各类网页浏览器有很多，经常使用的浏览器有 MicrosoftIE、Mozilla Firefox、Google chrome、Opera 等浏览器，还有基于智能手机的浏览器 Uc、safari 等。作为 Web 前端开发工程师一定要了解不同浏览器的使用性能和特点，了解它们的差异性，在编写 Web 网页代码时才能充分考虑到浏览器的兼容性，让网站在不同浏览器中显示效果与风格相同。

1. 主流浏览器介绍

1）Internet Explorer

Internet Explorer 是 Microsoft 公司推出的一款网页浏览器。虽然自 2004 年以来 Internet Explorer 丢失了一部分市场占有率，但依然是使用最广泛的网页浏览器。在 2005 年 4 月，它的市场占有率约为 85%。2007 年其市场占有率为 78%，竞争对手主要有 chrome、Firefox、Safari、Opera 等。目前的最新版本是 IE11.0，用户可根据自己的计算机配置选择安装相关版本的浏览器。

2）Mozilla Firefox

Mozilla Firefox 中文名通常称为"火狐"，是一个开源网页浏览器，使用 Gecko 引擎（即非 IE 内核），可以在多种操作系统如 Windows、Mac 和 Linux 上运行。Firefox 由 Mozilla 基金会与数百个志愿者所开发，原名 Phoenix（凤凰），之后改名 Mozilla Firebird（火鸟），再改为现在的名字。2014 年 8 月，在世界范围内，Firefox 占据 23% 的使用份额。

3）Google chrome

Google chrome 又称 Google 浏览器，是一个由 Google 公司开发的开源网页浏览器。该浏览器基于其他开源代码软件所编写，包括 webKit 和 Mozilla，目标是提升稳定性、速度和安全性，并创造出简单且高效的使用者界面。软件的名称是来自于称作 chrome 的网络浏览器图形使用者界面(GUI)。软件的 beta 测试版本在 2008 年 9 月 2 日发布，提供 43 种语言版本，有支持 windows、Mac、OSX 和 Linux 版本，并提供下载。2014 年 8 月 6 日，chrome 已占全球份额的 34%，成为使用最广泛的浏览器。

4)UC 手机浏览器

UC 浏览器是一款全球领先的智能移动浏览器，拥有独创的 U3 内核和云端技术，完美地支持 HTML5 应用，具有智能、极速、安全、易扩展等特性，用户可以在阅资讯、读小说、看视频、上微博、玩游戏、网上购物等场景下享受最流畅的移动互联网体验。

UC 浏览器(原名 UCWEB，2009 年 5 月正式更名为 UC 浏览器)是一款把"互联网装入口袋"的主流手机浏览器，由优视科技(原名优视动景)公司研制开发。UC 浏览器覆盖了 Symbian、IOS、Windows Phone、Windows Mobile、Win CE、Java、MTK、Brew 等主流移动操作系统的 200 多个著名品牌、超过 3000 款手机及平板电脑终端，能够帮助用户使用手机浏览互联网内容，获取互联网上资讯、娱乐、电子商务等各类服务。

2. 浏览器调试工具

前端代码调试常用的工具有 Chrome 的开发者工具、FireFox 的 Firebug 插件、IE 的开发者工具，本书实训案例的调试均采用 Chrome 开发者工具，其使用方法如下所述。

1)打开 Chrome 的开发者工具

在需要调试的 Web 页面上点击右键，然后选择"审查元素"菜单；或者使用快捷键：Ctrl + Shift + I(打开开发者工具)，Ctrl + Shift + J(打开 JavaScript 控制台)，F12(打开开发者工具)。Chrome 开发者工具如图 1-6 所示。

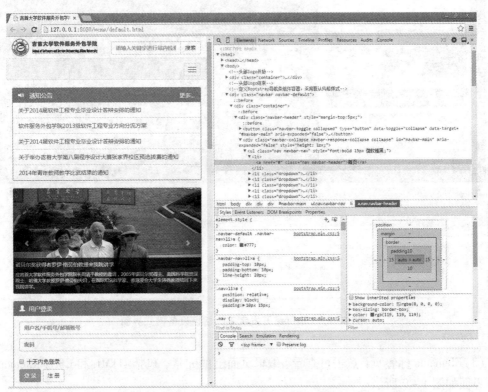

图 1-6　Chrome 开发者工具界面

2）开发者工具栏介绍

打开 Chrome 开发者工具，工具栏如图 1 - 7 所示。

图 1 - 7　Chrome 开发者工具栏界面

　　（1）点击第一个查找图标按钮，可以在页面上直接选择元素，方便开发者快速定位需调试的目标元素。

　　（2）点击第二个手机图标按钮，页面切换到不同的设备模式（如智能手机模式）。切换效果如图 1 - 8 所示。

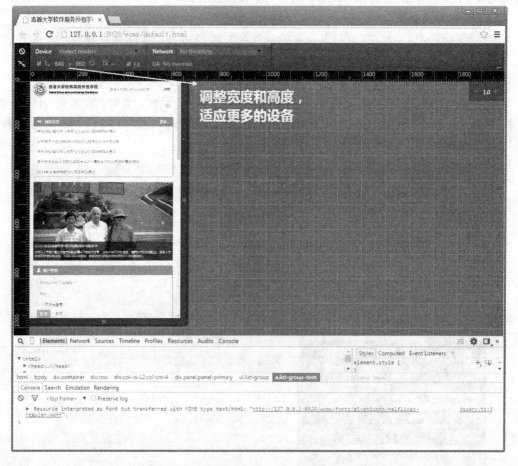

图 1 - 8　Chrome 开发者工具切换设备模式界面

　　（3）Elements 标签页：点击可查看、编辑页面上的元素，包括 HTML 和 CSS。Elements 标签页界面如图 1 - 9 所示。

图 1 - 9　Chrome 开发者工具 Elements 标签页界面

通过"HTML 结构的查看与编辑窗口",可以直接在某个元素上双击修改元素的属性,或者点右键选"Edit as Html"直接对元素的 HTML 进行编辑,或者删除某个元素,所有的修改都会即时在页面上呈现。

通过"样式查看与编辑窗口",可以直接修改某个元素的 CSS 属性值,或者删除某个属性,所有的修改都会即时在页面上呈现。

通过"元素布局窗口",可以看到元素所占的空间情况(宽、高、Padding、Margin)。

通过"方法属性窗口",可以看到元素具有的方法与属性,方便开发者的使用。

(4)Network 标签页:点击可查看网站请求的网络情况、某一请求的请求头、响应头和响应内容。特别是在查看 Ajax 类请求时,非常有帮助。注意:必须是在打开 Chrome 开发者工具后发起的请求,才能显示。

（5）Sources 标签页：点击可查看 JS 文件，并能调试 JS 代码。Sources 标签页界面如图 1 - 10 所示。

图 1 - 10　Chrome 开发者工具 Sources 标签页界面

（6）Timeline 的标签页：点击可查看 JS 执行时间、页面元素渲染时间。

（7）Profiles 标签页：点击可查看 CPU 执行时间与内存占用情况，主要用于性能优化。

（8）Resources 标签页：点击可查看请求的资源情况，包括 CSS、JS、图片等的内容，同时还可查看存储的相关信息，如 Cookies、HTML5 的 Database 和 LocalStore 等，还可对存储的内容编辑和删除。

（9）Audits 标签页：对于优化前端页面、提高网页加载速度有极大帮助。

（10）Console 标签页：即 Javascript 控制台。点击可查看 JS 错误信息、打印调试信息等。

1.5　Web 前端开发规范

由于 Web 前端开发具有分散性和交互性的特点，决定了 Web 前端开发必须遵从一定的开发规范和技术约定，为确保本项目实训的高质量完成、以及与后续实训项目(JavaEE 项目开发、Asp. Net 项目开发)的功能交互，特制定以下流程与规范。

1.5.1　Web 前端项目开发实训工作流程

Web 前端项目开发实训遵循吉首大学软件服务外包学院课程实训工作流程，如图 1 - 11 所示。

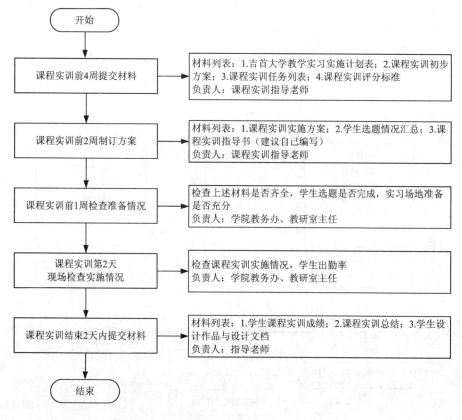

图 1 - 11　Web 前端项目开发课程实训工作流程

1.5.2　Web 前端项目开发流程

Web 前端项目开发流程通常需要经历五个阶段：需求调查、技术分析、页面策划、设计和改进。

针对具体的实训任务(一个包含前台内容展示和后台内容管理的网站)，网站设计开发流程如图 1 - 12 所示。

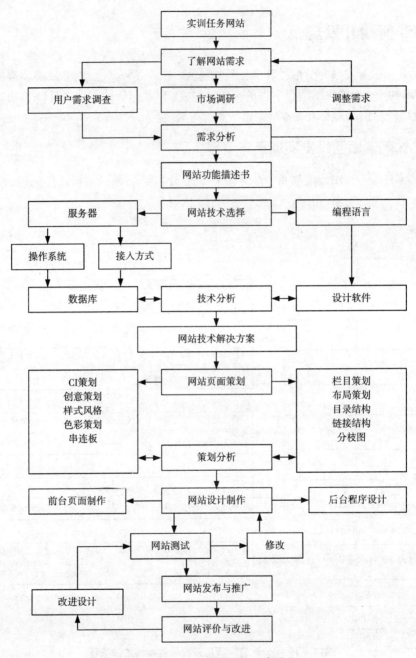

图 1 – 12   WEB 前端项目开发流程

1.5.3   Web 前端开发代码规范

1. 规范目的

制定本规范的目的是使项目代码具有可读性、可理解性、可维护性、风格统一，以名称反映含义、以形式反映结构。

2. 基本准则

符合 Web 标准，语义化 HTML，结构与表现行为分离，兼容性优良。

页面性能方面：代码要求简洁有序，尽可能减小服务器负载，保证最快的解析速度。

3. 文件规范

（1）HTML、CSS、JS、IMAGES 文件均分类归档至《开发规范》约定的目录中。

（2）HTML 文件命名：英文命名（具有明确的含义），文件扩展名. html，同时将对应界面稿放于同目录中，若界面稿命名为中文，请重命名与 html 文件同名，方便后端添加功能时查找对应页面。

（3）CSS 文件命名：英文命名（具有明确的含义），文件扩展名. css。共用 base. css，首页 index. css，其他页面依实际模块需求命名。

（4）JS 文件命名：英文命名（具有明确的含义），文件扩展名. js。共用 common. js，其他独立 js 文件依实际模块需求命名。

4. HTML 书写规范

（1）文档类型声明及编码：统一为 html5 声明类型 <! DOCTYPE html >；编码统一为 < meta charset = "utf-8" / >，书写时利用 IDE 实现层次分明的缩进。

（2）非特殊情况下样式文件必须外链至 < head > … </head > 之间；非特殊情况下 JavaScript 文件必须外链至页面底部。

（3）引入样式文件或 JavaScript 文件时，须略去默认类型声明，写法如下：

< link rel = "stylesheet" href = "…" / >

< style > … </style >

< script src = "…" > </script >

（4）引入 JS 库文件，文件名须包含库名称及版本号及是否为压缩版，比如 jquery-1. 11. 2. min. js；引入插件，文件名格式为库名称 + 插件名称，比如 jQuery. cookie. js。

（5）所有编码均遵循 xhtml 标准，"标签 & 属性 & 属性命名"必须由小写字母及下划线数字组成，且所有标签必须闭合，包括 br（< br / >），hr（< hr / >）等；属性值必须用双引号包括。

（6）充分利用无兼容性问题的 html 自身标签，比如 span，em，strong，optgroup，label，等等；需要为 html 元素添加自定义属性的时候，首先要考虑有没有默认的已有的合适标签去设置，如果没有，可以使用须以"data-"为前缀来添加自定义属性，避免使用"data："等其他命名方式。

（7）语义化 html，如标题根据重要性用 h *（同一页面只能有一个 h1），段落标记用 p，列表用 ul，内联元素中不可嵌套块级元素。

（8）尽可能减少 div 嵌套，例如：

< div class = "divBox" >

< div class = "divWelcome" > 欢迎访问 × × ×，您的用户名是

< div class = "divName" > 用户名 </div >

</div >

</div >

可以用以下代码替代：

< div class = "divBox" > < p > 欢迎访问 × × ×，您的用户名是 < span > 用户名 </span > </p > </

div > 。

（9）书写链接地址时，必须避免重定向，例如：href = "http：//itaolun. com/"，即须在 URL 地址后面加上"/"。

（10）在页面中尽量避免使用 style 属性，即 style = "…"。

（11）必须为含有描述性表单元素（input, textarea）添加 label，如

< p > 姓名：< input type = "text"   id = "txtName"   name = "txtName"   / > < /p >

须写成：

< p > < label for = "lblName" > 姓名：< /label >

< input type = "text"   id = "txtName"   name = "txtName"   / > < /p >

（12）能以背景形式呈现的图片，尽量写入 css 样式中。

（13）重要图片必须加上 alt 属性，给重要的元素和截断的元素加上 title。

（14）给区块代码及重要功能（比如循环）加上注释，方便后台添加功能。

（15）特殊符号使用尽可能使用代码替代，比如空格用" "代码表示。

（16）书写页面过程中，请考虑向后扩展性。

（17）class & id 参见 css 书写规范。

5. CSS 书写规范

（1）编码统一为 utf-8。

（2）class 与 id 的使用：id 是唯一的并是父级的，class 是可以重复的并是子级的，id 仅使用在大的模块上，class 可用在重复使用率高及子级中。

（3）为 JavaScript 预留的命名，以 js_ 起始，比如：js_hide, js_show。

（4）class 与 id 命名：大的框架命名比如 header/footer/wrapper/left/right 之类统一命名，其他样式名称由"小写英文 & 数字 & _ "组合命名，如 my_comment, fontred, width200；避免使用中文拼音，尽量使用简易的单词组合，总之命名要语义化、简明化。

（5）css 属性书写顺序，建议遵循"布局定位属性 - > 自身属性 - > 文本属性 - > 其他属性"顺序进行书写。此条可根据自身习惯书写，但尽量保证同类属性写在一起。

属性列举：布局定位属性主要包括：margin、padding、float、position（相应的 top、right、bottom、left）、display、visibility、overflow 等；自身属性主要包括：width、height、background、border 等；文本属性主要包括：font、color、text-align、text-decoration、text-indent 等；其他属性包括：list-style（列表样式）、vertical-vlign、cursor、z-index（层叠顺序）、zoom 等。

（6）书写代码前，考虑并提高样式重复使用率。

（7）样式表中中文字体名，必须转码成 unicode 码，以避免编码错误时乱码。

（8）背景图片尽可能使用 sprite 技术，减小 http 请求，考虑到多人协作开发，sprite 按模块制作。

（9）使用 table 标签时（尽量避免使用 table 标签），请不要用 width/height/cellspacing/cellpadding 等 table 属性直接定义表现，应尽可能地利用 table 自身私有属性分离结构与表现，如 thead、tr、th、td、tbody、tfoot、colgroup、scope。

（10）必须为大区块样式添加注释，小区块适量注释。

6. JavaScript 书写规范

（1）文件编码统一为 utf-8，书写过程中，每行代码结束必须有分号；原则上所有功能均

根据实训项目需求原生开发，避免复制代码造成的代码污染和代码冲突。

（2）库引入：原则上仅引入 jQuery 库，若需引入第三方库，须与团队其他人员讨论决定。

（3）变量命名：驼峰式命名。原生 JavaScript 变量要求是纯英文字母，首字母须小写，如 imgToggle；jQuery 变量要求首字符为'_'，其他与原生 JavaScript 规则相同，如：_imgToggle；另，要求变量集中声明，避免全局变量。

（4）类命名：首字母大写，驼峰式命名，如 ImgToggle。

（5）函数命名：首字母小写驼峰式命名，如 imgToggle（）。

（6）命名语义化，尽可能利用英文单词或其缩写。

（7）尽量避免使用存在兼容性及消耗资源的方法或属性，比如 eval( )& innerText。

（8）后期优化中，JavaScript 非注释类中文字符须转换成 unicode 编码使用，避免编码错误时乱码显示。

（9）代码结构清晰，加适量注释，提高函数重用率。

（10）注重与 html 分离，减小 reflow，注重性能。

7. 图片规范

（1）所有页面元素类图片均放入 img 文件夹，测试用图片放于 img/test 文件夹。

（2）图片格式仅限于 gif || png || jpg。

（3）命名全部用小写英文字母 || 数字 || _ 的组合，其中不得包含汉字 || 空格 || 特殊字符；尽量用易懂的词汇，便于团队其他成员理解；另，命名分头尾两部分，用下划线隔开，比如 ad_left01. gif || btn_submit. gif。

（4）在保证视觉效果的情况下选择最小的图片格式与图片质量，以减少加载时间。

（5）运用 css sprite 技术集中小的背景图或图标，减小页面 http 请求，但注意，请务必在对应的 sprite psd 源图中划参考线，并保存至 img 目录下。

8. 注释规范

（1）html 注释：注释格式 <! --html 注释-->。

（2）CSS 注释：注释格式 / * CSS 注释 */。

（3）JavaScript 注释：单行注释使用"//单行注释"，多行注释使用 / * 多行注释 */。

1.5.4　文档与源码提交规范

本项目开发文档与源码需分目录管理并进行提交，提交列表如图 1 – 13 所示。

图 1 –13　实训文档与源码提交列表

　　其中项目管理提交列表如图 1 - 14 所示，项目开发提交列表如图 1 - 15 所示，个人日志提交列表如图 1 - 16 所示，个人总结提交列表如图 1 - 17 所示，项目展示主要为 ppt 汇报文件。

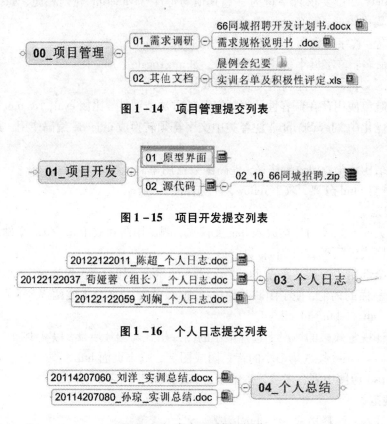

图 1 - 14　项目管理提交列表

图 1 - 15　项目开发提交列表

图 1 - 16　个人日志提交列表

图 1 - 17　个人总结提交列表

1.6　小结

　　本章针对"网站内容管理系统(WCMS)"项目，制订了 Web 前端开发实训目标和开发规范。介绍了 HTML、CSS、JavaScript 等 Web 前端开发技术，重点讲解了 BootStrap、EasyUI、jQuery 三个框架及 HBuilder、Google Chrome 浏览器开发者工具。对项目的功能需求进行了较详细的分析，对前端界面任务进行了分解，明确了实训工作流程，为项目顺利开展奠定基础。

第 2 章
WCMS 项目前台首页设计与开发

2.1　项目描述

　　本章以 WCMS 前台首页(吉首大学软件服务外包学院网站首页)为例,运用 Bootstrap 前端框架技术完成前台首页的设计与开发,将设计开发过程分解成"网站前台首页布局、网站 Logo 与站内搜索框制作、导航栏制作、文字列表面板制作、图片轮播制作、前台用户登录界面制作、前台用户注册界面制作、视频播放制作、选项卡面板制作、图文列表面板制作、快捷通道制作和底部版权信息制作"12 个子任务。最终实现效果如图 2-1 所示。

图 2-1　实训案例前台首页效果

2.2 项目目标

本项目的主要目标是采用 Bootstrap 前端框架实现一个响应式设计的首页。桌面浏览器效果如图 2 - 1 所示, 应用 Google Chrome 开发者工具设备模式切换到智能手机屏宽效果如图 2 - 2 所示。

图 2 - 2 实训案例前台首页智能手机屏宽效果

通过 WCMS 项目前台首页的设计与开发达到如下目标:
(1)页面自适应各种设备(桌面电脑、平板电脑、智能手机等)和各主流浏览器。
(2)页面布局采用"国"字型布局。
(3)导航栏实现二级下拉菜单。
(4)各类信息展示面板具有相似结构且风格统一。
(5)关联信息集合采用选项面板展示。
(6)图片资讯采用幻灯片形式展示。
(7)用户注册表单采用弹窗形式展示。
(8)网页视频播放器实现广告设置、播放设置、分享等功能。

2.3　项目实施

2.3.1　网站前台首页布局

1. 实例描述

网页布局即设计网页内容的摆放位置，清晰的布局能提高网页的可阅读性和可维护性。本实例采用 Bootstrap 前端框架的 CSS12 栅格系统制作一个结构如图 2 - 3 所示的响应式布局首页。响应式布局可以智能地根据用户行为以及使用的设备环境（系统平台、屏幕尺寸、屏幕定向等）进行相对应的布局。

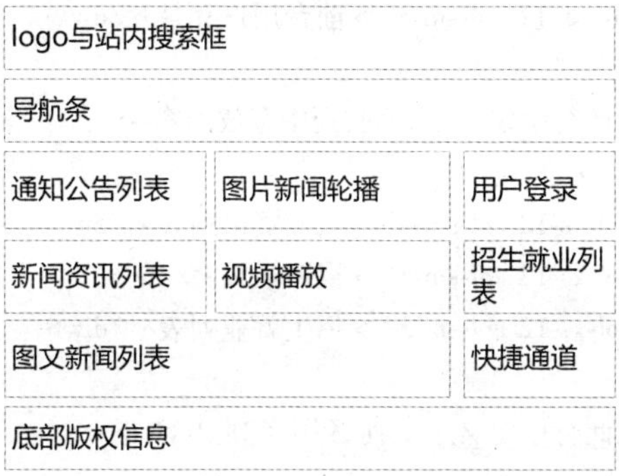

logo与站内搜索框		
导航条		
通知公告列表	图片新闻轮播	用户登录
新闻资讯列表	视频播放	招生就业列表
图文新闻列表		快捷通道
底部版权信息		

图 2 - 3　响应式布局首页结构图

2. 实现步骤

在实训项目根目录下新建网页、实例文件名（default. html）。引入 Bootstrap 框架必要文件，引入文件代码如下：

```
1    <! --Bootstrap 核心 CSS 文件-->
2    < link rel = "stylesheet" href = "css/bootstrap. min. css" >
3    <! --可选的 Bootstrap 主题文件(一般不用引入)-->
4    < link rel = "stylesheet" href = "css/bootstrap-theme. min. css" >
5    <! --jQuery 文件。务必在 bootstrap. min. js 之前引入-->
6    < script src = "js/jquery. min. js" > </script >
7    <! --Bootstrap 核心 JavaScript 文件-->
8    < script src = "js/bootstrap. min. js" > </script >
```

步骤 1. 利用 Bootstrap 栅格系统进行布局。

Bootstrap 包含了一个响应式的、移动设备优先的、不固定的栅格系统，可以随着设备或视口大小的增加而适当地扩展到 12 列。它包含了用于简单的布局选项的预定义样式，也包含了用于生成更多语义布局的功能强大的混合类。以吉首大学软件服务外包学院首页为例，针对图 2 - 3，实现代码如下：

```
1    <! --定义一个页面居中容器,针对不同的设备终端,宽度不一样-->
2    < div class = "container" >logo 与站内搜索框 </div >
```

```
3       <! --定义 Bootstrap 导航条组件容器,采用默认风格样式-->
4       < div class = "navbar navbar-default" >
5          <! --定义导航条内容居中容器-->
6          < div class = "container" > 导航条 </div >
7       </ div >
8       < div class = "container" >
9          <! --定义一行,在此行中定义了 3 列,列中存放内容-->
10         < div class = "row" >
11            <! --定义一列,使用"col-"样式实现响应式设计,内容须放在列中-->
12            < div class = "col-xs-12 col-sm-4" > 通知公告列表 </div >
13            <! --定义另一列,放置图片新闻轮播内容-->
14            < div class = "col-xs-12 col-sm-5" > 图片新闻轮播 </div >
15            < div class = "col-xs-12 col-sm-3" > 前台用户登录 </div >
16         </ div >
17         <! --定义一行,在此行中定义了 3 列,列中存放内容-->
18         < div class = "row" >
19            < div class = "col-xs-12 col-sm-4" > 新闻资讯列表 </div >
20            < div class = "col-xs-12 col-sm-5" > 视频播放 </div >
21            < div class = "col-xs-12 col-sm-3" > 招生就业列表 </div >
22         </ div >
23         <! --定义一行,在此行中定义了 2 列,列中存放内容-->
24         < div class = "row" >
25            < div class = "col-xs-12 col-sm-9" > 图文新闻列表 </div >
26            < div class = "col-xs-12 col-sm-3" > 快捷通道 </div >
27         </ div >
28      </ div >
29      < div class = "container" > 底部版权信息 </div >
```

完成本步骤,"网站前台首页布局"实例制作完毕,实例最终效果如图 2 - 4 所示。

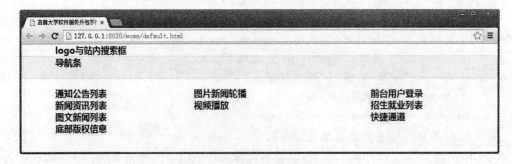

图 2 - 4　网站前台首页布局效果

知识要点:移动设备优先

移动设备优先是 Bootstrap 3 最显著的变化。为了让 Bootstrap 开发的网站对移动设备友好,确保适当的绘制和触屏缩放,需要在网页的 < head > 标签对中添加 viewport meta 标签,示例代码如下：

```
< meta name = "viewport" content = "width = device-width, initial-scale = 1.0" >
```

width 属性控制设备的宽度。假设网页在不同屏幕分辨率的设备浏览，将其值设置为 device-width 可以确保网页能正确呈现在不同设备上。

initial-scale = 1.0 确保网页加载时，以 1：1 的比例呈现，不会有任何的缩放。

知识要点：Bootstrap 栅格系统（Grid System）工作原理

栅格系统通过定义容器大小，将容器平分为 12 份，再调整内外边距，最后结合 CSS 媒体查询（通过媒体查询可以为不同大小和尺寸的媒体定义不同的 css，适合相应的设备显示），实现响应式设计。栅格系统的主要工作原理如下：

（1）行数据必须包含在应用样式.container（固定宽度页面居中对齐，宽度大小由浏览器窗口宽度大小确定，详细参数见表 2－1）的容器中，行样式类名为.row。

（2）使用行在水平方向创建一组列。为了实现响应式设计，Bootstrap 区分了 4 种类型的浏览器设备屏宽（超小屏、小屏、中屏、大屏），其像素的分界点分别是 768px、992px 和 1200px，列样式类名根据不同的屏幕宽度名称有所不同，如中屏浏览器宽度的列样式类名为.col-md-数字，详细参数见表 2－1。

（3）具体内容应当放置于列内。

（4）栅格系统中的列通过指定 1 到 12 的值来表示其跨越的范围。例如，要在中屏浏览器宽度创建 3 个相等的列，可使用 3 个.col-md-4。

表 2－1　Bootstrap 栅格系统参数

浏览器宽度	超小设备手机（<768px）	小型设备平板电脑（≥768px）	中型设备台式电脑（≥992px）	大型设备台式电脑（≥1200px）
栅格行为	一直是水平的	开始垂直排列，超过媒体查询的临界值变成水平排列		
.container 最大宽度	None（自动）	750px	970px	1170px
类样式名	.col-xs-	.col-sm-	.col-md-	.col-lg-
列数	12	12	12	12
单列宽度（width）	Auto	60px	78px	95px
每列内间距（padding）	30px（一个列的每边分别 15px）			
可嵌套	是			
偏移量	是			
列排序	是			

知识要点：Bootstrap 栅格系统基本使用方法

使用 Bootstrap 栅格系统进行网页布局，其实就是行和列的组合，尤其是不同屏宽列的组合，很容易实现响应式布局。

1) 列基本组合

列组合通过更改数字来合并列，以中型屏幕(md)为例，示例代码如下：

```
1   < div class = "container" >
2     < div class = "row" >
3       < div class = "col-md-12" >
4         中型屏宽(992 ~ 1200 像素之间)，. col-md-12 代表此列宽度为本行的总宽度
5       </ div >
6     </div >
7     < div class = "row" >
8       < div class = "col-md-8" >. col-md-8 代表此列宽度为本行总宽度的 8/12 </ div >
9       < div class = "col-md-4" >. col-md-4 代表此列宽度为本行总宽度的 4/12 </ div >
10    </ div >
11    < div class = "row" >
12      < div class = "col-md-4" >. col-md-4 </ div >
13      < div class = "col-md-4" >. col-md-4 </ div >
14      < div class = "col-md-4" >. col-md-4 </ div >
15    </ div >
16    < div class = "row" >
17      < div class = "col-md-6" >. col-md-6 </ div >
18      < div class = "col-md-6" >. col-md-6 </ div >
19    </ div >
20  </ div >
```

栅格系统中的行与列样式默认没有边框，为了显示行和列的运行效果，通过设置如下 CSS 代码：

```
1   . row div {
2       border：1px solid #000000；
3       height：50px；
4       background：#EEEEEE；
5   }
```

实例运行效果如图 2 - 5 所示。

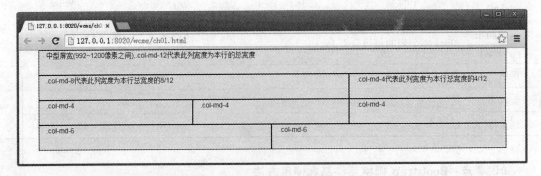

图 2 - 5　Bootstrap 栅格系统列基本组合

2）列嵌套组合

列基本组合就像 Word 中的基本表格，而列嵌套组合有点像 Word 中自定义表格。列嵌套主要为了实现复杂网页布局，简单来说就是在一个列里再放入行和列。值得注意的是列内部嵌套的行（row）的宽度与当前外部列宽度一致。示例代码如下：

```
1     < div class = "container" >
2       < div class = "row" >
3           < div class = "col-md-8" >
4              第一层列. col-md-8,嵌套一行两列
5            < div class = "row" >
6               < div class = "col-md-6" >第二层列. col-md-6 </div >
7               < div class = "col-md-6" >第二层列. col-md-6 </div >
8            </div >
9           </div >
10          < div class = "col-md-4" > . col-md-4 代表此列宽度为本行总宽度的 4/12 </div >
11      </div >
12     </div >
```

上述代码运行效果如图 2 - 6 所示。

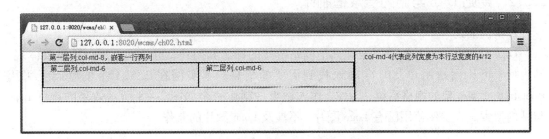

图 2 - 6　Bootstrap 栅格系统列嵌套组合

3）响应式栅格

前面介绍 Bootstrap 为不同的屏幕尺寸（4 种类型）提供了不同的栅格样式，它们的样式分别为超小（col-xs-数字）、小型（col-sm-数字）、中型（col-md-数字）、大型（col-lg-数字），详细参数见表 2 - 1，以超小型和中型屏宽为例，示例代码如下：

```
1     < div class = "container" >
2       < div class = "row" >
3           < div class = "col-xs-6 col-md-8" >
4              中型屏宽. col-md-8,超小屏宽 col-xs-6
5           </div >
6           < div class = "col-xs-6 col-md-4" >
7              中型屏宽. col-md-4,超小屏宽 col-xs-6
8           </div >
9       </div >
10     </div >
```

上述代码运行效果如图 2 - 7 所示。

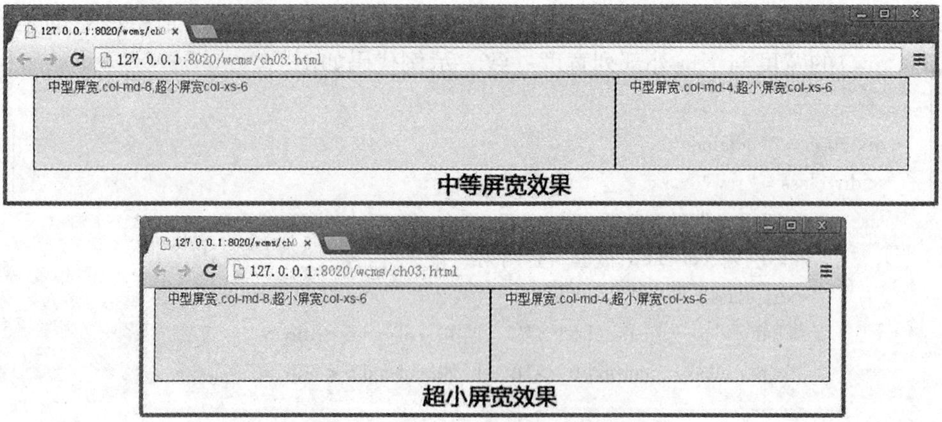

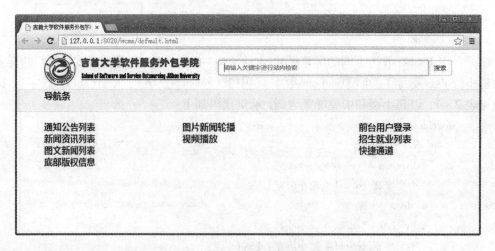

图 2 - 7   Bootstrap 响应式栅格

注意 Bootstrap 响应式栅格具有向上兼容，假设只设置小屏 < div class = "col-sm-9" > ，则中屏和大屏也都为 9 格。

2.3.2   网站 Logo 与站内搜索框制作

1. 实例描述

Logo 是与其他网站链接以及让其他网站链接的标志和门户，也是网站形象的重要体现。站内搜索可让网站用户及时准确地找到需要的信息。本实例在 2.3.1 节的基础上采用 Bootstrap 前端框架的栅格系统、图像、输入框组件制作一个如图 2 - 8 所示效果的首页 Logo 与站内搜索。本实例使用已有 Logo 图片，不涉及 Logo 图片的制作。

图 2 - 8   网站首页 Logo 与站内搜索框制作效果

2. 实现步骤

步骤 1. 使用 Bootstrap 栅格系统进行布局。

布局构思一行两列，左边列放置 Logo 图片，右边列放置 Bootstap 输入框组件。用以下代码替换本书"2.3.1 网站前台首页布局"实例的第 2 行代码【＜div class＝"container"＞logo 与站内搜索框＜/div＞】。

```
1      <div class="container">
2        <!--定义一行-->
3      <div class="row">
4        <!--定义左边响应列,超小屏占12格,小屏及以上宽度占6格-->
5        <div class="col-sm-5 col-xs-12">
6          <!--定义 logo 图片-->
7          <img src="img/logo.png" alt="吉首大学软件服务外包学院" class="img-responsive">
8        </div>
9        <!--定义右边响应列,超小屏占12格,小屏及以上宽度占7格-->
10        <div class="col-sm-7 col-xs-12" style="padding:2.5% 0;">
11          <!--定义表单-->
12          <form id="frmSeach" action="#">
13            <!--input-group 定义 Bootstrap 输入框组件容器-->
14            <div class="input-group">
15              <!--定义一个单行文本输入框-->
16              <input type="text" class="form-control"
                   placeholder="请输入关键字进行站内检索">
17              <!--定义搜索按钮-->
18              <span class="input-group-btn">
19                <input type="submit" class="btn btn-default" value="搜索"/>
20              </span>
21            </div>
22          </form>
23        </div>
24      </div>
25      </div>
```

完成上述步骤，"网站 Logo 与站内搜索框"实例制作完毕，实例最终效果如图 2-8 所示。

知识要点：Bootstrap 图像

在图像显示方面，Bootstrap 框架提供了 3 种风格效果，在 img 标签上分别应用.img-rounded(使图片变成圆角矩形)，.img-circle(使图片变成圆形)，.img-polaroid(给图片添加一点内边距和一条灰色边框)样式，效果如图 2-9 所示。

图 2-9　图像在不同样式下的运行效果

让图片支持响应式布局，即图片随着浏览器窗口大小改变而改变，达到自适应大小的效果。在 img 标签应用.img-responsive 样式即可。

知识要点：Bootstrap 输入框组

有些时候，我们需要将文本输入框和文字、小图标、按钮组合在一起进行显示，文本输入框与文字组合的示例代码如下：

```
1    < div class = " input-group" >
2      < span class = " input-group-addon" >文字放在前面 </span >
3      < input type = " text" class = " form-control" placeholder = " 请输入关键字进行站内检索" >
4      < span class = " input-group-addon" >文字放后前面 </span >
5    </div >
```

上述代码运行效果如图 2 – 10 所示。

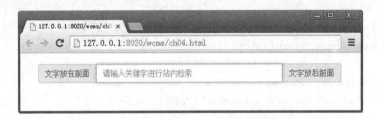

图 2 – 10　文字输入框组运行效果

< div > 标记应用样式.input-group 将需要形成输入框组的元素包含起来，< span > 标记应用样式.input-group-addon 设置需要组合的文字，组合文字可以放在文本输入框的前面或者后面，文本输入框必须应用样式.form-control。如果输入框要组合按钮，将上述第 4 行代码改成【< span class = " input-group-btn" > < input type = " submit" class = " btn btn-default" value = " 按钮放在后面"/ > </span > 】，实现效果如图 2 – 11。< span > 标记应用样式.input-group-btn 设置需要组合的按钮，更多按钮样式在 2.3.6 节详细介绍。

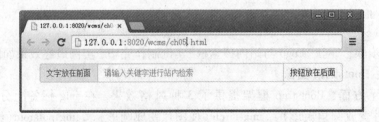

图 2 – 11　文字、按钮输入框组运行效果

此外，Bootstrap 输入框组还提供了 3 种尺寸大小样式，代码如下：

```
< div class = " input-group input-group-lg" >    / * 大尺寸 */
< div class = " input-group" >    / * 中等尺寸 */
< div class = " input-group input-group-sm" >    / * 小尺寸 */
```

2.3.3　导航栏制作

1. 实例描述

网站导航栏的作用是将网站的栏目清晰地呈现在用户眼前,用户通过导航栏可以访问网站中的栏目。本实例采用 Bootstrap 的导航条 Javascript 插件实现一个如图 2 – 12 所示的网站前台首页导航栏。

图 2 – 12　网站前台首页导航栏实现效果

2. 实现步骤

步骤 1. 实现基础导航条。

用以下代码替换本书"2.3.1 网站前台首页布局"实例中第 4 ~ 7 行代码。

```
1    < div class = " navbar navbar-default" role = " navigation" >
2        < div class = " container" >
3            < div class = " navbar-header" >
4                < a class = " navbar-brand" href = " #" >软件学院 </a>
5            </div>
6            < ul class = " nav navbar-nav" >
7                < li > < a href = " #" >首页 </a> </li>
8                < li > < a href = " #" >学院概况 </a> </li>
9                < li > < a href = " #" >教育教学 </a> </li>
10               < li > < a href = " #" >科学研究 </a> </li>
11               <! --增加一个一级导航如上添加 li 标记即可-->
12           </ul>
13       </div>
14   </div>
```

代码解析:

第 1 行代码中的"navbar navbar-default"样式定义 Bootstrap 默认风格导航条(淡蓝色背景),还可使用"navbar navbar-inverse"样式定义反色导航条(黑色背景)。role = " navigation"

增强导航条可访问性(对于残障用户的可阅读和可理解性,提高可访问性也能让普通用户更容易理解 Web 内容)。

第 2 行代码"container"样式定义导航条中的内容水平居中。

第 3~5 行代码定义导航条的 Logo 图片或文字(此内容不是导航条的必须内容,可自行删除),其中"navbar-header"样式定义导航条最左侧内容容器,容器中的内容一般为文字或小图标(可作为网站的 Logo),"navbar-brand"样式定义大号文字。

第 6~12 行代码定义导航条的一级导航栏目,其中"nav navbar-nav"样式设置导航项容器,此样式一般应用于 <ul> 标签中。代码 7~10 行定义 4 个一级导航栏。

上述代码实现效果如图 2-13 所示。

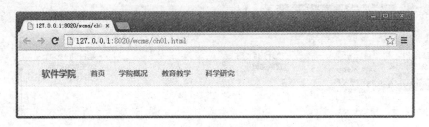

图 2-13　Bootstrap 基础导航条界面

步骤 2. 实现下拉二级导航条。

点击一级导航项,例如点击"学院概况",出现相对应的二级导航条,用以下代码替换步骤 1 中的第 8 行代码。

```
1       < li class = "dropdown" >
2           < a class = "dropdown-toggle" data-toggle = "dropdown" href = "#" >学院概况
        < span class = "caret" > </span > </a >
3           < ul class = "dropdown-menu" >
4               < li > < a href = "#" >学院简介 </a > </li >
5               < li > < a href = "#" >学院领导 </a > </li >
6               < li > < a href = "#" >组织机构 </a > </li >
7               < li > < a href = "#" >专业设置 </a > </li >
8               < li > < a href = "#" >师资力量 </a > </li >
9               <! --增加一个二级导航如上添加 li 标记即可-->
10          </ul >
11      </li >
```

代码解析:

第 1 行代码中的"dropdown"样式定义一级导航栏容器,并且此一级导航栏拥有二级导航栏。

第 2 行代码定义一级导航栏内容为"学院概况",其中"dropdown-toggle"定义此一级导航下拉时的样式,【data-toggle = "dropdown"】属性定义此一级导航的行为下拉。

第 3~10 行代码定义二级导航栏,其中"dropdown-menu"样式定义二级导航栏容器,此样式一般应用于 <ul> 标签中。代码 4~8 行定义 5 个二级导航栏。

上述代码实现效果如图 2 - 14 所示。

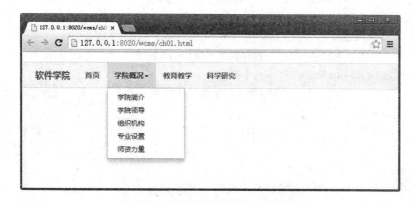

图 2 - 14　Bootstrap 下拉导航条界面

步骤 3. 实现响应式导航条。

一个导航条默认情况下都是全屏 100% 显示，如果导航项太多，在一些小屏幕下可能不会显示完整，通常我们需要根据屏幕尺寸自动调整，隐藏或去除一部分菜单内容，达到响应式设计。Bootstrap 提供了这种功能，屏幕大小的分界点是 768 像素，在小于 768 像素时，所有的导航项会隐藏，单击右边的 icon 图标，显示隐藏的导航项。结合步骤 1 和步骤 2 实现响应式导航条的代码如下。

```
1    < div class = "navbar navbar-default" role = "navigation" >
2      < div class = "container" >
3        < button class = "navbar-toggle" type = "button" data-toggle = "collapse"
         data-target = "#navbar-main" >
4          < span class = "icon-bar" > </span >
5          < span class = "icon-bar" > </span >
6          < span class = "icon-bar" > </span >
7        </button >
8        < div class = "navbar-header" >
9          < a class = "navbar-brand" href = "#" >软件学院 </a >
10       </div >
11       < div class = "collapse navbar-collapse" id = "navbar-main" >
12         < ul class = "nav navbar-nav" >
13           < li > < a href = "#" >首页 </a > </li >
14           < li class = "dropdown" >
15             < a class = "dropdown-toggle" data-toggle = "dropdown" href = "#" >
                 学院概况 < span class = "caret" > </span > </a >
16             < ul class = "dropdown-menu" >
17               < li > < a href = "#" >学院简介 </a > </li >
18               < li > < a href = "#" >学院领导 </a > </li >
19               < li > < a href = "#" >组织机构 </a > </li >
20               < li > < a href = "#" >专业设置 </a > </li >
```

```
21              < li > < a href = "#" > 师资力量 < /a > < /li >
22              <! --增加一个二级导航如上添加 li 标记即可-->
23            </ul >
24          < /li >
25          < li > < a href = "#" > 教育教学 < /li >
26          < li > < a href = "#" > 科学研究 < /li >
27          <! --增加一个一级导航如上添加 li 标记即可-->
28        < /ul >
29      < /div >
30    < /div >
31  < /div >
```

代码解析：

第 3 ~7 行代码定义一个按钮，当屏幕宽度小于 768 像素时，隐藏导航项，导航栏右边出现此按钮，点击此按钮显示隐藏导航项。其中样式"navbar-toggle"定义按钮为导航条响应式按钮，【data-toggle = " collapse"】属性定义折叠行为，【data-target = " #navbar-main"】属性指定当屏幕宽度小于 768 像素时，隐藏的导航项。

第 4 ~6 行定义三个小图标实现按钮的外观为汉堡形状。

第 11 行和第 29 行定义一个响应式容器，包含导航内容，达到屏幕宽度小于 768 像素时，隐藏导航项的目的。其中"collapse navbar-collapse"样式定义响应导航设计，【id = " navbar-main"】属性必须与按钮的【data-target = " #navbar-main"】属性一致。

完成上述 3 个步骤，"导航栏"实例制作完毕，实例最终效果如图 2 – 15，图 2 – 16 和图 2 – 17所示。

图 2 – 15　大于 768 像素的宽屏导航条

图 2 – 16　小于 768 像素屏宽的导航条

图 2 – 17　单击图标显示导航项

知识要点：Bootstrap 导航基础

导航(Nav)是一个网站最重要的组成部分，Bootstrap 导航使用". nav"样式定义导航基础设置，包括布局方式、块局显示、内边距(Padding)、活动状态和禁止状态下的颜色等。注意

". nav"样式不能单独使用,必须配合如". nav-Tab"、". nav-tabs"等导航样式才能正确定义导航。

知识要点:Bootstrap 导航组件

Bootstrap 导航组件分为选项卡风格导航(水平、垂直两种方向)、胶囊式选项卡风格导航(水平、垂直两种方向)。选项卡导航是网页常见的一种导航方式,尤其是在多内容编辑时,需要通过选项卡进行分组显示,选项卡风格导航实现代码如下:

```
1    <! --样式 nav nav-tabs 定义选项卡导航容器,role = "tablist"增强可访问性-->
2    < ul class = "nav nav-tabs"role = "tablist" >
3        <! --样式 active 定义导航项为活动项,role = "presentation"增强可访问性-->
4        < li role = "presentation"class = "active" > < a href = "#" >首页 </a > </li >
5        <! --样式 disabled 定义导航项为禁止-->
6        < li role = "presentation"class = "disabled" > < a href = "#" >学院概况 </a > </li >
7        < li role = "presentation" > < a href = "#" >教育教学 </a > </li >
8        < li role = "presentation" > < a href = "#" >科学研究 </a > </li >
9        <! --增加一个一级导航如上添加 li 标记即可-->
10   </ul >
```

上述代码运行效果如图 2-18 所示。

将上述代码第 2 行的样式"nav nav-tabs"改为"nav nav-pills",即可变成胶囊式选项卡导航。运行效果如图 2-19 所示。

图 2-18　选项卡导航运行效果

图 2-19　胶囊式选项卡导航运行效果

将样式"nav nav-pills"改为"nav nav-pills nav-stacked",导航可由水平摆放变成垂直摆放。运行效果如图 2-20 所示。

图 2-20　垂直排列胶囊式选项卡导航运行效果

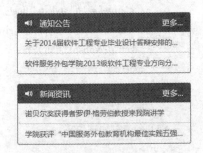

图 2-21　文字列表面板制作效果

2.3.4　文字列表面板制作

1. 实例描述

文字列表面板是网页中常见的元素，主要用于相同类型信息的汇集展示。本实例制作吉首大学软件服务外包学院首页的通知公告列表面板和新闻资讯列表面板，实现效果如图 2 - 21所示，实例整合效果如图 2 - 22 所示。

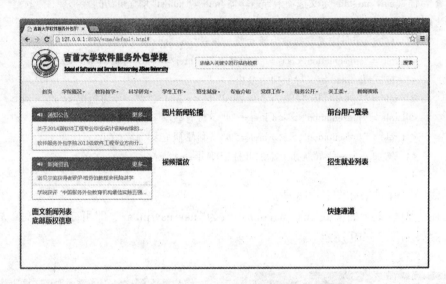

图 2 - 22　实例整合效果

2. 实现步骤

步骤 1. 使用 Bootstrap 面板组件实现"通知公告"面板标题。

用以下代码替换本书"2.3.1 网站前台首页布局"实例的第 12 行代码【< div class = " col-xs-12 col-sm-4" >通知公告列表 </div >】。

```
1      < div class = "col-xs-12 col-sm-4" >
2        < div class = "panel panel-primary" >
3          < div class = "panel-heading" >
4            < h3 class = "panel-title" >
5              < a href = "#" style = "float：right;" >更多... </a >
6              < span class = "glyphicon glyphicon-volume-up" > </span >
7                  通知公告
8            </h3 >
9          </div >
10       </div >
11       通知公告列表项位置
12     </div >
```

代码解析：

第 1 行代码定义列容器；第 2 行定义 Bootstrap 面板容器；第 3 行定义面板头部容器；第

4~8行为标题内容,分别是超链接"更多…"、Bootstrap 字形图标、标题文字。

上述代码实现效果如图 2-23 所示。

图 2-23　文字列表面板制作——步骤 1 实现效果

步骤 2. 使用 Bootstrap 列表组组件实现"通知公告"列表链接。

用以下代码替换步骤 1 中第 11 行代码的"通知公告列表位置"文字。

```
1    < ul class = "list-group" >
2      < li class = "list-group-item" >
3      < a href = '#' target = "_blank" >通知公告标题一 </a >
4      </li >
5      < li class = "list-group-item" >
6        < a href = '#' target = "_blank" >通知公告标题二 </a >
7      </li >
8      <! -通过 li 标记增加新的通知公告项-->
9    </ul >
```

代码解析:

第 1 行代码和第 9 行是 Bootstrap 列表组容器;第 2~4 行是列表,列表项为文字超链接;第 5~7 行也是列表,还可增加列表。

上述代码实现效果如图 2-24 所示。

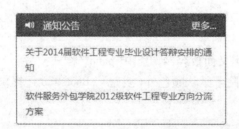

图 2-24　文字列表面板制作——步骤 2 实现效果

步骤 3. 使用 CSS 设置列表项文字超出部分

由于"通知公告"面板宽度有限,其中列表项文字过长会自动换行,影响美观,如图 2-24所示。可以通过 CSS 样式设置,用省略号代替超出面板宽度的列表项文字,CSS 代码如下:

```
1    . list-group-item a {
2      white-space: nowrap;/ *设置文本不换行 * /
3      word-break: keep-all;/ *设置文本只能在半角空格或连字符处换行 * /
4      overflow: hidden;/ *设置超出部分隐藏 * /
```

```
5      text-overflow：ellipsis；/＊显示省略符号来代表被修剪的文本＊/
6      display：block；/＊此元素将显示为块级元素,此元素前后会带有换行符。＊/
7      font：15px" Microsoft YaHei"；/＊设置文本字体与大小＊/
8      }
```

上述代码实现效果如图 2 - 21 所示。

步骤 4. 新闻资讯列表面板制作。

按步骤 1 ~ 3 制作新闻资讯列表面板,按需求改变相应文字即可。

完成上述 4 个步骤,"文字列表面板"实例制作完毕,实例最终效果如图 2 - 22 所示。

知识要点：Bootstrap 基础面板

在 < div > 标记上应用样式" panel panel-default" , 产生一个具有边框的文本显示框。示例代码如下：

```
1      < div class = " panel panel-default" >
2        < div class = " panel-body" >
3          面板内容,可以是任意元素,如文本,链接,图像等
4        </div>
5      </div>
```

上述代码运行效果如图 2 - 25 所示。

图 2 - 25　Bootstrap 基础面板效果

上述示例第 1 行代码定义面板容器, 其中"panel"样式主要设置边框、外部边距和圆角,"panel-default"设置颜色。除了默认颜色外(淡蓝), Bootstrap 还提供了其他几种色彩风格,详细见表 2 - 2。

表 2 - 2　Bootstrap 多彩面板样式

类　名	描　述
panel-default	默认淡蓝
panel-primary	重点蓝
panel-success	成功绿
panel-info	信息蓝
panel-warning	警告黄
panel-danger	危险红

使用面板颜色样式必须与样式"panel"一起使用,如【 < div class = " panel panel-info" > 】。

上述示例第 2 行代码定义面板主体内容容器,样式为"panel-body",主体内容容器中可以存放任意 html 内容,如文本、图片、链接、表格、视频、表单等。

知识要点:Bootstrap 带有头部和尾部的面板

基础面板除了可定义面板主体外,还可定义面板头和面板尾,其功能是高亮显示相对应的面板头和面板尾。示例代码如下:

```
1    < div class = " panel panel-primary" >
2      < div class = " panel-heading" > 面板头部 </div >
3      < div class = " panel-body" >
4        面板内容
5      </div >
6      < div class = " panel-footer" > 面板底部 </div >
7    </div >
```

上述代码通过样式"panel-heading"和"panel-footer"定义面板的头部和尾部,两个样式分别对边框、内外边距、背景色、圆角、字体大小、字体粗细进行设置。运行效果如图 2 - 26 所示。

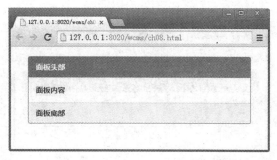

图 2 - 26　Bootstrap 具有头部和尾部的重点蓝面板效果

知识要点:Bootstrap 基础列表组

大部分的列表组都是由无标记的无序列表(ul/li)来实现,通过应用特定的样式实现效果。示例代码如下:

```
1    < ul class = " list-group" >
2      < li class = " list-group-item" > 列表项 1 </li >
3      < li class = " list-group-item" > 列表项 2 </li >
4      < li class = " list-group-item" > 列表项 3 </li >
5    </ul >
```

上述代码运行效果如图 2 - 27 所示。

分析上述代码,列表组有两个基本样式:list-group 和 list-group-item。这两个样式主要设置了基本的显示和布局内容,比如间距、上下的圆角、定位方式等。

知识要点:Bootstrap 可链接的列表组

在上例中,可以将文字加上超链接,实现了链接列表组,但有时候需要整个列表项元素都可以被单击,此时可以使用如下代码:

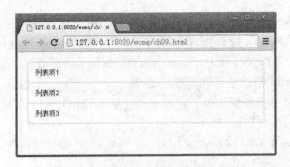

图 2 - 27　Bootstrap 基础列表组效果

```
1    < ul class = "list-group" >
2      < a href = "#" class = "list-group-item    active" >链接列表项 1 </a>
3      < a href = "#" class = "list-group-item" >链接列表项 2 </a>
4      < a href = "#" class = "list-group-item" >链接列表项 3 </a>
5    </ul>
```
上述代码运行效果如图 2 - 28 所示。

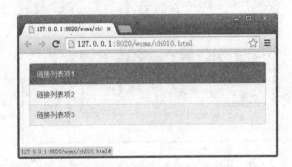

图 2 - 28　Bootstrap 可链接列表项效果

　　分析上述代码,通过将标签 <li> 改成标签 <a> 即可实现链接列表组,在第 2 行代码还添加了样式"active",使列表项高亮显示。如果再添加色彩样式(如 list-group-item-success)可实现多彩列表项。多彩列表项样式见表 2 - 3。

表 2 - 3　Bootstrap 多彩列表项样式

类　名	描　述
list-group-item	默认白色
list-group-item list-group-item-primary	重点蓝
list-group-item list-group-item-success	成功绿
list-group-item list-group-item-info	信息蓝
list-group-item list-group-item-warning	警告黄
list-group-item list-group-item-danger	危险红

知识要点：Bootstrap 自定义列表组

在可链接的列表组基础上，Bootstrap 又提供了 list-group-item-heading 和 list-group-item-text 两个样式，用于开发人员自定义列表项里的具体内容，其分别代表：列表项条目的头部和主要内容。示例代码如下：

```
1    <ul class="list-group">
2      <a href="#" class="list-group-item">
3        <h4 class="list-group-item-heading">链接列表项1头部</h4>
4        <p class="list-group-item-text">链接列表项1具体内容</p>
5      </a>
6      <a href="#" class="list-group-item">
7        <h4 class="list-group-item-heading">链接列表项2头部</h4>
8        <p class="list-group-item-text">链接列表项2具体内容</p>
9      </a>
10   </ul>
```

上述代码运行效果如图 2-29 所示。

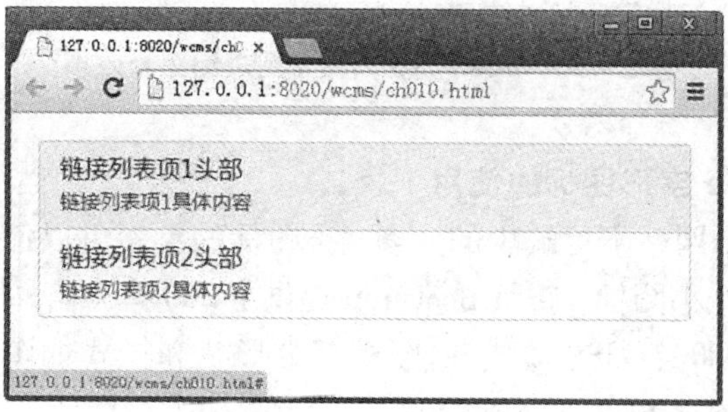

图 2-29　自定义列表组

知识要点：面板和列表组进行嵌套

结合上面提到的面板，将其与列表组进行组合，可产生一种类似百叶窗的效果。示例代码如下：

```
1    <div class="panel panel-primary">
2      <div class="panel-heading">
3        <span class="glyphicon glyphicon-volume-up"></span>
4        面板头部
5      </div>
6      <ul class="list-group">
7        <a href="#" class="list-group-item">
8          <h4 class="list-group-item-heading">链接列表项1头部</h4>
9          <p class="list-group-item-text">链接列表项1具体内容</p>
10         </a>
11        <a href="#" class="list-group-item">
12          <h4 class="list-group-item-heading">链接列表项2头部</h4>
```

```
13              < p class = "list-group-item-text" > 链接列表项 2 具体内容 </p >
14          </a >
15         </ul >
16         < div class = "panel-footer" > 面板底部 </div >
17      </div >
```

上述代码运行效果如图 2 – 30 所示。

图 2 – 30 Bootstrap 面板和列表组组合效果

知识要点：Bootstrap 字形图标的使用

小图标（icon）是一个网站不可缺少的元素，小图标的点缀可以使网站提升档次。在上例的面板头部中应用了 1 个小图标，新版 Bootstrap 提供了 200 个来自 Glyphicon Halflings 的字体图标（相应地，提供了 200 个 CSS 样式），图标部分形状和样式如图 2 – 31 所示，详情参见 Bootstrap 官网（http：//www. bootcss. com/）。

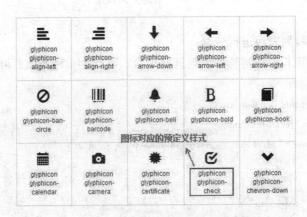

图 2 – 31 Bootstrap 字形图标部分截图

如需使用某个图标，可以参照图标对应的预定义样式，使用 < span >、< i > 等内联元素标记即可，使用时注意在图标和文本之间保留适当的空间，参考代码如下：

< span class = "glyphicon glyphicon-check" > </span > ； ；通知公告

2.3.5　图片轮播制作

1. 实例描述

Bootstrap 轮播（carousel）插件是一种灵活的响应式向站点添加滑块的插件。其主要显示效果就像各大网站的多幅滚动图片广告一样，比如淘宝首页的图片广告，默认情况下是循环向左轮播，如果单击某个滑块，会显示下一个或上一个图片。除图像之外，内容还可以是内嵌框架、视频或者其他想要放置的任何类型的内容。Bootstrap 轮播插件突出的特点是响应式设计，轮播图片在移动设备的视图中是缩放的，随着可用视口宽度的增加，图片轮播也会等比例缩放。图 2 – 32 所示为采用 Bootstrap 轮播插件制作的一个网站首页新闻图片轮播效果，实例整合效果如图 2 – 33 所示。

图 2 – 32　网站首页图片轮播效果

图 2 – 33　实例整合效果

2. 实现步骤

步骤 1. 使用 Bootstrap 轮播插件进行布局。

用以下代码替换本书"2.3.1 网站前台首页布局"实例的第 14 行代码的"图片新闻轮播"文字。

```
1     < div id = "carousel-news" class = "carousel slide" data-ride = "carousel" >
2         <!--定义轮播图片容器-->
3         < div class = "carousel-inner" role = "listbox" > … </div >
4         <!--定义圆圈指示符-->
5         < ol class = "carousel-indicators" > …. </ol >
6         <!--定义左右控制按钮-->
7         < a class = "left carousel-control"    href = "carousel-news"    role = "button"
          data-slide = "prev" > </a >
8         < a class = "right carousel-control"    href = "carousel-news"    role = "button"
          data-slide = "next" > </a >
9     </div >
```

上述代码第 1 行代码定义轮播插件容器。带有【data-ride = "carousel"】属性的 div 就是轮播插件的容器，此容器的 ID 为"carousel-news"，稍后会用到，还有两个样式，其中 carousel 样式做样式容器，而 slide 样式用来定义轮播图片时是否有特效。

轮播容器内部结构可分为以下 3 个部分：

①carousel-inner 样式的 div(上述代码第 3 行)，定义轮播图片容器，在其内部包含多个含有 item 的 div 样式，在这些内部的 div 里，定义要显示的轮播图片，详细代码见步骤 2。

②carousel-indicators 样式的 ol(上述代码第 5 行)，定义圆圈指示符容器，在其内部定义了一组圆圈外观的标识符，用户单击这些指示符可以直接显示相应的图片，详细代码见步骤 3。

③上述代码第 7 行和第 8 行的两个 a 链接，用于显示左右箭头，可以改变轮播的方向。这两个元素上定义的 data-slide 属性值只能是 prev 或者 next(表示上一张、下一张)。其中【href = "carousel-news"】属性值必须与轮播插件容器(第 1 行代码)的 ID 值一致。

需要特别说明的是，ol 指示符元素在 3 个部分的位置可以任意定义，左右控制链接(a 元素)可以放在 ol 前面或后面，但一定不能放在 carousel-inner 样式的 div 的前面(会被其遮盖住)。

除了【data-ride = "carousel"】属性以外，轮播组件还支持以下自定义属性，详细见表 2-4。

表 2-4 Bootstrap 轮播插件自定义属性

属性名称	类型	默认值	描述
data-interval	number	5000	图片轮换的等待时间(毫秒)，如果为 false，轮播将不会自动开始循环
data-pause	string	hover	默认鼠标停留在轮播区域即暂停轮播，鼠标离开即启动轮播
data-wrap	boolean	true	轮播是否持续循环

上述 3 个自定义属性可以在容器元素上定义，也可以在标示（或左右控制链接）上定义，但是后者定义的优先级较高。例如定义图片轮换的等待时间为 2 s，代码如下：

```
< div id = " carousel-news" class = " carousel slide" data-ride = " carousel" data-interval  = "2000" >
```

步骤 2. 设置轮播图片和图片文字说明。

用以下代码替换步骤 1 中第 3 行代码。

```
1    < div class = " carousel-inner" role = " listbox" >
2        < div class = " item active" >
3          < img alt = " " src = " img/news1. jpg" / >
4          < div class = " carousel-caption" contenteditable = " true" >
5             < h4 > 新闻标题 </h4 >
6             < p > 新闻内容简介 </p >
7          </ div >
8        </ div >
9        < div class = " item" >
10         < img alt = " " src = " img/news2. jpg" / >
11         < div class = " carousel-caption" contenteditable = " true" >
12            < h4 > 新闻标题 </h4 >
13            < p > 新闻内容简介 </p >
14         </ div >
15       </ div >
16       <! --通过复制 9 ~ 15 行代码,可添加一个新的图片轮播项-->
17    </ div >
```

代码解析：

第 1 行代码使用 carousel-inner 样式定义轮播图片容器，其中【role = " listbox" 】增强图片轮播的可访问性。

第 2 ~ 8 行代码和 9 ~ 15 行代码定义两个图片轮播项，第 2 行和第 9 行分别定义图片轮播项容器，item 样式的 div 代表这是 1 项轮播，有多少个 item 样式的 div 就有多少个轮播项，active 样式代表活动轮播项，注意必须有且只能有 1 个 active 样式【class = " item active" 】。

第 3 行和第 10 行代码定义要轮播的图片。

第 4 ~ 7 行代码和第 11 ~ 14 行代码，针对图片轮播插件还提供了一个字幕说明样式（carousel-caption），紧接着 img 元素定义即可，注意字幕说明可根据需要添加。

上述代码实现效果如图 2 - 34 所示。

图 2 - 34　图片轮播制作——步骤 2 实现效果

上例文字排版不美观，需要对上述代码中的.carousel-caption 重新自定义样式，样式代码如下：

```
1      . carousel-caption {
2          background：#000000；/ * 设置容器背景颜色为黑色 * /
3          color：#ffffff；/ * 设置文本颜色为白色 * /
4          opacity：0.7；/ * 设置透明度为70% * /
5          filter：alpha(opacity = 70)；/ * 设置透明度兼容 ie8 及以下版本 * /
6          font：12px" Microsoft YaHei"；/ * 设置字体 * /
7          width：100%；/ * 设置容器宽度 * /
8          left：0px；/ * 设置容器左边缘位置 * /
9          bottom：0px；/ * 设置容器下边缘位置 * /
10         padding：0px 5px；/ * 设置容器内边距上下各为0，左右各为5 像素 * /
11         text-align：left；/ * 设置文本对齐方式为左对齐 * /
12     }
```

上述 CSS 代码设置.carousel-caption 容器的背景透明度为70%的黑色，宽度为100%，放置在父类的底部左侧；字体大小/样式14px，" Microsoft YaHei"加粗；.carousel-caption 中的文字左对齐，内边距上下0px，左右5px。步骤2 最终实现效果如图2 –35 所示。

图 2 –35　图片轮播制作——步骤 2 改进文本样式实现效果

步骤 3. 设置 Bootstrap 轮播(Carousel)指示标志。

用以下代码代替步骤1 中第5 行代码。

```
1      < ol class = " carousel-indicators" >
2          < li data-target = "#carousel-news" data-slide-to = "0" class = " active" > </li >
3          < li data-target = "#carousel-news" data-slide-to = "1" > </li >
4          < li data-target = "#carousel-news" data-slide-to = "2" > </li >
5      </ol >
```

上述代码中样式.carousel-indicators 的 ol 是用来设置轮播指示符容器，其中从第2 行到第4 行中的 data-slide-to = "2" 将把滑块移动到一个特定的索引，索引从0 开始计数。实现效果如图2 –36 所示。

指示标志与文字有重叠，影响阅读，在本例最终效果中未使用指示标志符。

图 2 – 36　图片轮播制作——步骤 3 实现效果

步骤 4. 设置左右控制按钮外观。

用以下代码代替步骤 1 中第 7 ~ 8 行代码。

```
1    < a class = " left carousel-control" href = " #carousel-news" role = " button" data-slide = " prev" >
2        < span class = " glyphicon glyphicon-chevron-left" > </span >
3        < span class = " sr-only" > Previous </span >
4    </a >
5    < a class = " right carousel-control" href = " #carousel-news" role = " button"
       data-slide = " next" >
6        < span class = " glyphicon glyphicon-chevron-right" > </span >
7        < span class = " sr-only" > Next </span >
8    </a >
```

上述代码第 1 ~ 4 行定义左控制按钮，第 5 ~ 8 行定义右控制按钮，其中样式" glyphicon glyphicon-chevron-left" 的 span 标签定义一个左箭头图标，样式" glyphicon glyphicon-chevron-right" 的 span 标签定义一个右箭头图标，样式" sr-only" 的 span 标签将只对屏幕阅读器可见。实现效果如图 2 – 32 所示。

完成上述 4 个步骤，"图片轮播"实例制作完毕，实例最终效果如图 2 – 33 所示。

2.3.6　前台用户登录界面制作

1. 实例描述

本系统对游客(非注册用户)和注册用户提供的功能有所不同，对于新闻的评论功能不允许匿名发布，浏览网站者必须登录后才能进行新闻评论。本实例采用 Bootstrap 表单、输入框、按钮等组件，实现效果如图 2 – 37 所示的前台用户登录界面。

图 2 – 37　前台用户登录界面效果

2. 实现步骤

步骤 1. 使用 Bootstrap 面板组件进行布局与标题栏的设置。

用以下代码替换本书"2.3.1 网站前台首页布局"实例的第 15 行代码的"前台用户登录"文字。

```
1        < div class = "panel panel-primary" >
2            < div class = "panel-heading" >
3                < h3 class = "panel-title" >
4                    < span class = "glyphicon glyphicon-user" > </span >  用户登录
5                </h3 >
6            </div>
7            < div class = "panel-body" >
8            登录表单
9            </div>
10       </div>
```

上述代码第 1 行和第 10 行为面板容器；第 2 行和第 6 行为面板头部容器；第 3 行和第 5 行为面板头部标题容器；第 4 行为标题内容，第 7～9 行面板主体容器。实现效果如图 2－38 所示。

图 2－38　前台用户登录界面制作——步骤 1 实现效果

步骤 2. 使用 Bootstrap 表单组件实现"用户登录"表单。

用以下代码替换步骤 1 中第 8 行代码的"登录表单"文字。

```
1        < form class = "form-horizontal" role = "form" >
2        < p >
3            < input type = "text" class = "form-control" placeholder = "用户名/手机号/邮箱账号" >
4        </p >
5        < p >
6            < input type = "password" class = "form-control" placeholder = "密码" >
7        </p >
8        < p >
9            < label class = "checkbox-inline" >
10               < input type = "checkbox"/ >十天内免登录
11           </label >
12       </p >
13       < p >
14           < input type = "button" class = "btn btn-success" value = "登  录"/ >
15           < input type = "button" class = "btn btn-default" value = "注  册"
             data-toggle = "modal" data-target = "#userRegisterModal"/ >
16       </p >
17       </form >
```

上述代码第 1 行和第 9 行是 Bootstrap 表单容器；第 2～4 行是用户名输入框；第 5～7 行是密码输入框；第 9～12 行是"十天内免登录"复选框；第 13～16 行为登录和注册按钮。

完成上述两个步骤,"前台用户登录界面"实例制作完毕,实例最终效果如图 2 - 39 所示。

图 2 - 39　实例整合效果

知识要点:Bootstrap 基础表单

表单(form)是 HTML 网页交互中最重要的部分,同时也是 Bootstrap 框架中的核心内容,表单提供了丰富的样式(基础、内联、横向)。结合各种各样的表单控件,利用各种表单控件不同的状态、大小、分组,可以组合出界面美观、风格统一的表单。

Bootstrap 对基础表单未做太多的定制化效果设计,默认都使用全局设置,只是对表单内的 fieldset、legend、label 标签进行了设定,示例代码如下:

```
1    < form role = " form" >
2        < legend >用户登录 </legend >
3        < div class = " form-group" >
4            < label >用户名: </label >
5            < input type = " email" class = " form-control"
                placeholder = " 请输入你的用户名或 Email" >
6        </div >
7        < div class = " form-group" >
8            < label >密码 </label >
9            < input type = " password" class = " form-control" placeholder = " 请输入密码" >
10       </div >
11       < div class = " checkbox" >
```

```
12              < label >
13                  < input type = " checkbox" >记住密码
14              </label >
15          </div >
16          < button type = " submit" class = " btn btn-default" >登录</button >
17      </form >
```

【role = " form"】属性增强表单的可访问性，样式 form-group 的 div 标记为表单组件创建分组容器，样式 form-control 应用于表单中的组件，如 < input >、< textarea > 和 < select > 等表单组件元素，此样式设置宽度属性为 width：100%。上述代码运行效果如图 2 - 40 所示。

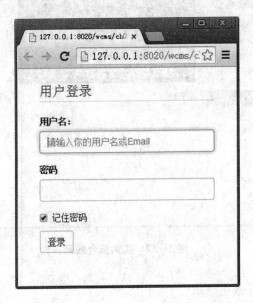

图 2 - 40　Bootstrap 基础表单运行效果

知识要点：Bootstrap 内联表单

有时需要将多个控件置于表单的一行之中，如图 2 - 41 所示的登录。要实现这种内联样式效果，只需要在普通的 form 元素上应用一个 .form-inline 样式，即可将表单内的元素设置为内联样式。

图 2 - 41　Bootstrap 内联表单运行效果

内联表单为了美观性，可以删除输入框前的 < label >，但为了让屏幕阅读器（屏幕阅读器是一种软件，用来将文字、图形以及电脑接口的其他部分【藉文字转语音技术】转换成语音及/或点字)识别输入框，又必须加上 label，此时可通过为 label 设置. sr-only 样式将 label 隐藏。比如：

```
< div class = "form-group" >
    < label class = "sr-only" >用户名：</label >
    < input type = "email" class = "form-control" placeholder = "请输入你的用户名或 Email" >
</div >
```

"用户名："标签将会隐藏，但屏幕阅读器可以识别 < input … >。

知识要点：Bootstrap 横向表单

有时需要将表单按行排列(一个标签 < label > 与一个输入框占一行)，只需在 form 标签应用. form-horizontal 样式即可，示例代码如下：

```
1    < form role = "form"    class = "form-horizontal" >
2      < div class = "form-group" >
3        < label class = "col-sm-2 control-label" >用户名：</label >
4          < div class = "col-sm-8" >
5            < input type = "email" class = "form-control"
                placeholder = "请输入你的用户名或 Email" >
6          </div >
7      </div >
8      < div class = "form-group" >
9        < label class = "col-sm-2 control-label" >密码：</label >
10         < div class = "col-sm-8" >
11           < input type = "password" class = "form-control" placeholder = "请输入密码" >
12         </div >
13     </div >
14     < div class = "form-group" >
15       < div class = "col-sm-offset-2 col-sm-8" >
16         < div class = "checkbox" >
17           < label > < input type = "checkbox" >记住密码 </label >
18         </div >
19       </div >
20     </div >
21     < div class = "form-group" >
22       < div class = "col-sm-offset-2 col-sm-8" >
23       < button type = "submit" class = "btn btn-default" >登录 </button >
24       </div >
25     </div >
26   </form >
```

要实现横向表单，除了应用 form-horizontal 样式外，还要与 Bootstrap 预置的栅格类联合使用，这样才可将 label 标签和控件组水平并排布局。由于. form-horizontal 样式改变了 .form-group 的行为，使其表现为栅格系统中的行(row)，因此就无需再额外添加 . row 了。上述代码运行效果如图 2 -42 所示。

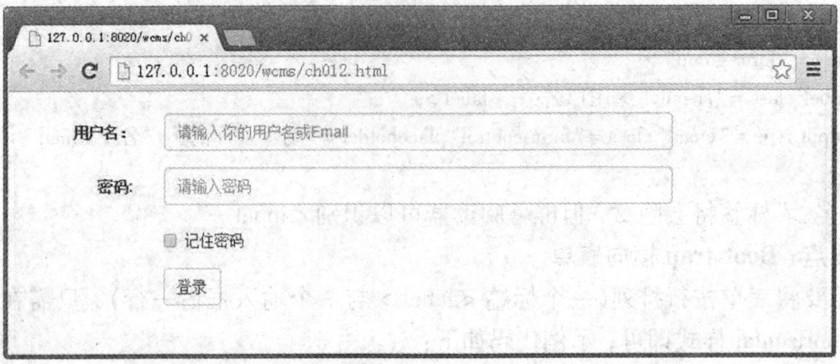

图 2 - 42　Bootstrap 横向表单运行效果

知识要点：Bootstrap 表单控件

在默认的 Bootstrap 源码里，对 input、select、textarea 都有良好的支持，尤其是对现有 HTML5 语法下的 input 都进行支持（如 type 属性值为 text、password、datetime、email、tel、color 等的元素）。

针对 input、select、textarea 表单控件，一般应用 . form-control 样式。同时 Bootstrap 提供了两个样式用于设置稍大或稍小的 input 输入框，分别是 . input-lg 和 . input-sm。使用方式如下：

< input type = " text" class = " input-lg form-control" placeholder = " 较大" >

< input type = " text" class = " form-control" placeholder = " 正常" >

< input type = " text" class = " input-sm form-control" placeholder = " 较小" >

针对 checkbox 和 radio 表单控件，常与 label 文字配合使用，为了保证表单控件与文字对齐，遵循如下方式即可：

< div class = " checkbox" >

< label > < input type = " checkbox" > 记住密码 </label >

</div >

< div class = " radio" >

< label > < input type = " radio" > 管理员 </label >

</div >

即在使用时，每个 input 外部用 label 包住，并且在最外层用容器元素包住，并应用相应的 . checkbox 和 . radio 样式。如果希望复选框或单选框横向显示，可使用 . checkbox-inline 和 . radio-inline 样式。

< label > < input type = " checkbox-inline" > 足球 </label >

< label > < input type = " checkbox-inline" > 篮球 </label >

知识要点：Bootstrap 按钮

按钮是网页交互过程中不可或缺的一部分，Bootstrap 提供了 7 种样式的按钮风格，按钮具体样式见表 2 - 5。

表 2 - 5 Bootstrap 按钮预定义样式

类 名	描 述
btn btn-default	默认按钮样式，默认白色
btn btn-primary	设置带语境色彩的按钮样式，重点蓝
btn btn-success	设置带语境色彩的按钮样式，成功绿
btn btn-info	设置带语境色彩的按钮样式，信息蓝
btn btn-warning	设置带语境色彩的按钮样式，警告黄
btn btn-danger	设置带语境色彩的按钮样式，危险红
. btn-lg	设置较大尺寸的按钮样式
. btn-sm	设置较小尺寸的按钮样式
. btn-xs	设置最小尺寸的按钮样式
. btn-block	设置可以将按钮拉伸至父元素 100% 的宽度，同时按钮变为块级(block)元素

7 种按钮样式风格使用代码如下：

```
1    <!--标准按钮-->
2    < button type = "button" class = "btn btn-default" > Default </button >
3    <!--提供视觉加重,表示在一组按钮中,该按钮是最主要的-->
4    < button type = "button" class = "btn btn-primary" > Primary </button >
5    <!--表示成功或正常使用的按钮-->
6    < button type = "button" class = "btn btn-success" > Success </button >
7    <!--表示提示信息的按钮-->
8    < button type = "button" class = "btn btn-info" > Info </button >
9    <!--表示需要进行某种行为的按钮-->
10   < button type = "button" class = "btn btn-warning" > Warning </button >
11   <!--表示危险或错误行为的按钮-->
12   < button type = "button" class = "btn btn-danger" > Danger </button >
13   <!--让按钮看起来像链接一样-->
14   < button type = "button" class = "btn btn-link" > Link </button >
```

上述代码运行效果如图 2 - 43 所示。

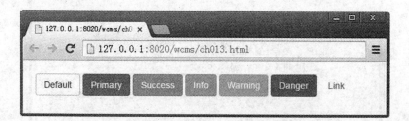

图 2 - 43 Bootstrap 按钮样式运行效果

按钮相关样式不仅能够支持 button 标签，也能够支持 a 元素和 input 元素，使用方法如下：

```
< input type = "button" class = "btn btn-default" value = "登录" >
< a href = "#" class = "btn btn-default" > 登录 </a >
```

知识要点：Bootstrap 动态模态弹窗触发

模态弹窗(Modal)是覆盖在父窗体上的子窗体。通常用来在不离开父窗体的情况下显示一个子窗体，子窗体提供信息、交互等内容。在本例中单击"注册"按钮，可在不离开本窗口的基础上弹出"新用户注册"子窗口。Bootstrap 动态模态弹窗触发代码如下：

```
< input type = "button" class = "btn btn-default" value = "注   册" data-toggle = "modal"
data-target = "# userRegisterModal" / >
```

上述代码是一个 Bootstrap 预定义样式按钮，标记除了 < input type = "button" > 外，还可以是 < input type = "submit" > 、< a > 或者 < button > 等具有提交、跳转页面的标记。其中 data-toggle = "modal"定义此按钮为弹出模态弹窗按钮，data-target = "#userRegisterModal"定义弹出模态弹窗的 ID。具体模态弹窗"新用户注册"界面制作见 2.3.7 节。

2.3.7 前台用户注册界面制作

1. 实例描述

本系统非注册用户可以浏览网站信息，注册用户通过审核后可对部分信息发表评论和留言。本实例采用模态弹窗(modal)插件、表单、输入框、按钮等组件，实现效果如图 2 - 44 所示的前台用户注册界面，实例整合效果如图 2 - 45 所示。模态弹窗是大部分交互式网站都需要的一种功能，一般有以下几种用法：提示信息、警告信息、确认提示、显示表单元素(本实例)。

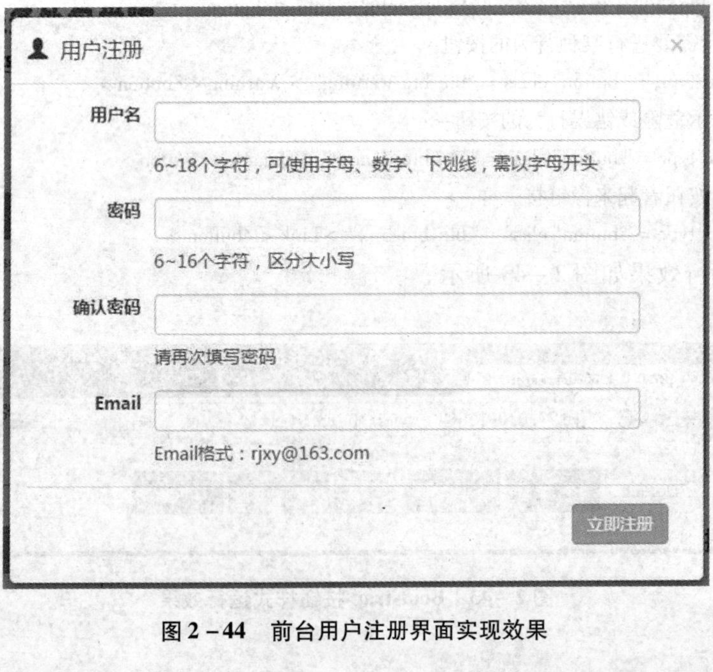

图 2 - 44　前台用户注册界面实现效果

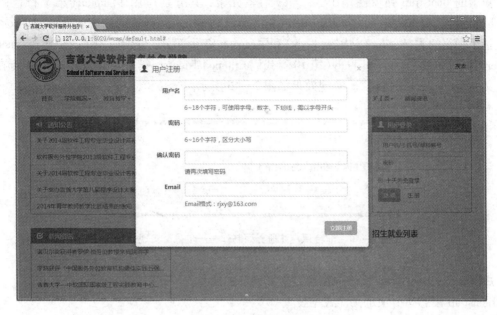

图 2 - 45　实例整合效果

2. 实现步骤

步骤 1. 使用 Bootstrap 模态弹窗(Modal)插件进行布局。

用以下代码插入至本书"2.3.1 网站前台首页布局"实例代码的最后行(即第 29 行代码后)。

```
1      < div class = " modal fade"    id = " userRegisterModal"    role = " dialog"    aria-hidden = " true" >
2          < div class = " modal-dialog" >
3              < div class = " modal-content" >
4                  < div class = " modal-header" >
5                      < input type = " button" value = " &times ;" class = " close"
                            data-dismiss = " modal" aria-hidden = " true" >
6                      < h4 class = " modal-title" >
7                          模态弹窗(Modal)标题(如用户注册)
8                      </h4 >
9                  </div >
10                 < div class = " modal-body" >
11                     模态弹窗主体(放用户注册表单)
12                 </div >
13                 < div class = " modal-footer" >
14                     < input type = " submit" class = " btn btn-success" value = " 立即注册" >
15                 </div >
16              </div >
17          </div >
18      </div >
```

新版的 Bootstrap 弹窗使用了 3 层 div 容器元素，其分别应用了 modal（第 1 行代码）、modal-dialog（第 2 行代码）、modal-content（第 3 行代码）样式。真正的内容容器 modal-content 内包括了弹窗的头（header）、内容（body）和尾（footer）3 个部分，分别应用了 3 个样式：modal-header（第 4 行代码）、modal-body（第 10 行代码）和 modal-footer（第 13 行代码）。第 14 行在尾部定义一个"立即注册按钮"。实现效果如图 2 – 46 所示。

图 2 – 46 前台用户注册界面制作——步骤 1 实现效果

知识要点：Bootstrap 模态弹窗预定义样式及扩展

Bootstrap 模态弹窗预定义样式见表 2 – 6。

表 2 – 6 Bootstrap 模态弹窗预定义样式

类 名	描 述
modal	模态弹窗最外层容器样式，层级结构第一层
modal fade	模态弹窗最外层容器样式，弹出时有动画效果（淡入淡出效果），层级结构第一层
modal-dialog	默认模态弹窗容器样式，层级结构第二层
modal-dialog modal-lg	大尺寸模态弹窗容器样式，层级结构第二层
modal-dialog modal-sm	小尺寸模态弹窗容器样式，层级结构第二层
modal-content	模态弹窗内容容器框样式，层级结构第三层
modal-header	模态弹窗头部容器样式，层级结构第四层
modal-body	模态弹窗主体容器样式，层级结构第四层
modal-footer	模态弹窗底部容器样式，层级结构第四层
modal-title	模态弹窗头部文字标题样式

知识要点：增强模态弹窗的可访问性

为增强模态弹窗的可访问性以及为移动设备创建"对触摸友好的"的外观，可为最外层 .modal fade 容器添加 role = "dialog" 属性，添加 aria-hidden = "true" 属性可通知辅助性工具略过模态弹窗的 DOM 元素。

知识要点：触发模态弹窗

可通过 data 属性或编写 jQuery 代码来触发定义好的模态弹窗，并可根据需要动态展示隐藏的模态弹窗。模态弹窗弹出时会为 < body > 元素添加 .modal-open 类，覆盖页面默认的滚动行为，会自动生成一个 .modal-backdrop 元素用于提供一个可点击的区域，点击此区域就可关闭模态弹窗。

方法 1：通过 data 属性触发模态弹窗。

通过定义一个控制器元素（例如：按钮），为其添加 data-toggle = "modal" 属性，并添加 data-target = "#定义好的模态弹窗的 ID 名" 属性，此属性用于指向要弹出的模态弹窗。通过 data 属性触发步骤 1 定义好的模态弹窗参考代码如下：

```
<! --触发弹窗按钮或链接-->
< input type = "button" data-toggle = "modal" data-target = "# myModal" >或者
< adata-toggle = "modal" data-target = "# myModal" class = "btn btn-default" >触发弹窗 </a>
<! --弹窗内容-->
< div class = "modal fade" id = "myModal" >
<! --嵌套 div 和具体内容-->
</div >
```

方法 2：通过 jQuery 代码触发模态弹窗。

```
$('# myModal). modal(' toggle ')
```

如果希望弹窗的内容是一个独立的页面，可使用链接进行触发，代码如下：

```
< adata-toggle = "modal" data-target = "# myModal" class = "btn btn-default" href = "u1. html" >
触发 id 为 myModal 的弹窗，弹窗内容加载独立页面 u1. html
</a>
```

知识要点：关闭模态弹窗

可在模态弹窗的任意位置（头部、中部、底部）添加一个关闭按钮，为其添加 data-dismiss = "modal" 属性，点击此按钮即可关闭模态弹窗。参考代码如下：

```
< input type = "button" value = "&times;" class = "close" data-dismiss = "modal"
aria-hidden = "true" >
```

步骤 2. 创建用户注册模态弹窗头部内容。

用以下代码替换步骤 1 中第 7 行代码。

```
< span class = "glyphicon glyphicon-user" > </span >    用户注册
```

上述代码设置用户注册模态弹窗头部内容的效果如图 2 -47 所示。

图 2 -47　前台用户注册界面制作——步骤 2 实现效果

步骤 3. 创建用户注册模态弹窗主体内容。

本实例要求用户注册时填写用户名、密码、确认密码和邮箱 4 项内容，用以下代码替换步骤 1 中第 11 行代码。

```
1    < div class = "row" >
2        < div class = "userRegisterText" >用户名 </div >
```

```
3       < div class = " userRegisterInput" >
4         < input type = " text" class = " form-control" name = " username" >
5         < p class = " userRegisterNotice" >6 ~ 18 个字符,可使用字母、数字、下划线,
          需以字母开头 </p>
6       </ div >
7     </ div >
8     < div class = " row" >
9       < div class = " userRegisterText" >密码 </ div >
10      < div class = " userRegisterInput" >
11        < input type = " password" class = " form-control" >
12        < p class = " userRegisterNotice" >6 ~ 16 个字符,区分大小写 </p>
13      </ div >
14    </ div >
15    < div class = " row" >
16      < div class = " userRegisterText" >确认密码 </ div >
17      < div class = " userRegisterInput" >
18        < input type = " password" class = " form-control" >
19        < p class = " userRegisterNotice" >请再次填写密码 </p>
20      </ div >
21    </ div >
22    < div class = " row" >
23      < div class = " userRegisterText" > Email </ div >
24      < div class = " userRegisterInput" >
25        < input type = " password" class = " form-control" >
26        < p class = " userRegisterNotice" > Email 格式: rjxy@ 163. com </p>
27      </ div >
28    </ div >
```

上述代码第 1 ~ 7 行定义注册用户名;第 8 ~ 14 行定义注册密码;第 15 ~ 21 行定义注册确认密码;第 22 ~ 28 行定义注册邮箱。代码中 CSS 样式 userRegisterText、userRegisterInput 和 userRegisterNotice 为自定义,样式代码如下:

```
1     /* 设置用户注册项左边文字容器的样式 */
2     . userRegisterText {
3       display: inline-block;/* 设置容器为内联块对象 */
4       width: 20% ;/* 设置容器宽度 */
5       text-align: right;/* 设置文本对齐方式为右对齐 */
6       padding-right: 5px;/* 设置右外边距,让文本与输入框有 5 像素的距离 */
7       font: bold 15px" Microsoft YaHei" ;/* 设置文本字体 */
8       vertical-align: top;/* 设置容器垂直对齐方式为顶端对齐 */
9     }
10    /* 设置用户注册项右边输入框容器的样式 */
11    . userRegisterInput {
12      display: inline-block;/* 设置容器为内联块对象 */
```

```
13        width：70%；/*设置容器宽度*/
14      }
15      /*设置用户注册项右边输入提示文字容器的样式*/
16      . userRegisterNotice {
17        font：15px" Microsoft YaHei"；/*设置文本字体*/
18        color：#444444；/*设置文本颜色*/
19        padding：8px 0px；/*设置容器内边距,上下分别为 8 像素,左右为 0*/
20      }
```

完成上述 3 个步骤,"前台用户注册界面"实例制作完毕,实例最终效果如图 2 – 45
所示。

2.3.8　视频播放制作

1. 实例描述

视频是网页内容的重要组成部分,随着网络带宽的提升,视频信息展示已逐渐成为企事
业单位网站重要的宣传手段。Web 前端实现视频播放功能,通常分为三种方式:

第一种方式是使用 < embed > 标签。这种方式无法控制播放进度,不能提前缓存视频以
免长时间的播放停滞,无法知晓当前的视频文件能否在不同浏览器或操作系统中播放。

第二种方式是使用浏览器插件,如微软推出的 Silerlight 或 Adobe Flash。浏览器插件为我
们提供了极大便利,但其仍然存在两个问题:为把视频放到网页中,必须使用 < embed > 编写
一堆复杂的标记,并适当对视频文件进行编码;苹果公司的移动设备 iPhone 和 iPad 不支持
Flash。

第三种方式是使用 HTML5 提供的 < video > 标签,实现视频播放。目前,HTML5 新增的
视频播放功能不能满足所有需求:视频播放界面简陋;支持媒体文件格式有限,仅支持三种
文件格式(见表 2 –7)。

表 2 –7　HTML5 支持的视频文件格式

文件格式	描　　述
Ogg	带有 Theora 视频编码和 Vorbis 音频编码的 Ogg 文件
MPEG4	带有 H. 264 视频编码和 AAC 音频编码的 MPEG 4 文件
WebM	带有 VP8 视频编码和 Vorbis 音频编码的 WebM 文件

本节通过两个案例展示如何在浏览器中实现视频播放功能。第一个案例简单介绍如何使
用 HTML5 的 < video > 标签打造自己的网页视频播放器;第二个案例重点介绍如何使用
CKPlayer 插件打造自己的网页视频播放器。

2. HTML5 视频播放制作实现步骤

通过使用 HTML5 的 < video > 标签来播放视频文件,并利用 < video > 的各种属性、事件
和方法来定制属于自己的网页视频播放器,并基于该播放器进行功能扩展功能。

步骤 1. 使用独立的 controls. css、controls. js 文件,封装 view 和 model 层。

新建 HTML5 文件 video. html,并引入外部 controls. css、controls. js 文件。video. html 源代

码如下:

```
1    <! DOCTYPE html >
2    < head >
3        < meta http-equiv = "Content-Type" content = "text/html; charset = utf-8"/ >
4        < title > 自定义视频播放器 </title >
5    </head >
6
7    < body >
8      < video id = "video" src = "v1. mp4" > 您的浏览器不支持 video 标签,请下载支持 HTML5 的浏览
         器版本! </video >
9    <! --待扩展功能-->
10   </body >
11   </html >
```

上述第 1~5 行代码属于固定代码。第 1 行代码定义当前文档为 HTML5 源代码文档;第 4 行代码定义当前网页标题;第 8 行代码使用 < video > 标签,并在标签中定义视频文件的地址是 src = "v1. mp4",如果当前浏览器不支持 HTML5,不能识别 < video > 标签,可以在 < video > 开始标签和结束标签之间放置文本内容,这样,低版本的浏览器就可以显示出不支持该标签的信息。并在网页中给出提示信息:"您的浏览器不支持 video 标签,请下载支持 HTML5 的浏览器版本!"。代码在 Chrome 浏览器中运行结果如图 2 – 48 所示。

图 2 – 48   HTML5 视频播放制作——步骤 1 实现效果

Internet Explorer 8 不支持 HTML5,上述代码在 Internet Explorer 8 中运行效果如图 2 – 49 所示。本节 HTML5 视频播放案例,为显示正常,后续界面显示,统一在 Chrome 浏览器中运行调试。

图 2 – 49   HTML5 视频播放不支持界面

上述代码已将 HTML5 视频播放器设置到 Web 页面中，但播放功能却不能使用，播放器画面处于静止状态，还需要进一步扩展功能。

步骤 2. 设置视频自动播放。

浏览器加载完成播放器后，为使其能自动播放视频，可修改步骤 1 中第 8 行代码：

< video id = " video" src = " v1. mp4" autoplay = " true" >您的浏览器不支持 video 标签，请下载支持 HTML5 的浏览器版本！ </video >

上述代码中"autoplay"是 < video >标签的属性之一，将其设置为"true"，则表示播放器自动播放，到此，HTML5 视频播放器已经播放起来了。代码实现效果如图 2 - 50 所示。

图 2 - 50　HTML5 视频播放制作——步骤 2 实现效果

步骤 3. 添加视频播放控制栏。

为播放器设置控制栏，并设置首播画面增强 HTML5 播放器功能。修改上述代码，在其中添加 controls 属性，代码如下所示：

< video id = " video" src = " v1. mp4" controls poster = " first. jpg" >您的浏览器不支持 video 标签，请下载支持 HTML5 的浏览器版本！ </video >

上述代码中"controls" 属性是 HTML5 中的新属性，它规定浏览器应该为视频提供播放控制栏控件。控制栏控件从左至右，包括：播放按钮、暂停按钮、进度条、当前播放时间显示、静音键及全屏显示功能；为展示首播画面功能，上述代码将自动播放功能去掉，视频播放通过控制栏控制。首播画面通过 poster 属性来设置。

完成上述 3 个步骤，"HTML5 视频播放制作"实例制作完毕。实例最终效果如图 2 - 51 所示。

知识要点：HTML5 < video >的属性

实现 HTML5 视频播放，主要通过 < video >标签实现，上述实例只使用部分 < video >标签的属性，现将 < video >标签全部属性列出，供读者开发参考，详细属性见表 2 - 8。

图 2 – 51　HTML5 视频制作实例运行效果

表 2 – 8　HTML5 < video > 的属性

属性名	描　述
autoplay	如果出现该属性,则视频在就绪后马上播放
controls	如果出现该属性,则向用户显示控件,比如播放按钮
height	设置视频播放器的高度
loop	如果出现该属性,则当媒介文件完成播放后再次开始播放
muted	规定视频的音频输出应该被静音
poster	规定视频下载时显示的图像,或者在用户点击播放按钮前显示的图像
preload	如果出现该属性,则视频在页面加载时进行加载,并预备播放 如果使用" autoplay",则忽略该属性
src	要播放的视频的 URL
width	设置视频播放器的宽度

3. 使用 CKPlayer 插件的视频播放制作实现步骤

上述 HTML5 视频播放代码简单易懂,能够实现视频播放基本功能,但功能相对简单。如没有包含快进播放、快退播放、倒退播放、拖动播放、媒体文件总时长显示、广告嵌入等商业软件功能,且存在播放界面不够美观,控制栏与播放界面分离等缺陷。如需完成快进播放、快退播放等功能,需编写复杂 JavaScript 代码,开发难度较大。

为克服上述 HTML5 视频播放的缺点,笔者综合对比现今流行的网页视频播放技术,最终采用 CKPlayer 播放器插件实现视频播放。CKPlayer 播放器插件具有以下优势及特点:

(1)兼容 Adobe/HTML5 跨平台播放。

(2)支持流行视频格式 flv、f4v、mp4。

(3)支持 html5 视频文件格式 webm、ogg、mp4。

(4)支持 RTMP 协议下的视频直播和回放。

(5)支持前置广告(swf、图片、视频)。

（6）支持前置广告多个随机/顺序播放。

（7）支持暂停广告(swf、图片)多个随机播放。

（8）支持缓冲广告，小窗口广告，滚动文字广告。

（9）支持多达 6 种形式的视频地址调用方式。

（10）支持多段视频无缝播放，支持多集连播。

（11）支持视频预览功能。

（12）自定义提示点功能，跳过片头片尾功能。

（13）视频分享功能。

（14）调节视频尺寸，亮度，对比度，色相，饱和度功能。

（15）支持播放结束显示精彩视频推荐。

（16）支持自定义播放器界面，无需了解程序，即可自己制作出风格。

（17）支持 javaSript 和播放器的互动操作，可以任意控制播放器的动作，比如暂停/播放。

（18）丰富的 api 接口，快速打造功能强大的插件。

使用 CKPlayer 插件制作视频播放的具体骤如下：

步骤 1. CKPlayer 插件的获取。

进入 CKPlayer 官网：http://www.ckplayer.com/，下载 CKPlayer，目前最新版本为 6.6，本案例开发采用此版本，下载页面如图 2−52 所示。

图 2−52　CKPlayer 官网下载页面

步骤 2. 实训案例集成。

将下载好的压缩包，解压缩到实训案例根目录下，CKPlayer6.6 目录/文件结构如图 2－53 所示。

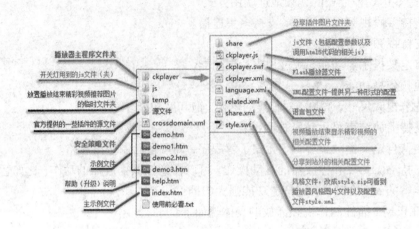

图 2－53　CKPlayer6.6 目录/文件结构

步骤 3. 引入 CKPlayer 核心文件。

新建网页文件，文件命名 videoDemo.html，输入如下代码:

```
1    <! DOCTYPE html >
2    < html >
3      < head >
4        < meta charset = "utf-8" >
5        < script type = "text/javascript" src = "ckplayer6.6/ckplayer /
         ckpl ayer. js" charset = "utf-8" > </script >
6        < link rel = "stylesheet" href = "css/bootstrap. min. css" / >
7        < script src = "js/jquery. js" > </script >
8        < script src = "js/bootstrap. min. js" > </script >
9      </head >
10     < body >
11        <! --待实现功能-->
12     </body >
13   </html >
```

第 5 行代码:导入 CKPlayer 视频播放器插件 JavaScript 文件，以实现 CKPlayer 对当前开发文档的支持;第 6 行代码:导入 BootStrap 的样式文件;第 7 行代码:导入 JQuery 库文件，JQuery 库是 BootStrap 开发平台的环境基础，没有 JQuery 库，BootStrap 不能正常运行;第 8 行代码:导入 BootStrap 的 JavaScript 文件。

注意:先将 CKPlayer 视频播放制作功能放在独立文件中，调试运行通过后，再集成至"网站前台首页"实例中。

步骤 4. 加载 CKPlayer 播放器。

根据浏览器的不同，CKPlayer 播放器的加载方式也有所不同，主要有以下两种方式。

（1）方式一：在安装了 flash player 插件的浏览器中，加载 CKPlayer 播放器。
用以下代码替换步骤 3 中第 11 行代码。

```
1    < div class = "col-md-5" >
2        < div id = "divVideo" onmouseover = "mouseOver( )" onmouseout = "mouseOut( )" >
3            < script type = "text/javascript" >
4        var flashvars = {
5                        f: 'video/v1. mp4 ',
6            /* 待实现功能 */
7        }
8            CKobject. embedSWF('ckplayer6. 6/ckplayer/ckplayer. swf ',
            'divVideo ',' ckplayer_a1 ','100% ','400 ',flash vars);
9            /* 待实现功能 */
10        </script >
11        < /div >
12    < /div >
```

上述第 1 行代码定义一个 BootStrap 栅格列，跨 5 列，其目的是限制宽度，方便实例完成后与前台首页的集成。

第 2 行代码定义一个 ID 为 divVideo 的 < div > 标签，此标签的内容和大小由 JavaScript 动态设置，onmouseover = "mouseOver( )" 指鼠标进入此 divVideo 域时响应执行的方法是 mouseOver( ) 方法，onmouseout = "onmouseOut" 指鼠标离开 divVideo 区域时响应执行的方法是 mouseOut( ) 方法。

第 3 ~ 9 行代码是 JavaScript 代码，第 4 行代码初始化一个变量 flashvars，flashvars 由 CKPlayer 插件提供，作用是调用 CKPlayer 播放器前，对 CKPlayer 进行初始化配置；第 5 行代码，flashvars 变量的参数 f 指播放媒体文件地址，本案例视频文件放在项目根路径下的 video 文件夹里，所以 f 值设置为 "video/v1. mp4"，实训时应根据自己视频文件地址来设置此参数。

第 8 行代码为核心代码。CKobject 表示 CKPlayer 播放器实例对象，embedSWF 是该对象的方法，作用是动态将播放器实例对象插入到网页中。embedSWF 方法参数说明见表 2 – 9。

表 2 – 9　embedSWF 方法参数表

参　　数	描　　述
ckplayer6. 6/ckplayer/ckplayer. swf	视频播放器地址
divVideo	视频播放器的容器
ckplayer_a1	播放器的 ID 和名称
100%	播放器的宽度，100% 表示与父控件宽度一致
400	播放器高度，单位：px
flashvars	播放初始化配置的参数对象

上述代码运行效果如图 2 – 54 所示。现在主流的浏览器都支持 flash，实训推荐采用此种 CKPlayer 播放器加载方式。

图 2 – 54　CKPlayer 播放器页面

（2）方式二：在支持 HTML5 的浏览器中，加载 CKPlayer 播放器。

用以下代码替换步骤 3 中第 11 行代码。

```
1      < div class = "col-md-5" >
2            < div id = "a1" onmouseover = "mouseOver( )" onmouseout = "mouseOut( )" >
3          < script type = "text/javascript" >
4              var flashvars = {
5          /* 待扩展实现 */
6              };
7              var video = ['video/v1. mp4'];
8          var support = ['all'];
9          CKobject. embedHTML5('a1','ckplayer_a1','100%',400,video,flashvars,support);
10             /* 待扩展实现 */
11         </script >
12            </div >
13     </div >
```

上述代码第 4 ~ 6 行属于待扩展功能代码，暂时不需要对 flashvars 进行参数设置。

第 7 行代码使用变量 video 记录视频文件地址。

第 8 行代码的 support 是判断在哪些平台上使用视频播放器，详细参数见表 2 – 10。

第 9 行代码中的 CKobject 是视频播放器实例对象，embedHTML5 是该对象的方法之一，embedHTML5 方法作用是动态将 HTML5 播放器实例对象插入到网页中，embedHTML5 方法详细参数见表 2 – 11。上述代码运行效果与如图 2 – 55 所示的 CKPlayer 播放器页面一致。

表 2 – 10　support 参数表

参　　数	描　　述
iPhone	iPhone 手机
iPad	iPad
android	Android 平台
msie(可加上版本号：如 msie10)	IE 浏览器
webkit(可加上版本号)	播放初始化配置的参数对象 Chrome 浏览器内核

表 2 – 11　embedHTML5 方法参数表

参　　数	描　　述
a1	视频播放器的容器
ckplayer_a1	播放器的 ID 和名称
100%	播放器的宽度，100% 表示与父控件宽度一致
400	播放器高度，单位：px
video	视频文件地址
flashvars	播放初始化配置的参数对象
support	设置播放器可支持的平台

　　CKplayer 集成了对 swf 和 HTML5 的支持，而且基于两者实现的播放器界面、功能基本一致，给予用户很好的用户体验。尤其是基于 swf 支持的播放器，仅需 10 行实现代码，不仅能实现视频播放、视频暂停、全屏播放、拖动播放、滚动字幕等功能，还提供强大的高级设置功能，包括调整、关灯(提供接口，需用户完成实现代码)、分享功能，如图 2 –55 所示。

图 2 –55　CKPlayer 播放器高级设置页面

调整功能分为尺寸和色彩两个子功能,如图 2-56 所示。

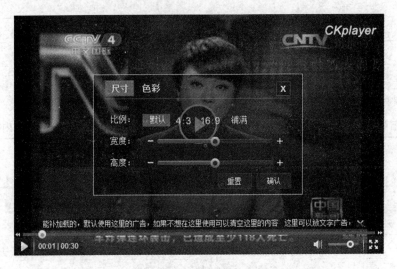

图 2-56   CKPlayer 播放器尺寸、色彩设置页面

步骤 5. CKPlayer 播放器功能扩展。

根据步骤 4 中的方式一,进行功能扩展,完成如下功能:播放首页画面设置、片头广告、暂停广告。修改步骤 4 中的方式一第 6 行代码,代码修改如下所示:

```
1    s: 0,
2    c: 0,
3    i: ' video/first. jpg ',
4    d: ' video/stoplogo. jpg ',
5    l: ' video/firstlogo. swf ',
6    t: '22 ',
```

上述第 1 行代码,参数 s 表示播放器调用视频文件的方式,s: 0 表示以普通方式调用。

第 2 行代码,参数 c 表示播放器调用配置方式,c: 0 表示调用 ckplayer. js。

第 3 行代码,参数 i 表示首播页面图片,默认首播页面为视频的第 1 帧。

第 4 行代码,参数 d 表示视频暂停时,显示的图片,即实现广告图片。

第 5 行代码,参数 l 表示前置广告,广告类型可为视频或 flash 文件。

第 6 行代码,参数 t 表示前置广告播放时间长,单位为'秒'。

视频播放器首播页面如图 2-57 所示。

在前置广告播放期间,控制栏是禁止出现和使用的,视频播放器前置广告页面如图 2-58所示。

视频播放器暂停广告页面如图 2-59 所示。

步骤 6. 实现跳过片头广告以及自动隐藏控制栏功能。

点击如图 2-58 所示前置广告页面右下角"跳过广告"链接,没有响应;在播放过程中,播放器的控制栏不能隐藏,会遮挡住下方播放字幕内容,为增强用户体验,实现跳过片头广告、控制栏自动隐藏功能。修改步骤 4 方式一中第 9 行代码,代码如下:

图 2 –57　首播页面

图 2 –58　前置广告页面

图 2 –59　暂停广告页面

```
1    function mouseOver(){
2        CKobject. getObjectById('ckplayer_a1'). changeFace();
3    }
4    function mouseOut(){
5        CKobject. getObjectById('ckplayer_a1'). changeFace(true);
6    }
7    function ckadjump(){
8        CKobject. getObjectById('ckplayer_a1'). frontAdUnload();
9    }
```

上述第 1～3 行代码实现鼠标移入播放器区域，控制栏显示，其中第 2 行代码通过 CKobject 对象，获取当前播放器 ID，获取播放器 ID 后，调用 changFace() 方法，来实现控制栏的显示，CKPlayer 已实现 changFace() 方法，开发者仅需调用；

第 4～6 行代码，实现鼠标移出播放器区域，控制栏自动隐藏。运行效果如图 2 – 60 所示；

第 7～9 行代码实现片头广告跳转功能，ckadjump() 方法由 CKPlayer 插件调用，开发者仅需完成方法体验实现，无需考虑调用过程，第 10 行代码的 frontAdUnload() 方法已被 CKPlayer 实现，调用它就能实现片头广告跳转功能，截图不能展示动态跳转效果，实训时自行运行本节案例进行测试。

图 2 – 60　控制栏自动隐藏页面

步骤 7. 隐藏 CKPlayer 标志。

视频播放器右上角显示白色"CKPlayer"标志，遮挡播放内容，影响用户体验。"CKPlayer"标志本质是一张 Logo 图片，CKPlayer 插件已对它进行设置，在 CKPalyer. js 文件第 138 行设置如下：

pm_logo: '2, 0, -100, 20',

pm_logo 四个参数含义如下：参数 1：水平对齐方式，0 是左，1 是中，2 是右；参数 2：垂直对齐方式，0 是上，1 是中，2 是下；参数 3：水平偏移量；参数 4：垂直偏移量。

　　第 138 行代码含义指在视频播放器的右上角,水平偏移量-100px,垂直偏移量位置,放置"CKPlayer",我们只需修改此行代码参数为:pm_logo:'0,0,-100,120',即将此 Logo 图片移出播放器播放区域,就能去除此 Logo 图片。效果如图 2 - 61 所示。

图 2 - 61　隐藏 CKPlayer 标志

　　步骤 8.将上述 7 个步骤形成的最终代码,替换本书"2.3.1 网站前台首页布局"实例的第 20 行代码中的"视频播放"文字。

　　将本节案例代码集成到网站前台首页实例中,代码如下:

```
1    < script type = "text/javascript" src = "ckplayer6.6/ckplayer/ckplayer.js"
     charset = "utf-8" > </script>
2    < div class = "panel panel-primary" >
3      < div id = "a1" onmouseover = "mouseOver( )" onmouseout = "mouseOut( )" > </div>
4      < script type = "text/javascript" >
5        var flashvars = {
6          f:' video/v1.mp4 ',
7          s:0,
8          c:0,
9          i:' video/first.jpg ',  //初始图片地址
10         d:' video/stoplogo.jpg ',  //暂停时播放的广告,swf/图片,多个用竖线隔
             开,图片要加链接地址,没有的时候留空就行
11         r:'',  //前置广告的链接地址,多个用竖线隔开,没有的留空
12         l:' video/firstlogo.swf ',  //前置广告,swf/图片/视频,多个用竖线隔开,
             图片和视频要加链接地址
13         t:' 22|22 ',  //视频开始前播放 swf/图片时的时间,多个用竖线隔开
14         //b:1,有此参数,控制栏无法隐藏
15       };
16       var params = {
17         bgcolor:'#FFF ',
18         allowFullScreen:true,
19         allowScriptAccess:' always ',
```

```
20          wmode: ' transparent '
21       };
22       CKobject. embedSWF(' ckplayer6. 6/ckplayer/ckplayer. swf ', ' a1 ', ' ckplayer_a1 ',
         ' 100% ', ' 250 ', flashvars, params);
23       function mouseOver( ) {
24           CKobject. getObjectById(' ckplayer_a1 '). changeFace( );
25       }
26       function mouseOut( ) {
27           CKobject. getObjectById(' ckplayer_a1 '). changeFace( true);
28       }
29       function ckadjump( ) {
30           CKobject. getObjectById(' ckplayer_a1 '). frontAdUnload( );
31       }
32       </script>
33    </div>
```

上述代码集成至"前台首页"实例后,"视频播放"实例制作完毕,效果如图 2 - 62 所示。

图 2 - 62　集成视频播放的首页效果

知识要点:JavaScript 接口函数

CKPlayer 提供大量 JavaScript 接口函数,让开发者使用接口函数和播放器之间进行通信,实现交互功能。在使用接口函数前，需要了解下面三个参数的作用。

第一个重要参数是：ckplayer. js 和 ckplayer. xml 中的 setup 的第 21 个值，该值的作用是否开启全部监听及监听等级的功能，在正式使用时建议不要开启该功能，因为如果不熟悉 JS 的话，大量的交互可能导致浏览器的内存消耗，甚至会导致 flashplayer 插件崩溃。

第二个重要参数是：var flashvars = || 里的 b 值，如果不使用交互，请将 b 设置成 1。

第三个重要参数是：var flashvars = || 里的 loaded 值，如果要使用单独监听的话需要使用到该值，因为监听播放器的前提是要等播放器加载完成再给播放器发送监听函数。JavaScript 常用接口函数详细说明见表 2 – 12。

表 2 – 12　**CKPlayer 常用 JavaScript 接口函数表**

类　名	描　述
getType( )	判断播放器类型，true = HTML5 播放器，false = flash 播放器
videoPlay( )	播放视频
videoPause( )	暂停视频
playOrPause( )	播放/暂停视频切换
fastNext( )	快进
fastBack( )	快退
changeStatus(int)	改变监听等级，=0 则停止监听
getStatus( )	获取播放器当前各项属性，包括视频的宽高、时长、位置等信息，信息的具体值在下方列出
videoSeek(int)	跳转的秒数
changeVolume(int)	改变音量(0 ~ 100)
frontAdPause(Boolean)	暂停/继续播放前置广告
frontAdUnload( )	跳过前置广告
changeFace(Boolean)	是否隐藏控制栏，true 隐藏，false 显示

2.3.9　选项卡面板制作

1. 实例描述

选项卡(tab) 组件是 Bootstrap 提供的一种常用的功能，就像我们平时使用的 Windows 操作系统里的选项卡设置一样，单击一个选项，下面就显示对应的选项卡面板，网页选项卡操作与 Windows 操作类似。本实例采用 Bootstrap 的选项卡(tab)、面板、列表组等组件，实现效果

图 2 – 63　选项卡面板制作效果

如图 2 – 63 所示的招生就业选项卡效果，实例整合效果如图 2 – 64 所示。

通过效果我们可以看出，选项卡由两部分组成，即 CSS 选项卡组件和底部可以切换的选项卡面板。其使用方法也比较简单，除了需要声明导航选项卡的 CSS 以外，在下面添加选项

图 2 - 64　实例整合效果

卡面板,然后再设置对应的 ID 即可。

2. 实现步骤

步骤 1. 定义 Bootstrap 面板组件。

用如下代码替换本书"2.3.1 网站前台首页布局"实例的第 21 行代码中的"招生就业列表"文字。

```
1    < div class = " panel   panel-primary" >
2          选项卡
3    </div >
```

上述代码用来添加 Bootstrap 的基础面板。

步骤 2. 定义 Bootstrap 选项卡容器与选项卡内容容器。

用如下代码替换步骤 1 中的"选项卡"文字。

```
1    < ul class = " nav   nav-tabs"   id = " tab_ul" >
2          选项卡选项
3    </ul >
4    < div class = " tab-content" >
5          选项板内容
6    </div >
```

第 1 ~ 3 行代码为选项卡选项(标题,如招生信息,就业信息)容器。

第 4 ~ 6 行代码为选项卡内容容器。

在这里需要注意的是选项卡导航和面板要同时有(不一定要放在一起)。

步骤 3. 定义选项卡标题。

用如下代码替换步骤 2 中的"选项卡选项"。

```
1    < li class = " active" >
2        < a href = " #zsxx" id = " zsxx_a" data-toggle = " tab" >
         < span class = " glyphicon    glyphicon-bullhorn" > </span > 招生信息 </a >
3    </li >
4    < li >
5        < a href = " #jyxx" id = " jyxx_a" data-toggle = " tab" >
         < span class = " glyphicon    glyphicon-briefcase" > </span > 就业信息 </a >
6    </li >
7    <! --通过增加 li,添加新的选项-->
8    选项卡内容
```

上述代码第 1～3 行和第 4～6 行分别为选项卡的一个选项,即一个导航链接。在导航链接里要设置 data-toggle = " tab",并且还要设置 data-target = " 选择符"(或 href = " 选择符"),以便单击时能找到该选择符所对应的 tab-pane 面板。为了更加美观,在第 2 行中我们还添加了 Bootstrap 的 glyphicon 字形图标。

第 1 行代码所用的 . active 是用于控制面板的隐藏和显示样式的,默认情况下为隐藏状态,一旦应用了 . active 样式,该元素就会以块级元素进行显示。下一个步骤中 . tab-content 的显示与隐藏也是同理。上述代码实现效果如图 2 –65 所示。

图 2 –65　选项卡面板制作——步骤 3 实现效果

步骤 4. 定义选项卡内容。

用下面代码替换步骤 2 中的"选项卡内容"。

```
1    <! --招生信息选项面板,id = " zsxx" 与步骤 3 中的 href = " #zsxx"须一致-->
2    < div class = " tab-pane fade in active"id = " zsxx" >
3        < a class = " list-group-item" href = " #" >软件工程专业 2014 年招生简章 </a >
4        < a class = " list-group-item" href = " #" >软件工程专业 2014 年招生计划分配 </a >
5        < a class = " list-group-item" href = " #" >软件工程专业招生录取办法 </a >
6    </div >
7    <! --就业信息选项面板,id = " jyxx" 与步骤 3 中的 href = " #jyxx"须一致-->
8    < div class = " tab-pane fade" id = " jyxx" >
9        < div class = " tab-pane fade in active" >
10           < a class = " list-group-item" href = " #" >软件工程专业 14 届毕业生就业情况 </a >
11           < a class = " list-group-item" href = " #" >毕业 3 年后薪资最高的 10 个专业 </a >
12           < a class = " list-group-item" href = " #" >2013 年中国大学生就业报告发布 </a >
```

```
13        </div>
14      </div>
15      <!--根据需要,复制代码8~14行,可添加新的选项面板-->
```

上述第 2~6 行代码为第一个面板内容即"招生信息"对应的面板内容。

第 8~14 行代码为第二个面板内容即"就业信息"对应的面板内容。

第 2 行代码中为了让隐藏或显示的切换效果更加流畅,在面板上使用了 fade 样式产生渐入的效果。

第 3 行代码使用了 Bootstrap 中的可链接列表组。

在这里需要注意的是 tab-pane 要放在 tab-content 里面,要有 ID(或者 CSS 样式)并与 data-target = "选择符"(或 href = "选择符")一致。上述代码实现效果如图 2-66 所示。

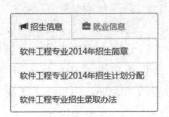

图 2-66　选项卡面板制作——步骤 4 实现效果

步骤 5. 自定义选项卡标题样式。

选项卡标题默认选中样式只改变标题文字颜色,如果希望选中的 tab 选项标题背景色也发生变化,需自定义样式,添加如下样式代码:

```
#tab_ul li a: focus {
background: #337AB7; /*设置背景颜色为蓝色*/
color: #FFFFFF; /*设置文字颜色为白色*/
}
```

上述样式代码实现效果如图 2-67 所示。

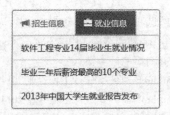

图 2-67　选项卡面板制作——步骤 5 实现效果

完成上述 5 个步骤,"选项卡面板"实例制作完毕,实例最终效果如图 2-64 所示。

知识要点：Boostrap 选项卡扩展

Bootstrap 不仅支持 tabs 导航，还支持胶囊式选项卡导航，使用时需把 nav-tabs 替换为 nav-pills，还要把 data-toggle 的 tab 替换为 pill。示例代码如下：

```
1    < div class = " panel panel-primary" >
2      < ul class = " nav nav-pills" id = " tab_ul" >
3        < li class = " active" >
4          < a href = " #zsxx" id = " zsxx_a" data-toggle = " pill" > < span class =
         " glyphicon glyphicon-bullhorn" > </span >  招生信息 </a >
5        </li >
6        < li > < a href = " #jyxx" id = " jyxx_a" data-toggle = " pill" > < span class =
         " glyphicon glyphicon-briefcase" > </span >  就业信息 </a >
7        </li >
8      </ul >
9      < div class = " tab-content" >
10       < div class = " tab-pane fade in active" id = " zsxx" >
11         <! --招生信息列表省略-->
12       </div >
13       < div class = " tab-pane fade" id = " jyxx" >
14         <! --就业信息列表省略-->
15       </div >
16     </div >
17   </div >
```

知识要点：使用 JavaScript 初始化选项卡组件

如果不想使用 HTML 声明式绑定（即声明 data-toggle），选项卡组件也支持 JavaScript 代码直接初始化。代码示例如下：

```
1    $ ('. nav a '). click(function(e) {
2      e. preventDefault()
3        $ (this). tab(' show ')
4    })
```

使用 JavaScript 代码效果与在 nav 里面的 a 链接上设置 data-toggle = "tab"属性是一样的，最终效果都是查询所单击的元素（a 元素），再查找其 data-toggle（或者 href）所对应的选择符，然后显示该选择符对应的面板（并隐藏其他面板）。

根据上述原理，如果要对单个的选项卡进行调用的话，调用方法如下：

$ ('. nav a[href = " profile"]'). tab(' show ')//通过元素名称查询

$ ('. nav a：first '). tab(' show ')//查询每一个 tab

$ ('. nav a：last '). tab(' show ')//查询最后一个 tab

$ ('. nav li：eq(2)a '). tab(' show ')//查询第 3 个 tab（索引从 0 开始）

选项卡组件目前只支持两种类型的事件订阅，分别对应选项面板的弹出前、弹出后，相应描述见表 2 - 13。

表 2 - 13　选项卡组件的事件类型

属性名称	描　述
show. bs. tab	该事件在 tab 即将显示，但是还未显示之前出发。如果可能的话，将 event, target 设置为当前活动 tab，将 event. relatedTarget 设置为上一个 tab
shown. bs. tab	该事件在 tab 完全显示之后（CSS 动画也要结束）才触发，但是还未显示之前出发。如果可能的话，将 event, target 设置为当前活动 tab，将 event. relatedTarget 设置为上一个 tab

事件的调用方式也很简单，但需注意，一个事件 e 的两个属性分别代表两个不同的 tab 对象。

```
$ ( ' a[ data-toggle = " tab" ]'). on(' shown. bs. tab ', function (e)) {
e. target//当前单击的 tab
e. relatedTarget//前一个 tab
}
```

2.3.10　图文列表面板制作

1. 实例描述

图文列表面板是网页中常见的元素，主要用于相同图文类型信息的汇集展示。本实例通过 Bootstrap 面板（Panel）组件与媒体对象（Media object）组件制作前台首页校园文化图文列表面板，实现效果如图 2 - 68 所示。

图 2 - 68　校园文化图文列表面板界面

2. 实现步骤

步骤 1. 使用 Bootstrap 面板组件实现图文列表的整体布局。

使用如下代码替换本书"2.3.1 网站前台首页布局"实例的第 25 行代码中的"图文新闻列表"文字。

```
1    < div class = " panel panel-primary" >
2         < div class = " panel-heading" >
3              < h3 class = " panel-title" >
4           < a href = " #" style = " float: right;" >更多...</a >
5                < span class = " glyphicon glyphicon-picture" > </span >  校园文化
6              </h3 >
7         </div >
8    <! --待实现: 图文列表选项-->
9    </div >
```

步骤 2. 使用 Bootstrap 媒体对象组件实现图文列表。

使用如下代码替换上文步骤 1 中第 8 行注释代码。

```
1    < div class = " panel-body" >
2    <! ----------一条图文信息开始-------------------->
3         < div class = " media" >
4              < a class = " pull-left"   href = " #" >
5                < img src = " img/img1.jpg"   class = " media-object   img-thumbnail
                  img-response"     alt = " ..." >
6              </a >
7              < div class = " media-body" >
8                   < h4 class = " media-heading" >
9                      < a href = " #" >标题文字 </a >
10                  </h4 >
11                  < p >办公室 2014-05-30 </p >
12                  < p >简要内容 </p >
14              </div >
15         </div >
16         <! ----------一条图文信息结束-------------------->
17   </div >
```

上述代码第 3～15 行使用了 BootStrap 的媒体对象(<media >)组件,实现图文选项。

第 4～6 行代码定义媒体对象左边部分放置的图片链接。

第 7～14 行定义媒体对象中间部分的内容。

第 8～10 行代码,定义中间部分内容的标题。

第 11～13 行代码定义中间部分内容的正文。

一组媒体的默认使用方式通常包括 media、media-object、media-object、media-body、media-heading 5 个样式和一个用于控制左右浮动的 pull-left(或 pull-right)样式。

如果需要将多个媒体进行列表展示或嵌套列表展示,则可以利用在 ul 上应用 media-list 样式,li 上应用 media 样式来实现。示例代码如下:

```
1    < ul class = "media-list" >
2        < li class = "media" >
3            <! --嵌套的 media 对象-->
4            < div class = "media" >.... </div >
5        </li >
6        < li class = "media" >... </li >
7        < li class = "media" >... </li >
8    </ul >
```

步骤 3. 为图文信息中的图片设置 3D 旋转特效。

为达到更好的动态交互效果，使用 CSS3，为选项中图片设置 3D 旋转特效。CSS 样式表代码如下：

```
1    < style type = "text/css" >
2        . img-thumbnail {
3            -moz-transition：all 2s ease-in-out；
4            -webkit-transition：all 2s ease-in-out；
5            -o-transition：all 2s ease-in-out；
6            -ms-transition：all 2s ease-in-out；
7            transition：all 2s ease-in-out；
8        }
9        . img-thumbnail：hover {
10           -moz-transform：rotateY(180deg)；
11           -webkit-transform：rotateY(180deg)；
12           -o-transform：rotateY(180deg)；
13           -ms-transform：rotateY(180deg)；
14           transform：rotateY(180deg)；
15       }
16   </style >
```

上述代码第 1 ~ 8 行定义图片缩略图类. img-thumbnail 的动画特效，其中第 3 ~ 6 行代码为保证各主流浏览器兼容 transition 属性；第 9 行代码表示鼠标移动到图片缩略图类. img-thumbnail 上，触发的 hover 事件，第 10 ~ 14 行，rotateY(180deg)表示图片会绕 y 轴旋转 180 度。

完成上述 3 个步骤，"图文列表面板"实例制作完毕，实例最终效果如图 2 - 68 所示。

知识要点：Bootstrap 媒体对象

Bootstrap 媒体对象(Media object)是一个抽象的样式，用于构建不同类型的组件，这些组件都具有在文本内左对齐的图片(就像博客内容或推客内容等)，默认样式是在内容区域的左侧或右侧浮动一个媒体对象(图片、视频、音频等)。Bootstrap 媒体对象预定义样式类见表 2 - 14。

表 2 – 14　Bootstrap 媒体对象预定义样式类

类　名	描　述
. media	媒体对象
. media-left	媒体对象左边部分(版本 3.3.0 新增类)
. media-right	媒体对象右边部分(版本 3.3.0 新增类)
. pull-left	媒体对象左边部分(版本 3.3.0 以前使用)
. pull-right	媒体对象右边部分(版本 3.3.0 以前使用)
. media-body	媒体对象中间部分
. media-heading	媒体对象中间部分的标题
. media-middle	媒体文件和媒体对象中间部分的对其方式:居中对齐
. media-top	媒体文件和媒体对象中间部分的对其方式:顶部对齐
. media-bottom	媒体文件和媒体对象中间部分的对其方式:底部对齐
. media-list	媒体列表:在列表中使用媒体对象

知识要点：图片 3D 旋转特效

CSS 的 transition 允许 CSS 的属性值在一定的时间区间内平滑地过渡。这种效果可以在鼠标单击、获得焦点、被点击或对元素任何改变中触发，并圆滑地以动画效果改变 CSS 的属性值。transition 属性是一个简写属性，用于设置四个过渡属性：transition-property、transition-duration、transition-timing-function、transition-delay，CSS3 transition 属性见表 2 – 15。

表 2 – 15　CSS3 transition 属性表

属性值	描　述
transition-property	规定设置过渡效果的 CSS 属性的名称
transition-duration	规定完成过渡效果需要多少秒或毫秒
transition-timing-function	规定速度效果的速度曲线
transition-delay	定义过渡效果何时开始

transform 属性向元素应用 2D 或 3D 转换。该属性允许我们对元素进行旋转、缩放、移动或倾斜。现列出 transform 与本节案例相关的部分属性，CSS3 transform 部分属性见表 2 – 16。

表 2 – 16　CSS3 transform 部分属性表

属性值	描　述
rotate(angle)	定义 2D 旋转，在参数中规定角度
rotate3d(x, y, z, angle)	定义 3D 旋转
rotateX(angle)	定义沿着 X 轴的 3D 旋转
rotateY(angle)	定义沿着 Y 轴的 3D 旋转

2.3.11　快捷通道制作

1. 实例描述

快捷通道给用户提供了一种简单、直接的方式快速浏览网站的相关栏目，让网站用户及时准确地找到需要的信息。本实例讲解如何使用 Bootstrap 面板(Panels)、栅格系统制作带有抖动动画效果的快捷通道。本实例图片素材制作不作讲解，实现效果如图 2-69 所示。

图 2-69　网站前台首页快捷通道效果

2. 实现步骤

步骤 1. 定义 Bootstrap 面板。

使用如下代码替换"2.3.1 网站前台首页布局"实例的第 26 行代码中的"快捷通道"文字。

```
1    < div class = "panel panel-primary" id = "divChannelLink" >
2        < div class = "panel-heading" >
3            < h3 class = "panel-title" >
4                < span class = "glyphicon glyphicon-hand-right" > </span >
               快捷通道
5            </h3 >
6        </div >
```

```
7        < div class = "panel-body" >
8           <! --快捷通道具体内容分为 3 行 3 列,每列存放一个图片链接-->
9        </div >
10     </div >
```

步骤 2. 使用 Bootstrap 栅格系统实现三行三列响应式布局。

用以下代码替换步骤 1 中的第 8 行注释代码。

```
1     <! --使用 Bootstrap 栅格系统创建一行,行中分 3 列-->
2     < div class = "row" >
3        <! --使用 Bootstrap 栅格系统创建响应式列,不同设备终端宽度都占 4 格-->
4        < div class = "col-xs-4 col-sm-4 col-md-4 col-lg-4" >
5           <! --定义一个图片链接,图片采用样式 img-responsive 实现响应设计-->
6           < a href = "#" > < img src = "img/kjtd/link1. png"
              class = "img-responsive img-thumbnail" > </a >
7        </div >
8        < div class = "col-xs-4 col-sm-4 col-md-4 col-lg-4" >
9           < img src = "img/kjtd/link2. png" class = "img-responsive img-thumbnail" >
10     </div >
11     < div class = "col-xs-4 col-sm-4 col-md-4 col-lg-4" >
12        < img src = "img/kjtd/link3. png" class = "img-responsive img-thumbnail" >
13     </div >
14  </div >
15  <! --重复上面代码 2 ~ 14 行两次,再创建 2 行 3 列-->
```

步骤 3. 设置鼠标划过图片抖动效果。

利用 CSS3 样式,设置鼠标划过图片抖动效果,样式代码如下:

```
1  #divChannelLink .col-md-4 img {/ * divChannelLink 须与步骤 1 定义的一致 */
2     margin: 0 auto;/ *设置居中 */
3     transform: translateY(0rem);/ *设置元素回到原点 */
4     transition: all .25s ease;/ *设置动画效果的时间 */
5  }
6  #divChannelLink .col-md-4: hover img {
7     transform: translateY(-1rem);/ *设置元素向下移动 1rem */
8  }
```

完成上述 3 个步骤,"快捷通道"实例制作完毕,实例最终效果如图 2 - 69 所示。

2.3.12　底部版权信息制作

1. 实例描述

网站底部版权信息是网站形象的重要体现,不仅起着网站页面美化作用,而且可以加强网站权威性。本实例采用 Bootstrap 栅格系统制作如图 2 - 70 所示效果的底部版权信息界面。实例讲解不涉及 Logo 制作,使用已有 Logo 图片。

2. 实现步骤

步骤 1. 使用 Bootstrap 栅格系统进行布局。

根据需求,"底部版权信息"布局分成 2 行 3 列,使用 Bootstrap 栅格系统设计一个 2 行 3

图 2 – 70　网站前台首页底部版权信息界面

列的响应式布局。使用如下代码替换"2.3.1 网站前台首页布局"实例的第 29 行代码。

```
1      < footer id = " divFooter" >
2        < div class = " container" >
3          < div class = " row rowLinkLogo" >
4            < div class = " col-md-3 col-xs-4 col-sm-3 col-lg-3 leftLink" >
5              < ul >
6                < li > < a href = " #" >学院概况 </a > </li >
7                < li > < a href = " #" >教育教学 </a > </li >
8                < li > < a href = " #" >科学研究 </a > </li >
9                < li > < a href = " #" >学生工作 </a > </li >
10               < li > < a href = " #" >招生就业 </a > </li >
11               < li > < a href = " #" > 专业介绍 </a > </li >
12             </ul >
13           </div >
14           < div class = " col-md-6 col-xs-4 col-sm-6 col-lg-6 centerLogo" >
15             < center >
16               < img class = " img-responsive" src = " img/logoBottom. png" >
17             </center >
18             < p >0744-8358630 | 0744-8202008
19               < br > < a href = " #" > jsdxrjxy@ 163. com </a >
20             </p >
21           </div >
22           < div class = " col-md-3 col-xs-4 col-sm-3 col-lg-3 rightLink" >
23             < ul >
24               < li > < a href = " #" >吉首大学 </a > </li >
25               < li > < a href = " #" >中软国际 </a > </li >
26               < li > < a href = " #" >中软国际 ETC </a > </li >
27               < li > < a href = " #" >青软实训 </a > </li >
28               < li > < a href = " #" > 苏软实训 </a > </li >
29               < li > < a href = " #" >深圳软酷 </a > </li >
30             </ul >
31           </div >
```

```
32              </div >
33          </div >
34      < div class = "divCopyright" >
35          < div class = "container" >
36              < div class = "row" >
37                  < div class = "col-md-12 col-xs-12 col-sm-12 col-lg-12" >
38                      < center >地址：湖南省张家界市子午路 丨
                            版权所有：吉首大学软件服务外包学院 </center >
39                  </div >
40              </div >
41          </div >
42      </div >
43  </footer >
```

代码解析：

第 1 行和第 43 行代码使用了 HTML5 中的新标签 < footer > 来定义页脚。

第 4 ~ 13 行代码定义了左侧带链接的列表，用来放置常用链接。

第 14 ~ 21 行代码为中间带图片的区域，用来放置 Logo 图片和联系方式。

第 22 ~ 31 行代码定义了右侧带链接的列表，用来放置其他链接。

第 34 ~ 42 行代码为版权信息。

步骤 2. 自定义样式，美化界面。

添加 CSS 样式美化界面，主要设置背景色、字体、文字颜色、链接颜色等。自定义 CSS 代码如下：

```
1   #divFooter{/* 底部版权信息最外层容器 */
2       background-color：#34383d；    /* 设置背景颜色为灰黑色 */
3       color：white；    /* 设置文字颜色为白色 */
4       margin-top：20px；/* 设置底部版权信息容器的外边距 */
5   }
6   #divFooter .row div{/* 底部版权信息行中的列 */
7       color：cccacc；
8       font：15px/30px"microsoft yahei"；
9   }
10  #divFooter .row a{/* 底部版权信息行中的超链接 */
11      color：#cccacc；
12  }
13  #divFooter .row ul{/* 底部版权信息第一行中左侧和右侧超链接的容器 */
14      margin：0；
15      padding：0；
16      list-style：none；
17  }
18  #divFooter .rowLinkLogo{/* 底部版权信息第一行 */
19      padding：30px 0；
20      border-bottom：1px solid #2b2e32；
```

```
21        }
22      .rowLinkLogo .leftLink{/*底部版权信息第一行左侧部分*/
23        text-align：right；
24        border-right：1px solid #454a51；
25      }
26      .rowLinkLogo .centerLogo{/*底部版权信息第一行中间部分*/
27        text-align：center；
28        font-size：16px；
29        font-weight：bold；
30      }
31      .rowLinkLogo .rightLink{/*底部版权信息第一行右侧部分*/
32        text-align：left；
33        border-left：1px solid #454a51；
34      }
35      .divCopyright {/*底部版权信息第二行*/
36        background-color：#2b2e32；
37        border-top：1px solid #3e4248；
38        padding：20px 0px；
39        text-align：center
40      }
41      .divCopyright center{
42        color：#cccacc；
43        font-weight：bold；
44      }
```

完成上述两个步骤，"底部版权信息"实例制作完毕，实例最终效果如图 2-70 所示。

知识要点：Bootstrap 的媒体查询

Bootstrap 媒体查询是非常别致的"有条件的 CSS 规则"。它只适用于一些基于某些规定条件的 CSS。如果满足那些条件，则应用相应样式。

Bootstrap 中的媒体查询允许基于视口大小移动、显示并隐藏内容。下面的媒体查询在 LESS 文件中使用，用来创建 Bootstrap 网格系统中关键的分界点阈值。示例代码如下：

```
/*超小设备(手机，小于 768px)*/
/* Bootstrap 中默认情况下没有媒体查询 */
/*小型设备(平板电脑，768px 起)*/
@ media (min-width：@ screen-sm-min){...}
/*中型设备(台式电脑，992px 起)*/
@ media (min-width：@ screen-md-min){...}
/*大型设备(大台式电脑，1200px 起)*/
@ media (min-width：@ screen-lg-min){...}
```

有时也会在媒体查询代码中包含 max-width，从而将 CSS 的影响限制在更小范围的屏幕大小之内。示例代码如下：

```
@ media (max-width：@ screen-xs-max){...}
@ media (min-width：@ screen-sm-min)and (max-width：@ screen-sm-max){...}
```

@ media（min-width：@ screen-md-min）and（max-width：@ screen-md-max）{...}

@ media（min-width：@ screen-lg-min）{...}

　　媒体查询有两个部分，第一个是设备规范，第二个是大小规则。在上面的示例中，设置了下列的规则：

@ media（min-width：@ screen-sm-min）and（max-width：@ screen-sm-max）{...}

　　对于所有带有 min-width：@ screen-sm-min 的设备，如果屏幕的宽度小于 @ screen-sm-max，则会进行相应处理。

2.4　项目小结与拓展

1. 项目小结

　　本章应用 Bootstrap 前端框架技术，通过 12 个任务的制作与讲解，完成"吉首大学软件服务外包学院首页"制作，最终实现效果如图 2 - 1 所示，所用知识见表 2 - 17。

表 2 - 17　WCMS 项目前台首页设计与开发知识梳理

知识点	描　述
Bootstrap 栅格系统	实现响应式布局设计的关键
Bootstrap 导航、导航条组件	具有下拉菜单以及响应式设计的组件
Bootstrap 输入框组件	具有文字、图标、按钮、输入框组合的组件
Bootstrap 面板组件	具有头部、主体、尾部组合，带有多种语境色彩样式的组件
Bootstrap 轮播插件	一种灵活的响应式的向站点添加滑块的插件，常应用于图片轮播
Bootstrap 模态弹窗插件	一种覆盖在父窗体上的子窗体插件，提高用户体验
Bootstrap 媒体对象组件	一种构建图文混排的组件
Bootstrap 表单与表单控件	表单提供了丰富的样式（基础、内联、横向）。结合各种各样的表单控件，利用各种表单控件不同的状态、大小、分组，可以组合出界面美观，风格统一的表单。
Bootstrap 选项卡组件	一种使网页在一小块位置显示更多的内容的组件
Glyphicons 字体图标	提供 200 多个网页常用小图标，提升网页视觉效果
CKPlayer 播放器插件	一款在网页上播放视频的免费的、开源的播放器插件，功能强大、体积小巧，跨平台，使用简单

2. 项目拓展
【项目名称】
信息发布型企事业单位网站前台首页的设计与制作。
【项目内容】
（1）根据需求方建站要求，理解网站业务背景，分析网站需要的功能，确定网站风格和网站结构。

(2)根据网站建设方案，使用 Bootstrap 前端框架进行网站首页快速开发。

(3)学习 Semantic UI 前端框架知识，使用 Semantic UI 前端框架进行网站首页快速开发。

【项目要求】

(1)提交网站建设方案。

(2)提交网站首页布局结构图。

(3)完成响应式设计网站首页开发(两个版本 Bootstrap 和 Semantic UI)。

第 3 章
WCMS 项目前台栏目页与内容页设计与开发

3.1 项目描述

栏目页是一个网站的首页到具体内容页之间的过渡页面，根据网站的整体结构及发布信息的类别而设立。在前台首页的导航条中按照网站内容进行栏目划分（前台首页实训案例栏目规划如图 3 – 1 所示），点击每个栏目的超链接后会进入相应的栏目页，栏目页按照时间顺序排列显示资讯标题，并提供分页功能，点击资讯标题后会在新窗口中打开该资讯的详细内容，以供用户进行查阅。资讯内容主要提供给用户一个良好的资讯内容的显示界面，在浏览资讯内容页面中，以适合和对用户友好的形式显示资讯标题、资讯内容、带图片的资讯、图片展示、显示发布时间、点击次数等，页面最后显示用户评论。用户可以将自己对本页资讯的看法输入评论框内发表，就会在最底部显示刚刚提交的评论。

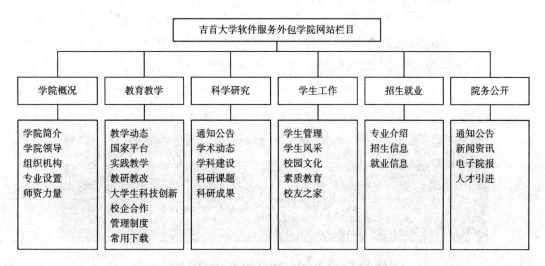

图 3 – 1　吉首大学软件服务外包学院网站栏目规划

本章实训案例以前台栏目页（吉首大学软件服务外包学院网站新闻资讯栏目）和新闻内容页为例，运用 Bootstrap 前端框架技术完成 WCMS 项目前台栏目页与内容页的设计与开发，并将设计开发过程分解成"栏目页布局、顶部固定导航条制作、滚动通知公告制作、图文信息列表和文字信息列表制作、最热新闻制作、精彩评论制作、专业教育平台制作、栏目内容页制作、内容评论制作、回到顶部制作、侧栏分享制作"11 个子任务。

3.2 项目目标

本项目的主要目标是采用 Bootstrap 前端框架实现响应式设计的栏目页与内容页的制作。栏目页实现效果如图 3 – 2 所示,内容页实现效果如图 3 – 3 所示。

图 3 – 2 实训案例前台新闻资讯栏目页效果

通过 WCMS 项目前台栏目页与内容页设计与开发达到如下目标:

(1)页面自适应各种设备(桌面电脑、平板电脑、智能手机等)和各主流浏览器。

(2)实现顶部固定导航条功能,且该导航条包括入口及注册子功能。

(3)通知公告具有滚动的动态特效。

图 3-3　实训案例前台新闻内容页效果

（4）图文信息列表采用图文混排，且图片具有动态旋转特效。

（5）最热新闻根据用户点击率进行排名显示。

（6）实现可折叠面板功能。

（7）为内容过多网页添加回到顶部功能。

（8）实现新闻分享功能。

（9）实现评论框文本设置格式功能。

3.3　项目实施

3.3.1　栏目页布局

1. 实例描述

采用 Bootstrap 前端框架制作一个如图 3-4 所示的自适应宽度的响应式布局栏目页。栏目页与首页风格一致，且具有部分相同元素。

图 3-4　响应式布局栏目页示意图

2. 实现步骤

步骤 1. 新建网页文件，引入 Bootstrap 框架。

在实训项目根目录下新建网页，实例文件名（newsChannel. html）。引入 Bootstrap 框架必要文件，引入文件代码如下：

```
1    <! --Bootstrap 核心 CSS 文件-->
2    < link rel = " stylesheet" href = " css/bootstrap. min. css" >
3    <! --可选的 Bootstrap 主题文件(一般不用引入)-->
4    < link rel = " stylesheet" href = " css/bootstrap-theme. min. css" >
5    <! --jQuery 文件。务必在 bootstrap. min. js 之前引入-->
6    < script src = " js/jquery. min. js" > </ script >
```

```
7     <! --Bootstrap 核心 JavaScript 文件-->
8     < script src = " js/bootstrap. min. js" > </script >
```

步骤 2. 使用 Bootstrap 网格系统进行布局。

以吉首大学软件服务外包学院新闻资讯栏目为例，参照需求，利用 Bootstrap 网格系统进行开发，代码如下：

```
1     <! ------------顶部固定导航条开始----------------->
2     < nav class = " navbar navbar-default navbar-fixed-top navbar-inverse" role = " navigation" >
3           < div class = " container" style = " color：#FFFFFF；" >顶部固定导航条 </div >
4     </nav >
5     <! ------------顶部固定导航条结束----------------->
6     <! ------------logo 与站内搜索框开始-------------->
7     < div class = " container" style = " margin-top：60px；" >logo 与站内搜索框 </div >
8     <! ------------logo 与站内搜索框结束-------------->
9     <! ------------导航条开始-------------------->
10    < nav class = " navbar navbar-default" >
11        < div class = " container" >导航条 </div >
12    </nav >
13    <! ------------导航条结束-------------------->
14    <! ------------主体内容开始------------------>
15    < div class = " container" >
16        < div class = " row" >
17          < div class = " col-md-9 col-xs-12 col-sm-9 col-lg-9" >
18            左边内容
19          </div >
20          < div class = " col-md-3 col-xs-12 col-sm-3 col-lg-3" >
21            右边内容
22          </div >
23        </div >
24    </div >
25    <! ------------主体内容结束------------------>
26    <! ------------底部版权信息开始---------------->
27    < div class = " container" >底部版权信息 </div >
28    <! ------------底部版权信息结束---------------->
```

上述代码实现效果如图 3 - 5 所示。

步骤 3. 页面相似元素的处理。

新闻资讯栏目页的布局结构按块设计，从上到下分为 7 块。其中"Logo 与站内搜索框""导航条""底部版权信息"3 块内容与第 2 章前台首页一致，制作过程请参考 2.3.2、2.3.3 和 2.3.12 小节内容，复制其代码替换上述第 7 行、第 10 ~ 12 行和第 27 行代码。

完成上述 3 个步骤，"栏目页布局"实例制作完毕，实例最终效果如图 3 - 6 所示。

知识要点：批量设计网页

在网页制作过程中，有时在一个站点中有数十个甚至上百个风格相似的页面，例如拥有相同的导航条、相同的 Logo、相似的页面结构等，当要制作这些页面时，如果逐页制作修改，

图 3 - 5   实训案例新闻资讯栏目页布局效果图

图 3 - 6   新闻资讯栏目页与首页一致内容界面

相当费时费力。为了避免重复操作，可将相同内容独立制作成一个网页(形成一个小组件)，在制作风格相似的新网页时只需引入该独立网页，从而达到提高开发与维护效率的目的。例如将第 2 章前台首页的"Logo 与站内搜索框"和"导航条"部分独立出来制作成一个新网页(命名 top. html)，使用静态页面技术中的浮动框架引入该独立网页，代码如下：

< iframe src = " top. html" > </iframe >

由于搜索引擎对框架不友好，所以在实际的开发中常用动态页面技术的文件包含命令来引入独立网页。常见动态页面技术 asp. net、asp、jsp、php 等，动态页面技术文件包含语句见表 3 - 1。

表 3 - 1　常见动态页面技术文件包含语句

动态页面技术	文件包含语句
PHP	< ? php include ' top. html '; ? >
JSP	< % @　include file = " top. html" % >
ASP. NET/ASP	<! --#include file = " top. html" -->

知识要点：实现 Bootstrap 导航条一级导航可链接和鼠标悬停显示下拉菜单

在"2.3.3 导航栏制作"小节中我们已使用 Bootstrap 导航条组件制作下拉菜单，效果如图 3 - 7所示。如果某个一级导航栏（如学院概况）具有子菜单，点击此一级导航栏会出现相应的下拉菜单，但它本身的 href 属性会失效，也就是失去了超链接功能。这并不是我们想要的功能，我们希望此导航栏的链接可以正常打开（链接到另一个页面），但同时又需要下拉菜单功能。

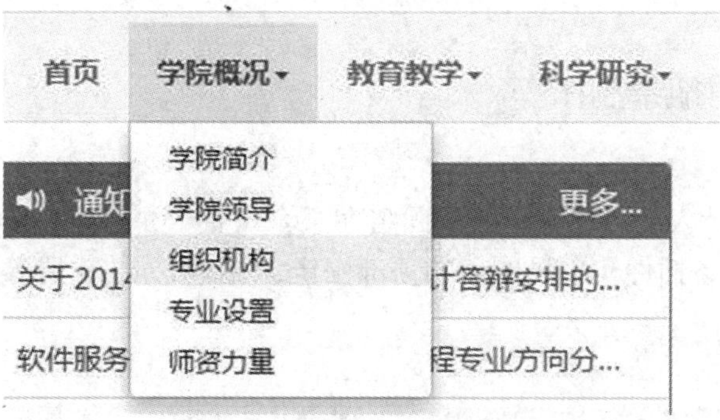

图 3 - 7　导航条下拉菜单效果

首先要解决具有下拉菜单的一级导航栏链接可用问题。Bootstrap 导航条下拉菜单效果通过 JS 实现，分析 bootstrap. js 源码，发现 Bootstrap 把下拉菜单写成了一个 JQuery 插件，dropdown 代码段关键语句如下：

```
1    // APPLY TO STANDARD DROPDOWN ELEMENTS
2    $ ( document)
3      . on (' click. bs. dropdown. data-api ', clearMenus)
4      . on (' click. bs. dropdown. data-api ', '. dropdown form ', function ( e) { e. stopPropagation( ) } )
5      . on (' click. bs. dropdown. data-api ', toggle, Dropdown. prototype. toggle)
6      . on (' keydown. bs. dropdown. data-api ', toggle + ', [ role = menu] ',
         Dropdown. prototype. keydown)
```

解决办法是只要把其中 click. bs. dropdown. data-api 事件关闭即可，代码如下：

```
$ ( document). ready( function( ) {
    $ ( document). off (' click. bs. dropdown. data-api ');
} );
```

在网页中输入上述 jQuery 代码，即可解决具有下拉菜单的一级导航栏链接可用问题。在 Bootstrap 导航条中，触发导航条下拉菜单事件是单击鼠标左键，我们希望鼠标悬停触发下拉

菜单(鼠标移动到某个一级导航栏上出现相应下拉菜单,鼠标离开该导航栏隐藏下拉菜单),
此时可通过编写 Jquery 代码实现该效果,代码如下:

```
1     $(document).ready(function(){
2       $(document).off('click.bs.dropdown.data-api');//Bootstrap 导航条可点击超链接
3       dropdownOpen();//调用
4     });
5     //鼠标划过展开相应子菜单,免去需点击才展开
6     function dropdownOpen(){
7       var $dropdownLi = $('li.dropdown');
8       $dropdownLi.mouseover(function(){
9         $(this).addClass('open');
10      }).mouseout(function(){
11        $(this).removeClass('open');
12      });
13    }
```

3.3.2 顶部固定导航条制作

1. 实例描述

很多情况下,设计人员都想让导航条固定在某个位置上,比如最顶部或者最底部。本实
例通过 Bootstrap 导航条插件实现导航条的顶部固定,快捷登录、注册等功能。实现效果如图
3–8 所示。

图 3–8 新闻资讯栏目页顶部固定导航条界面

2. 实现步骤

步骤 1. 定义顶部固定导航条容器。

用以下代码替换本书"3.3.1 栏目页布局"实例中步骤 2 的第 2~4 行代码。

```
1      < nav class = " navbar navbar-default navbar-fixed-top navbar-inverse" role = " navigation" >
2        < div class = " container" >
3          < ul class = " nav navbar-nav navbar-left" >
4            < li >
5              < a href = " #" > < span class = " glyphicon glyphicon-home" > </span >
                   设为首页 </a >
6            </li >
7            < li >
8              < a href = " #" > < span class = " glyphicon glyphicon-star" > </span >
                   收藏本站 </a >
9            </li >
10         </ul >
11         < ul class = " nav navbar-nav navbar-right" >
12           < li >
13             < a href = " #" data-toggle = " modal" data-target = " #userLoginModal" >
14               < span class = " glyphicon glyphicon-user" > </span >
                   登录 </a >
15           </li >
16           < li >
17             < a href = " #" data-toggle = " modal" data-target = " #userRegisterModal" >
18               < span class = " glyphicon glyphicon-edit" > </span >
                   注册 </a >
19           </li >
20         </ul >
21       </div >
22     </nav >
```

代码解析：

第 1 行和第 22 行代码定义 Bootstrap 导航条容器，其中样式"navbar-fixed-top"为最顶部固定，样式"navbar-inverse"为反色风格导航条。反色风格导航条与默认风格导航除了背景色和文本颜色不同外，其他都一致。

第 2~10 行代码使用 container 类样式在页面中创建一个居中的区域。

第 3~10 行代码定义两个超链接"设为首页"和"收藏本站"，为了醒目，分别在链接文字前加上 Bootstrap 的 Glyphicons 字体图标，其中第 3 行的样式"nav navbar-nav navbar-left"设置导航项为左对齐。

第 11~20 行代码定义两个 Bootstrap 模态弹窗触发链接"登录"和"注册"，单击链接能在同一窗口弹出相应 Bootstrap 模态弹窗，其中第 11 行的样式"nav navbar-nav navbar-right"设置导航项为右对齐。

步骤 2. 制作登录与注册模态弹窗。

注册模态弹窗与"2.3.7 前台用户注册界面制作"小节一致，请自行参考。

登录模态弹窗的制作原理与注册模态弹窗类似。

首先设置触发源，代码如下：

```
< a href = "#" data-toggle = "modal" data-target = "#userLoginModal" >
< span class = "glyphicon glyphicon-user" > </span >     登录
</a >
```

其次再制作 ID 名为"userLoginModal"的模态弹窗，代码如下：

```
1     < div class = "modal fade" id = "userLoginModal" role = "dialog" >
2         < div class = "modal-dialog modal-sm" >
3             < div class = "modal-content" >
4                 < form id = "frmUserLogin" class = "form-horizontal" >
5                     < div class = "modal-header" >
6                         < button type = "button" class = "close" data-dismiss = "modal"
                          aria-hidden = "true" > &times; </button >
7                         < h4 class = "modal-title" >
8                             < span class = "glyphicon glyphicon-user" > </span >
                                用户登录
9                         </h4 >
10                    </div >
11                    < div class = "modal-body" >
12                        < p > < input type = "text" class = "form-control"
                          placeholder = "用户名/手机号/邮箱账号" > </p >
13                        < p > < input type = "password" class = "form-control"
                          placeholder = "密码" > </p >
14                        < p >
15                            < label class = "checkbox-inline" >
16                                < input type = "checkbox"/>十天内免登录
17                            </label >
18                        </p >
19                    </div >
20                    < div class = "modal-footer" >
21                        < input type = "button" class = "btn btn-success" value = "登  录" >
22                    </div >
23                </form >
24            </div >
25        </div >
26    </div >
```

代码解析：

上述第 1 行和第 26 行代码定义 Bootstrap 模态弹窗触发容器。

第 2 行和第 25 行定义模态弹窗容器。

第 3 行和第 24 行定义模态弹窗内容容器。

第 4 行和第 23 行定义登录表单容器。

第 5 ~ 10 行定义模态弹窗头部容器。

第 6 行定义"关闭"按钮。

第 7～9 行定义模态弹窗标题内容。

第 11～19 行定义模态弹窗主体容器。

第 20～22 行定义模态弹窗底部容器。

"用户登录"和"用户注册"模态弹窗实现效果如图 3-9 和图 3-10 所示。

图 3-9　用户登录模态弹窗

图 3-10　用户注册模态弹窗

完成上述 3 个步骤,"顶部固定导航条制作"实例制作完毕。

3.3.3 滚动通知公告制作

1. 实例描述

滚动文字或图片可以增加网页的动态效果，吸引用户眼球。本实例使用 jQuery 实现通知公告的自动切换，以达到醒目和节约页面排版空间的目的。实现效果如图 3 – 11 所示。

图 3 – 11 滚动通知公告界面

2. 实现步骤

步骤 1. 使用 Bootstrap 网格系统进行布局。

用以下代码替换本书"3.3.1 新闻资讯栏目页布局"小节中步骤 2 的第 18 行代码"左边内容"文字。

```
1    < div class = " col-md-12 col-xs-12 col-sm-12 col-lg-12" >
2      < div class = " scrollNotice" >
3        < div id = " noticeTip" >通知公告 </div >
4        < ul >
5          <li > < a href = " #" > < span class = " glyphicon glyphicon-volume-up" > </span >
              通知 1 </a > </li >
6          < li > < a href = " #" > < span class = " glyphicon glyphicon-volume-up" > </span >
               通知 2 </a > </li >
7          <! --复制第 6 行代码增加滚动通知项-->
8        </ul >
9      </div >
10   </div >
11   < div class = " col-md-12 col-xs-12 col-sm-12 col-lg-12" >
12     <p >图文新闻或者文字新闻位置 </p >
13     <p >分页位置 </p >
14   </div >
```

上述第 1 行和第 10 行代码、第 11 行和第 14 行代码定义 Bootstrap 网格系统布局中的列容器,其中类"col-md-12 col-xs-12 col-sm-12 col-lg-12"表示此列容器在各种设备(手机、平板、电脑)都为 12 格。

第 2~9 行代码定义滚动通知公告面板。

第 3 行代码为通知公告面板标题。

第 4~7 行采用无序列表包含多条通知公告,一个列表项(< li > … < /li >)代表一条通知公告。

上述代码运行效果如图 3 – 12 所示。

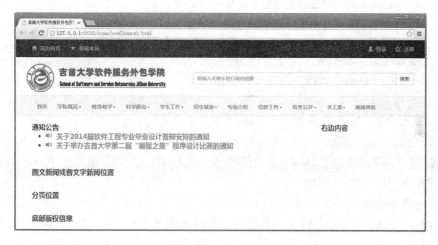

图 3 – 12　滚动通知公告步骤 1 运行效果

步骤 2. 使用 CSS 设置滚动通知样式。

图 3 – 12 未达到预期效果,通过设置 CSS,让"通知公告"标题与列表项在一行,并将显示高度设置为一行,达到节约页面排版空间的目的。CSS 代码如下:

```
1    . scrollNotice {/ * 设置整个通知公告面板 */
2        position: relative;/ * 设置定位方式为相对定位 */
3        height: 40px; / * 设置高度 40 像素 */
4        overflow: hidden; / * 设置超出高度的内容不可见,这样就只显示一行了 */
5        background: #FFFFFF; / * 设置背景颜色为白色 */
6        border: 1px solid #428BCA; / * 设置边框 */
7        border-radius: 5px; / * 设置边框为圆角 */
8        padding: 5px; / * 设置所有的内边距 */
9        padding-left: 90px; / * 设置左内边距,主要为"通知公告"标题预留空间 */
10    }
11   . scrollNotice ul,. scrollNotice ul li { / * 清除无序列表默认样式,达到精确排版 */
12        margin: 0; / * 清除所有的外边距 */
13        padding: 0; / * 清除所有的内边距 */
14        list-style-type: none; / * 去除 li 前的圆点 */
15    }
```

```
16      . scrollNotice ul li a { / * 设置每一条通知公告的样式 */
17         text-decoration: none; / * 设置超链接无下划线 */
18         font: bold 15px"microsoft yahei"; / * 设置字体、字号、粗细 */
19         color: #555555; / * 设置文字颜色 */
20      }
21      . scrollNotice #noticeTip{ / * 设置通知公告标题,使用绝对定位使其与通知公告成一行 */
22         position: absolute; / * 设置定位为绝对定位 */
23         left: 0; / * 设置绝对定位左起始位置 */
24         top: 0; / * 设置绝对定位上起始位置 */
25         height: 40px; / * 设置高度与整个面板一样高 */
26         color: #FFFFFF; / * 设置字体颜色 */
27         font: bold 15px"microsoft yahei"; / * 设置字体、字号、粗细 */
28         background: #428BCA; / * 设置背景颜色 */
29         padding: 10px; / * 设置内边距 */
30      }
```

CSS 设置完成后,实现效果如图 3 - 11 所示。

步骤 3. 使用 jQuery 实现间隔时间切换一条通知公告。

在本实例中,因为使用了 Bootstrap 前端框架,此框架许多效果也基于 jQuery 库,所以实例已引入 jQuery 库,引入代码如下:

`< script src = " js/jquery. js" > </script >`

使用 jQuery 实现间隔时间切换一条通知公告的代码如下:

```
1       $ (function( ){
2          var settime;
3          $ (". scrollNotice" ). hover(function( ){
4            clearInterval( settime) ;
5          }, function( ){
6            settime = setInterval(function( ){
7              var $ first = $ (". scrollNotice ul: first" ) ; //选取 div 下的第一个 ul 而不是 li;
8              var height = $ first. find("li: first" ). height( ) ;
                 //获取第一个 li 的高度,为 ul 向上移动做准备;
9              $ first. animate( {
10               "marginTop" :-height + "px"
11             }, 600, function( ){
12               $ first. css( {
13                 marginTop: 0
14               }). find("li: first" ). appendTo( $ first) ; //设置上边距为零,为下一次移动做准备
15             });
16           }, 3000);
17         }). trigger("mouseleave" ); //trigger( )方法的作用是触发被选元素的特定事件类型
18       });
```

完成上述 3 个步骤,"滚动通知公告制作"实例制作完毕,实例最终效果如图 3 - 11 所示。

3.3.4　图文信息列表和文字信息列表制作

1. 实例描述

图文信息列表和文字信息列表是展示网页栏目信息的主要方式。本实例中图文信息列表的制作与"2.3.10 图文列表面板制作"小节实现原理一致，同样使用 Bootstrap 面板（Panel）组件与媒体对象（Media object）组件制作，只是具有更多图文信息项。以新闻资讯栏目为例，其实现效果如图 3 - 13 所示。

图 3 - 13　新闻资讯栏目图文信息列表界面

2. 实现步骤

步骤 1. 使用 Bootstrap 面板组件和媒体对象组件实现新闻资讯栏目图文信息列表。

用以下代码替换本书 3.3.3 节步骤 1 中的第 11 ~ 14 行代码。

```
1      <! --定义 Bootstrap 栅格系统列容器-->
2      < div class = " col-md-12 col-xs-12 col-sm-12 col-lg-12" >
3        <! --设置 Bootstrap 面板组件容器-->
4        < div class = " panel panel-primary" >
5          <! --设置面板头部容器-->
6          < div class = " panel-heading" >
7            <! --设置面板头部标题容器-->
8            < h3 class = " panel-title" >
9              <! --设置标题文字与小图标-->
10             < span class = " glyphicon glyphicon-hand-right" > </span>
                   当前位置：新闻资讯
```

```
11              </h3 >
12          </div >
13      <! --设置面板主体容器-->
14      < div class = " panel-body" >
15          <! --设置 Bootstrap 媒体对象组件容器-->
16          < div class = " media" >
17              <! --设置媒体对象左边内容,此例为图片链接-->
18              < a class = " pull-left" href = " #" >
19                  < img src = " img/newTab1. jpg" class = " img-thumbnail" alt = " . . ." >
20              </a >
21              <! --设置媒体对象右边内容,此例为1 个标题加一个段落-->
22              < div class = " media-body" >
23                  < h4 class = " media-heading" >
24                      < a href = " #" >新闻资讯标题 </a >
25                  </h4 >
26                  < p >新闻资讯简要内容. . . </p >
27              </div >
28          </div >
29          <! --重复 16 ~ 28 行代码增加一个图文列表项-->
30      </div >
31      <! --设置面板底部容器,容器中放置分页栏-->
32      < div class = " panel-footer" >
33          分页栏位置
34      </div >
35      </div >
36  </div >
```

根据页面布局的实际需求,通过重复上述代码 16 ~ 28 行即可增加一个图文列表项 (Bootstrap 媒体对象组件使用的知识要点,参见"2.3.10 图文列表面板制作"小节)。

步骤 2. 使用 Bootstrap 面板和列表组件实现教学动态栏目文字信息列表。

有些时候,某些栏目页的信息列表项只需要纯文字链接,不需要图文,如以学院"教育教学 > >教学动态"栏目为例,用以下代码替换本书 3.3.3 节步骤 1 中的第 11 ~ 14 行代码。

```
1   <! --定义 Bootstrap 栅格系统列容器-->
2   < div class = " col-md-12 col-xs-12 col-sm-12 col-lg-12" >
3       <! --设置 Bootstrap 面板组件容器-->
4       < div class = " panel panel-primary" >
5           <! --设置面板头部容器-->
6           < div class = " panel-heading" >
7               <! --设置面板头部标题容器-->
8               < h3 class = " panel-title" >
9                   <! --设置标题文字与小图标-->
10                  < span class = " glyphicon glyphicon-hand-right" > </span >
                      当前位置: 教育教学 > >教学动态
```

```
11          </h3>
12      </div>
13      <!--设置 Bootstrap 列表组对象组件容器-->
14      <ul class="list-group">
15          <!--设置一条文字信息链接-->
16          <a class="list-group-item" href="#">
17              <!--设置信息发布的时间,使用样式 pull-right 放置在右边-->
18              <span class="pull-right">2015-01-01</span>
19              <!--设置小图标和信息的标题-->
20              <span class="glyphicon glyphicon-arrow-right"></span>
21                文字信息列表项 1
22          </a>
23          <!--重复 16~28 行代码增加一个图文列表项-->
24      </ul>
25      <!--设置面板底部容器,容器中放置分页栏-->
26      <div class="panel-footer">
27          分页栏位置
28      </div>
29      </div>
30  </div>
```

上述代码运行效果如图 3-14 所示。

图 3-14   教学动态栏目文字信息列表界面

步骤 3：分页栏的实现。

几乎所有的网站内容都需要分页显示，一个用户体验良好的分页组件会得到访问用户的良好评价。Bootstrap 提供了两种分页组件，一种是带多个页码的组件(pagination)，一种是只有上一页、下一页的翻页组件(pager)。

1)数字页码分页

页码分页的设置比较简单，只需要在 ul 上设置 pagination 样式，在 li 元素上设置页码链接即可。示例代码如下：

```
1    < ul class = "pagination" >
2        < li > < a href = "#" >首页 </a > </li >
3        < li > < a href = "#" >上一页 </a > </li >
4        < li class = "active" > < a href = "#" >1 </a > </li >
5        < li class = "disabled" > < a href = "#" >2 </a > </li >
6        < li > < a href = "#" >3 </a > </li >
7        < li > < a href = "#" >4 </a > </li >
8        < li > < a href = "#" >5 </a > </li >
9        < li > < a href = "#" >下一页 </a > </li >
10       < li > < a href = "#" >尾页 </a > </li >
11   </ul >
```

对于分页，一般来说当前页面会高亮显示，并且不允许单击。而在第一页的时候，上一页链接也不允许单击。为此 Bootstrap 提供了两个通用的样式来实现，分别是：active 和 disabled。

将上述代码替换步骤 1 中"新闻资讯栏目图文信息列表"代码第 33 行，实现效果如图 3 - 15所示。中间是页码，两头分别是上一页和下一页的链接。

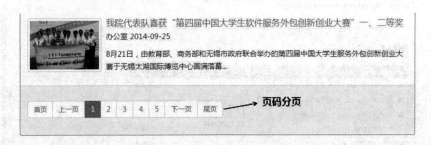

图 3 - 15　数字页码分页效果

数字页码分页还支持增大和缩小风格，其样式分别是：.pagination-lg 和.pagination-sm。使用方式如下：

```
< ul class = "pagination   pagination-lg" >…</ul > <! --增大风格-->
< ul class = "pagination" >…</ul > <! --默认大小风格-->
< ul class = "pagination   pagination-sm" >…</ul > <! --缩小风格-->
```

2)翻页

在一些简单的网站上(比如博客、杂志)，一般不会展示很多页码，而是使用"上一页"、"下一页"的简单分页方式。示例代码如下：

```
1    < ul class = "pager" >
2        < li > < a href = "#" > 上一页 </a > </li >
3        < li > < a href = "#" > 下一页 </a > </li >
4    </ul >
```

上述代码实现效果如图 3 - 16 所示。翻页效果主要设置了整体居中对齐, li 元素的圆角, 鼠标移动上去变色。

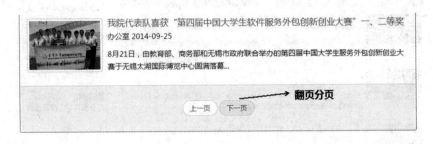

图 3 - 16　翻页分页效果

默认情况下, Bootstrap 提供的这种组件是居中显示, 如果需要将两个按钮分别放在左边和右边, 则需要在 li 容器元素上分别应用 previous 和 next 样式, 或者应用. pull-left 和. pull-right 样式。效果如图 3 - 17 所示。

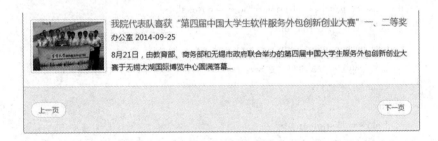

图 3 - 17　左右对齐的翻页分页效果

完成上述 3 个步骤, "图文信息列表和文字信息列表制作"实例制作完毕, 实例最终效果如图 3 - 13 所示。

3.3.5　最热新闻制作

1. 实例描述

最热新闻根据新闻用户点击率进行排名显示。本实例通过使用 Bootstrap 面板组件、徽章样式和 Font Awesome 字体图标实现, 其效果如图 3 - 18 所示。

2. 实现步骤

步骤 1. 使用 Bootstrap 面板组件实现"最热新闻"信息列表。

最热新闻面板制作与"2.3.4 文字列表面板制作"的实现原理一致, 用以下代码替换本书3.3.1 节步骤 2 中的第 21 行代码中的"右边内容"文字。

图 3 – 18   新闻资讯栏目最热新闻界面

```
1      < div class = " row" >
2        < div class = " col-md-12 col-xs-12 col-sm-12 col-lg-12" >
3          < div class = " panel panel-primary" id = " hotNews" >
4            < div class = " panel-heading" >
5              < h3 class = " panel-title" >
6                < span class = " icon-eye-open" > </span >   最热新闻
7              </h3 >
8            </div >
9            < ul class = " list-group" >
10             < a href = '#' target = " _blank" class = " list-group-item" >
11               < span class = " badge pull-left badgetop3" >1 </span >
12               最热新闻标题 1 </a >
13             < a href = '#' target = " _blank" class = " list-group-item" >
14               < span class = " badge pull-left badgetop3" >2 </span >
15                最热新闻标题 2 </a >
16             <! --根据需要复制代码 13 ~15 行,添加新闻列表项-->
17           </ul >
18         </div >
19       </div >
20     </div >
21     < div class = " row" >
22       < div class = " col-md-12 col-xs-12 col-sm-12 col-lg-12" >
23         精彩评论存放位置
24       </div >
```

```
25      </div>
26      <div class="row">
27        <div class="col-md-12 col-xs-12 col-sm-12 col-lg-12">
28          专业教育平台存放位置
29        </div>
30      </div>
```

上述代码使用 Bootstrap 栅格系统创建 3 行，每一行有一个响应式列，分别存放最热新闻、精彩评论、专业教育平台等内容。

代码第 3 ~ 18 行使用 Bootstrap 面板组件实现"最热新闻"面板。

完成上述步骤，"最热新闻制作"实例制作完毕，实例最终效果如图 3 – 18 所示。

知识要点：Bootstrap 徽章

上述面板效果与 2.3.4 文字列表面板效果的区别，就是在每一条新闻列表项前加上了排名序号，从而突出新闻的热度。主要通过 Bootstrap 徽章来实现。

Bootstrap 的 .badge 样式提供了此效果，只需要将此样式应用在 span 或者 label 上即可。示例如上述代码 11 行和 14 行。.badge 样式主要设置具有圆角的灰色背景椭圆框；.pull-left 样式设置徽章位置在文字左边；.badgetop3 为自定义样式，主要设置背景颜色为红色，目的是突出前 3 条新闻的徽章。.badgetop3 自定义样式代码如下：

```
#hotNews .badgetop3{/*自定义徽章样式类*/
background: #C22222;/*背景颜色设置为红色*/
}
```

知识要点：Font Awesome 字体图标

1）介绍

Font Awesome 字体图标是目前常用的 Bootstrap 扩展，是一款强大的 icon 图标集，与第 2 章介绍的 Glyphicons 字体图标类似。可以进行矢量绽放，支持任意 CSS 对大小、颜色、阴影等的控制操作。

Font Awesome 字体图标的特性：一个字体文件，479 个图标；完全免费，可以商用；完全兼容 Bootstrap；可以直接利用 CSS 控制图标的大小、颜色、阴影等；无限的可伸缩性；Retina 屏上的完美显示；完全兼容屏幕阅读器。

2）Bootstrap + Font Awesome 集成方式

Font Awesome 字体图标官网地址（http：//fontawesome.io），下载界面如图 3 – 19 所示，目前的 Font Awesome 字体图标最新版本为 3.3。

图 3 – 19　Font Awesome 字体图标下载页面

（1）Bootstrap + Font Awesome 简单集成方式。

拷贝 Font Awesome 字体目录到 bootstrap/fonts 目录。

拷贝 font-awesome.min.css 文件到 bootstrap/css 目录。

在 html 文档中的 < head > 部分，引入 font-awesome.min.css 文件，代码如下：

< link rel = "stylesheet" href = "··/css/bootstrap.min.css" >

< link rel = "stylesheet" href = "css/font-awesome.min.css" >

注意：Font Awesome 字体图标的 CSS 文件须放置在 bootstrap 的样式文件后。

（2）Bootstrap + Font Awesome 自定义 LESS 文件集成方式。

拷贝 Font Awesome 字体目录到 bootstrap/fonts 目录。

拷贝 font-awesome.less 文件到 bootstrap/less 目录。

打开 bootstrap.less 文件，并将 @ import"sprites.less"；替换为 @ import"font-awesome.less"。

打开项目中的 font-awesome.less 文件，并编辑 @FontAwesomePath 变量，将其值替换为指向字体文件的正确路径，如：@FontAwesomePath:"../fonts"，字体路径相对于存放编译之后的 CSS 文件的目录。

重新编译 Bootstrap 的所有 LESS 文件。

3）常规用法

常规用法与 Bootstrap 的 Glyphicons 字体图标一样，只需要在内联元素上应用相应的样式即可，如：< span class = "fa fa-thumbs-o-up" > </span >。

所有的 icon 和对应的样式名都可从 http://fontawesome.io/icons/ 上找到，部分 icon 外观和对应样式名如图 3 – 20 所示。

图 3 – 20　部分 Font Awesome 字体图标

注意：在实际应用 icon 样式时，除了添加 icon 相应样式名（如.fa-bus），还需要添加.fa 样式类。

对于所有的图标，Font Awesome 提供了 5 种缩放大小的设置样式，分别是：fa-lg，fa-2x，fa-3x，fa-4x，fa-5x，主要是对图标放大相应的位数，示例代码如下：

< p > < i class = "fa fa-camera-retro fa-lg" > </i > 放大 1.33 倍 </p >

< p > < i class = "fa fa-camera-retro fa-2x" > </i > 放大 2 倍 </p >

< p > < i class = "fa fa-camera-retro fa-3x" > </i > 放大 3 倍 </p >

< p > < i class = "fa fa-camera-retro fa-4x" > </i > 放大 4 倍 </p >

< p > < i class = "fa fa-camera-retro fa-5x" > </i > 放大 5 倍 </p >

Font Awesome 图标集也支持 Bootstrap 的左右浮动功能，应用样式 pull-left 和 pull-right 即可。

Font Awesome 图标样式在其他元素（比如 Button、链接或者 add-on）上的使用方式和 Bootstrapr 提供的 glynhicon 图标样式用法一致，可以一同使用。

4）List 列表上的图标

经常使用数字（或者圆点）显示列表 li 元素的界面不够生动，Font Awesome 提供自定义图标作为 li 元素的标示符显示，将 . fa-ul 和 . fa-li 分别应用在 ul 和 li 元素上。示例代码如下：

```
< ul class = " fa-ul " >
    < li > < i class = " fa-li fa fa-check-square " > </i > List icons </li >
    < li > < i class = " fa-li fa fa-check-square " > </i > can be used </li >
    < li > < i class = " fa-li fa fa-spinner " > </i > as bullets </li >
    < li > < i class = " fa-li fa fa-square " > </i > in lists </li >
</ul >
```

上述示例的运行效果如图 3 – 21 所示。

5）导航上的图标

在导航菜单上显示 Font Awesome 图标的方式，与"3.2.3 导航栏制作"小节 Bootstrap 默认的使用方式一样（即使用带有 nav nav-pills nav-stacked 样式的 ul 列表），示例代码如下：

图 3 – 21　列表上的 Font Awesome 图标显示效果

```
1     < ul class = " nav nav-tabs " role = " tablist " >
2         < li role = " presentation " class = " active " >
3             < a href = " # " > < i class = " fa fa-home fa-fw " > </i >  首页 </a >
4         </li >
5         < li role = " presentation " >
6             < a href = " # " > < i class = " fa fa-institution " > </i >  学院概况 </a >
7         </li >
8         < li role = " presentation " >
9             < a href = " # " > < i class = " fa fa-graduation-cap " > </i >  教育教学 </a >
10        </li >
11        < li role = " presentation " >
12            < a href = " # " > < i class = " fa fa-book fa-fw " > </i >  科学研究 </a >
13        </li >
14    </ul >
```

上述示例的运行效果如图 3 – 22 所示。

图 3 – 22　导航上的 Font Awesome 图标显示效果

6) 固定角度旋转

Font Awesome 提供了一组样式,用于旋转特定的图标,从而达到"一种图标六种用法"的目的,其样式和旋转角度见表 3 – 2。

表 3 – 2　Font Awesome 字体图标固定角度旋转

额外样式	显示效果	额外样式	显示效果
只保留原有的图标样式	正常显示	fa-rotate-270	旋转 270°
fa-rotate-90	旋转 90°	fa-flip-horizontal	水平翻转
fa-rotate-180	旋转 180°	fa-flip-vertical	垂直翻转

旋转的用法示例代码如下:

```
< i class = "fa fa-shield fa-lg" > </i >   normal < br >
< i class = "fa fa-shield fa-rotate-90 fa-lg" > </i >   fa-rotate-90 < br >
< i class = "fa fa-shield fa-rotate-180 fa-lg" > </i >   fa-rotate-180 < br >
< i class = "fa fa-shield fa-rotate-270 fa-lg" > </i >   fa-rotate-270 < br >
< i class = "fa fa-shield fa-flip-horizontal fa-lg" > </i >   fa-flip-horizontal < br >
< i class = "fa fa-shield fa-flip-vertical fa-lg" > </i >   icon-flip-vertical
```

上述示例的运行效果如图 3 – 23 所示。

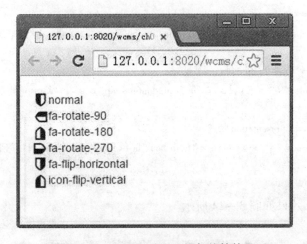

图 3 – 23　Font Awesome 图标旋转效果

7) 360 度旋转

Font Awesome 不仅提供了固定角度的旋转功能,还提供了 360 度持续旋转的功能,使得图标具有动画效果,使用时只需要在所应用图标样式的元素上应用.fa-spin 样式即可。示例代码如下:

```
< i class = "fa fa-spinner fa-spin" > </i >   360 度持续旋转, loading 内容 < br >
< i class = "fa fa-circle-o-notch fa-spin" > </i >   360 度持续旋转, 刷新内容 < br >
< i class = "fa fa-twitter fa-spin" > </i >   twitter 小鸟也能 360 度持续旋转
```

上述示例运行效果如图 3 - 24 所示。

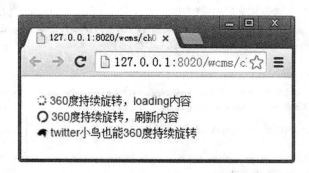

图 3 - 24　**Font Awesome 图标持续旋转效果**

8）多图叠加

Font Awesome 支持多个图标叠加在一起组成复合特效的图标，通过 . fa-stack 和 . fa-stack-倍数样式可实现多图标叠加，示例代码如下：

```
< i class = "fa fa-square-o fa-2x" > </i >  ；第一个图标 < br >
< i class = "fa fa-twitter fa-2x" > </i >  ；第二个图标 < br >
< i class = "fa-stack fa-lg" >
< i class = "fa fa-square-ofa-stack-2x" > </i >
< i class = "fa fa-twitterfa-stack-1x" > </i >
</i >  ；应用多图叠加效果
```

上述示例运行效果如图 3 - 25 所示。

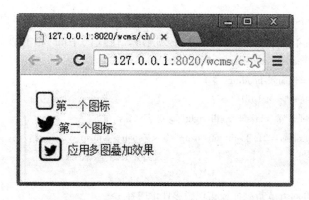

图 3 - 25　**Font Awesome 多图标叠加效果**

3.3.6　精彩评论制作

1. 实例描述

精彩评论是注册用户对网站新闻的评论显示。本实例通过使用 Bootstrap 面板组件、折叠面板插件和 Font Awesome 字体图标实现如图 3 - 26 所示效果。

折叠插件实现的效果是：当单击一个触发元素时，在另外一个可折叠区域进行显示（或

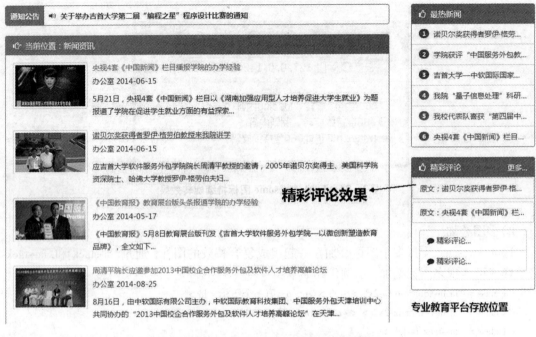

图 3 – 26 新闻资讯栏目最热新闻界面

隐藏),再次单击时可以反转显示状态。本实例的面板制作与"2.3.4 文字列表面板制作"小节实现原理一致。

2. 实现步骤

步骤 1. 使用 Bootstrap 面板组件设置"精彩评论"最外层容器与头部内容。

用以下代码替换本书 3.3.5 节步骤 1 中的第 23 行代码中的"精彩评论存放位置"文字。

```
1     < div class = "panel panel-primary" >
2         < div class = "panel-heading" >
3             < h3 class = "panel-title" >
4                 < a href = "#" class = "pull-right" >更多…</a>
5                 < span class = "fa fa-thumbs-o-up" > </span>  精彩评论
6             </h3>
7         </div>
8         <! --使用 Bootstrap 折叠面板实现精彩评论内容-->
9     </div>
```

上述代码使用 Bootstrap 面板组件实现"精彩评论"的面板头部,并使用 Font Awesome 字体图标增强效果生动性。

步骤 2. 使用 Bootstrap 折叠面板设置"精彩评论"信息列表。

用以下代码替换上面步骤 1 中的第 8 行注释代码。

```
1     < div class = "panel-group" id = "accordion" >
2         < div class = "panel" >
3             < a data-toggle = "collapse" data-parent = "#accordion" href = "#collapseOne"
```

```
            class = "list-group-item" >原文：诺贝尔奖获得者罗伊·格劳伯教授来我院讲学 </a>
4               < div id = "collapseOne" class = "panel-collapse collapse in" >
5                   < div class = "panel-body" >
6                       < a class = "list-group-item" > < span class = "fa fa-comment" > </span >
                         精彩评论... </a>
7                       < a class = "list-group-item" > < span class = "fa fa-comment" > </span >
                         精彩评论... </a>
8                   </div >
9               </div >
10          </div >
11          < div class = "panel" >
12              < a data-toggle = "collapse" data-parent = "#accordion" href = "#collapseTwo"
                class = "list-group-item" >原文：央视 4 套《中国新闻》栏目播报学院的办学经验 </a>
13              < div id = "collapseTwo" class = "panel-collapse collapse" >
14                  < div class = "panel-body" >
15                      < a class = "list-group-item" > < span class = "fa fa-comment" > </span >
                         精彩评论... </a>
16                      < a class = "list-group-item" > < span class = "fa fa-comment" > </span >
                         精彩评论... </a>
17                  </div >
18              </div >
19          </div >
20          <! --复制以上 4 ~ 9 代码增加一个折叠面板-->
21      </div >
```

代码解析：

代码第 1 行和第 21 行定义折叠面板父容器，使用样式类. panel-group，并给定 ID 值为 accordion。使用父容器主要针对具有多个折叠面板的情况。

代码 2 ~ 10 行定义第一个折叠面板。包括两个部分，一个触发源和一个折叠区域。

代码第 3 行定义第一个折叠面板的触发源（超链接元素）。【data-toggle = "collapse"】属性设置触发类型为折叠，【href = "#collapseOne"】属性设置要触发的折叠区域是谁，【data-parent = "#accordion"】属性设置折叠面板的父容器是谁。如果不设置父容器属性，则不能实现显示当前折叠区域时，关闭其他面板的折叠区域。

第 4 行和第 9 行定义第一个折叠面板的折叠区域。【id = "collapseOne"】属性值必须与触发源指定的【href = "#collapseOne"】一致，样式 panel-collapse collapse in 设置折叠内容在页面加载后为显示状态，样式 panel-collapse collapse 设置折叠内容在页面加载后为隐藏状态。

第 5 ~ 8 行定义第一个折叠面板的显示内容，可以是任意内容。

第 11 ~ 19 行定义第二个折叠面板。通过复制第 4 ~ 9 行代码可增加更多折叠面板。

完成上述两个步骤，"精彩评论制作"实例制作完毕，实例最终效果如图 3 - 26 所示。

知识要点：Bootstrap 折叠面板使用要点

（1）单个折叠面板由两部分组成：触发源和折叠区域。触发源可以是超链接、按钮等元素。以按钮为例，示例代码如下：

```
<--默认显示折叠区域-->
< button class = "btn btn-default collapsed" data-toggle = "collapse" data-target = "#demo" >
触发按钮 </button >
< div id = "demo" class = "collapse in" >折叠区域... </div >
<--默认隐藏折叠区域-->
< button class = "btn btn-default collapsed" data-toggle = "collapse" data-target = "#demo" >
触发按钮 </button >
< div id = "demo" class = "collapse" >折叠区域... </div >
```

要标识插件的【data-toggle = "collapse"】以及表示折叠区域的【data-target = "#demo"】。要正确设置折叠区域的显示/隐藏状态,以及触发元素的 collapsed 样式标记。

(2)多个折叠面板组合在一起,需要定义一个父容器来包含所有的触发元素和折叠区域,在单击其中一个触发元素的时候,先关闭所有的折叠区域,再打开所单击的区域(如果单击的区域原来就是打开的,则关闭它)。示例代码如下:

```
< div class = "panel-group" id = "accordion" >
<--折叠面板一-->
<--折叠面板二-->
</div >
```

在折叠面板的触发元素上增加 data-parent 属性,用于设置父窗口。data-parent 属性值对应元素 ID(或者样式选择符),如【data-parent = "#accordion"】。

知识要点:Bootstrap 折叠面板的 JavaScript 用法

折叠插件的 JavaScript 用法和普通的 jQuery 插件的使用方法一样,如果要手动触发一个折叠区域进行反转显示,可以使用如下代码:

```
$ (".collapse" ). collapse( option);
```

这种用法不常见,主要应用在某个可能需要强制显示或者隐藏的面板中。

上述 option(选项)参数见表 3 – 3。

表 3 – 3 折叠插件的 JavaScript 用法选项

参数名称	类型	默认值	描　述
parent	selector	false	如果指定了 parent(父容器),在单击一个特定触发元素时,该 parent 下的所有折叠区域都会隐藏,从而达到手风琴效果
toggle	boolean	true	是否开启反转功能,以便在多次单击时进行状态反转。如显示/隐藏的反转

折叠插件的 JavaScript 参数用法示例代码如下:

```
$ ('#element '). collapse( {
parent:"#accordion",
toggle: false
} );
```

3.3.7　专业教育平台制作

1. 实例描述

专业教育平台是教育类网站对外展示的重要栏目。它以简单明了的方式给用户提供丰富的信息，让用户对网站有初步认识，起到宣传作用。本实例讲解如何使用 Bootstrap 面板组件、列表组件、Font Awesome 图标、jQuery 动画制作带有动画效果的专业教育平台。实现效果如图 3 – 27 所示。

图 3 – 27　新闻资讯栏目页专业教育平台实现效果

2. 实现步骤

步骤 1. 使用 Bootstrap 面板组件定义"专业教育平台"最外层容器与头部内容。

用以下代码替换本书 3.3.5 节步骤 1 中的第 28 行代码中的"专业教育平台存放位置"文字。

```
1    < div class = "panel panel-primary" >
2      < div class = "panel-heading" >
3        < h3 class = "panel-title" >
4          < span class = "glyphicon glyphicon-road" > </span > 专业教育平台
5        </h3 >
6      </div >
7      <!--使用 Bootstrap 网格系统和 jQuery 实现专业教育平台内容-->
8    </div >
```

上述代码使用 Bootstrap 面板组件实现"专业教育平台"的面板头部，并使用 glyphicon 字体图标增强效果生动性。

步骤 2. 使用 Bootstrap 列表组实现"专业教育平台"列表项内容。

使用 Bootstrap 栅格系统实现 1 行 3 列的布局, 用下面代码替换步骤 1 中的第 7 行注释代码。

```
1    < ul class = "list-group"   id = "ulPEPlatform" >
2      < li class = "list-group-item" >
3        < a href = "#" target = "_blank" >
4          < span class = "fa fa-mortar-board fa-2x pull-left" > </span >
5          国家工程实践教育中心云教育平台
6        </a >
7        < div class = "divPicText" >
8          <p>平台的详细文字介绍,可自行增加文字…</p>
9        </div >
10     </li >
11     < li class = "list-group-item" >
12       < a href = "#" target = "_blank" >
13         < span class = "fa fa-external-link fa-2x pull-left" > </span >
14         软件工程专业教育平台
15       </a >
16       < div class = "divPicText" >
17         <p>平台的详细文字介绍,可自行增加加文字…</p>
18       </div >
19     </li >
20     <! --复制上述第 11~19 行代码,增加一个列表项-->
21   </ul >
```

代码解析:

第 1 行和第 21 行代码应用 .list-group 样式定义一个 Bootstrap 列表组容器。

第 2~10 行和第 11~19 行代码分别定义列表组中的一个列表项。

第 2 行代码应用 .list-group-item 样式定义一个 Bootstrap 列表项容器。

第 3~6 行代码定义一个图文超级链接。

第 4 行代码使用 Font Awesome 图标定义一个图标, 样式 .fa-2x 设置图标为 2 倍大小, 样式 .pull-left 将图标设置在左边。

第 7~9 行代码定义鼠标移动到图文超级链接区域时要显示的详细文字说明。

上述代码运行效果如图 3-28 所示。

步骤 3. 使用 CSS 设置文字隐藏。

添加如下 CSS 代码实现说明文字的隐藏。

```
1    #ulPEPlatform .list-group-item{/* 列表项容器 */
2      padding: 28px 10px;/* 设置容器内边距 */
3    }
4    #ulPEPlatform .divPicText {/* 说明文字容器 */
5      position: absolute;/* 设置绝对定位 */
```

图 3 − 28　专业教育平台制作步骤 2 实现效果

6　　　　bottom：0px；/ ＊设置底部边缘位置＊/
7　　　　left：0px；/ ＊设置左边边缘位置＊/
8　　　　height：0px；/ ＊设置高度为 0,即隐藏文字＊/
9　　　　overflow：hidden；/ ＊设置超出容器高度的内容将隐藏＊/
10　　　 background：#000000；/ ＊设置背景颜色＊/
11　　　 opacity：0.7；/ ＊设置透明度＊/
12　　　 color：#ffffff；/ ＊设置字体颜色＊/
13　　　 font：14px/25px"microsoft yahei"；/ ＊设置字体＊/
14　　 }

上述第 8 行代码"height：0px；"设置说明文字容器的高度为 0,实现说明文字隐藏效果。

步骤 4. 实现说明文字显示/隐藏动画效果。

添加如下 jQuery 代码,实现鼠标移进/移出列表项,说明文字显示/隐藏动画效果。

1　　 $（document）. ready(function( ){
2　　　 $（"#ulPEPlatform . list-group-item"）. hover(
3　　　　 function( ){
4　　　　　 $（this）. find(". divPicText"）. stop( ). animate({
5　　　　　　 "height"：80
6　　　　　 });
7　　　　 },

```
8          function( ){
9              $ ( this).find( ".divPicText").stop( ).animate( {
10                 "height" : 0
11             });
12          }
13        );
14    })
```

代码解析：

jQuery 实现原理是"谁触发什么事件，执行什么代码，实现什么效果"。

第 1 行代码使用 jQuery 文档就绪函数，防止网页文档未加载完全，就执行下面的 jQuery 代码。

第 2 行代码定义"谁触发什么事件"，$ ("#ulPEPlatform .list-group-item")表示每一个列表项，hover( )表示鼠标移进/移出事件。

第 3 ~ 7 行定义"鼠标移进列表项要执行的代码"，实现效果是将说明文字的容器高度以动画形式由原来定义的 0(即不可见)变成 80 像素。

第 8 ~ 12 行定义"鼠标移出列表项要执行的代码"，实现效果是将说明文字的容器高度以动画形式由 80 像素变成 0(即不可见)。

完成上述 4 个步骤，"专业教育平台的制作"实例制作完毕，实例最终效果如图 3 - 27 所示。

完成 3.3.1 ~ 3.3.7 小节共 7 个任务，WCMS 项目前台栏目页制作完毕，前台栏目页实现效果如图 3 - 2 所示。下面进入 WCMS 项目前台栏目内容页的制作。

3.3.8　栏目内容页制作

1. 实例描述

众所周知，影响一个网站建设的因素很多，但网站内容作为网站的核心，直接关系到网站的关注度和知名度，其能否易于理解，是否友好，是决定用户继续还是中断浏览的重要因素。本实例以用户友好的形式显示新闻标题、新闻内容、发布时间、用户评论等内容，点击新闻栏目页中新闻列表的某个新闻标题后，进入新闻内容页。本实例通过使用 Bootstrap 栅格系统、面板组件、基础排版、Font Awesome 字体图标、jQuery 动画实现如图 3 - 29 所示效果。

图 3 - 29　栏目内容页效果

2. 实现步骤

步骤 1. 新建网页文件，引入 Bootstrap 框架。

在实训项目根目录下新建网页，实例文件名(article.html)。引入 Bootstrap 框架必要文件，引入文件代码如下：

```
1    <!--Bootstrap 核心 CSS 文件-->
2    < link rel = "stylesheet" href = "css/bootstrap.min.css" >
3    <!--Font Awesome 字体图标核心 CSS 文件-->
3    < link rel = "stylesheet" href = "css/font-awesome.min.css"/ >
4    <!--可选的 Bootstrap 主题文件(一般不用引入)-->
5    < link rel = "stylesheet" href = "css/bootstrap-theme.min.css" >
6    <!--jQuery 文件。务必在 bootstrap.min.js 之前引入-->
7    < script src = "js/jquery.min.js" > </script >
8    <!--Bootstrap 核心 JavaScript 文件-->
9    < script src = "js/bootstrap.min.js" > </script >
```

步骤 2. 使用 Bootstrap 网格系统进行布局。

本实例的布局与新闻栏目页非常相似，利用 Bootstrap 网格系统进行开发，代码如下：

```
1    <!-----顶部固定导航条开始(请参考新闻资讯栏目页实现效果)--------->
2    < nav class = "navbar navbar-default navbar-fixed-top navbar-inverse" role = "navigation" >
3            < div class = "container" >顶部固定导航条</div >
4    </nav >
5    <!------------顶部固定导航条结束----------------->
6    <!--------logo 与站内搜索框开始(请参考新闻资讯栏目页实现效果)------>
7    < div class = "container" style = "margin-top：60px;" >logo 与站内搜索框</div >
8    <!--------------logo 与站内搜索框结束---------------->
9    <!--------导航条开始(请参考新闻资讯栏目页实现效果)---------->
10    < nav class = "navbar navbar-default" >
11      < div class = "container" >导航条</div >
12    </nav >
13    <!-------------导航条结束-------------------->
14    <!-------------主体内容开始------------------->
15    < div class = "container" >
16      < div class = "row" >
17        < div class = "col-md-9 col-xs-12 col-sm-9 col-lg-9" >
18            左边内容(与新闻栏目页不一致)
19        </div >
20        < div class = "col-md-3 col-xs-12 col-sm-3 col-lg-3" >
21            右边内容(请参考新闻资讯栏目页实现效果)
22        </div >
23      </div >
24    </div >
25    <!-------------主体内容结束------------------->
26    <!-------底部版权信息开始(请参考新闻资讯栏目页实现效果)-------->
```

```
27        < div class = " container" > 底部版权信息 </div >
28        <! ------------底部版权信息结束---------------->
```

从上述代码可以看出，新闻内容页与新闻栏目页主要是左边显示内容不同，在新闻栏目页中左边显示新闻列表项和分页，在新闻内容页中主要显示新闻的内容。新闻栏目页与内容页相似元素包括顶部固定导航条、Logo 与站内搜索框、栏目导航条、最热新闻、精彩评论、专业教育平台共 6 块页面相似元素，相似元素的处理参见 3.3.1 小节"步骤 3 页面相似元素的处理"，页面相似元素制作完毕后的效果如图 3 – 40 所示。

图 3 – 30　新闻内容页制作步骤 2 实现效果

步骤 3. 使用 Bootstrap 面板组件实现"栏目内容页"最外层容器与头部内容。

注意实施本步骤前已完成新闻内容页与栏目页相似块的复制或替换。使用如下代码替换步骤 1 中第 18 行代码。

```
1     < div class = " panel panel-primary" >
2        < div class = " panel-heading" >
3           < h3 class = " panel-title" >
4           < span class = " glyphicon glyphicon-hand-right" > </span >
5             当前位置：< a href = " #" class = " " > 首页 </a >  &gt; 
6           < a href = " #" > 新闻资讯 </a >  &gt; 正文
7           </h3 >
8        </div >
9        < div class = " panel-body" >
10          < h1 > 新闻内容制作待续 </h1 >
11          < h1 > 评论列表制作待续 </h1 >
12          < h1 > 评论框制作待续 </h1 >
```

13　　　　　</div>

14　　　</div>

上述第 1 行和第 14 行代码使用样式 panel panel-primary 定义一个 Bootstrap 面板。

第 2 ~ 8 行代码定义面板头部,头部内容主要为新闻内容页所处的当前位置。

第 9 ~ 13 行代码定义面板主体,由三部分组成,分别为新闻内容、评论列表、评论框,由后续步骤实现。

上述代码实现效果如图 3 - 31 所示。

图 3 - 31　新闻内容页制作步骤 3 实现效果

步骤 4. 使用 Bootstrap 基础排版组件实现"栏目内容页"的内容部分。

用以下代码替换上面步骤 3 中的第 10 行代码。

1　　　< div id = "divArcticle" >

2　　　　< h3 class = "text-center" >新闻标题 </h3 >

3　　　　< h5 class = "text-center" > < small >发布时间: 2011-7-21 </ small > </h5 >

4　　　　< div class = "thumbnail" >

5　　　　　< img src = "img/news/new. jpg" class = "img-responsive" >

6　　　　</div >

7　　　　< div id = "artContent" >

8　　　　　<p >新闻主要内容省略…</p >

9　　　　</div >

10　　　</div >

代码解析：

第 1 行代码定义新闻内容的容器。

第 2 行代码定义新闻标题。

第 3 行代码定义发布时间，使用文本强调元素 small，将文章日期设置为一个字号更小的颜色更浅的文本。

第 4 ~ 6 行代码定义一张图片，使用样式.Thumbnail 设置响应式图片。

第 7 ~ 8 行代码定义新闻正文区域。

步骤 5.设置新闻内容样式。

添加如下 CSS 样式代码：

```
1    #artContent p { /*设置正文字体与缩进*/
2        text-indent：2em;/*设置缩进*/
3        font：normal 15px/35px" microsoft yahei" ;
4    }
5    #artContent p{/* 设置正文对齐方式为两端对齐,兼容各种主流浏览器*/
6    text-align：justify;
7        text-justify：distribute-all-lines;/*ie6-8*/
8        text-align-last：justify;/* ie9*/
9        -moz-text-align-last：justify;/*ff*/
10        -webkit-text-align-last：justify;/*chrome 20 +*/
11        }
```

完成上述 5 个步骤，"栏目内容页制作"实例制作完毕，实例最终效果如图 3 - 29 所示。

知识要点：Bootstrap 基础排版

在上述内容页制作过程中，我们通过 HTML 的标签进行内容排版，比如 head 标题(h1 至 h6)、地址、列表、文本块等。Bootstrap 框架对这些 HTML 标签进行了优化，使其更方便使用。下面介绍 Bootstrap 基础排版使用方法和优化方式。

1)标题

Bootstrap 为传统的标题标签(元素)h1 ~ h6 重新定义了标准的样式，使得在所有浏览器下显示效果都一样，具体定义规则见表 3 - 4。

表 3 - 4　h1 ~ h6 定义规则

元　素	字体大小	计算比例	其　他
h1	36px	14px x 2.60	margin-top：20px; margin-bottom：10px
h2	30px	14px x 2.15	
h3	24px	14px x1.70	
h4	18px	14px x1.25	margin-top：10px; margin-bottom：10px
h5	14px	14px x 1.00	
h6	12px	14px x0.85	

标题标签的用法和平时的用法一致,示例代码如下:

```
<h1>Web 前端项目开发实践</h1>
<h2>Web 前端项目开发实践</h2>
<h3>Web 前端项目开发实践</h3>
<h4>Web 前端项目开发实践</h4>
<h5>Web 前端项目开发实践</h5>
<h6>Web 前端项目开发实践</h6>
```

Bootstrap 还同步定义了 6 个 class 样式(.h1 ~ .h6),以便在非标题的标签中使用相同的样式,唯一的不同是 class 样式没有定义 margin-top 和 margin-bottom。示例代码如下:

```
<span class="h1">Web 前端项目开发实践</span><br/>
<span class="h2">Web 前端项目开发实践</span><br/>
<span class="h3">Web 前端项目开发实践</span><br/>
<span class="h4">Web 前端项目开发实践</span><br/>
<span class="h5">Web 前端项目开发实践</span><br/>
<span class="h6">Web 前端项目开发实践</span><br/>
```

使用 h 元素和 h 样式进行显示时,两者的区别如图 3 - 32 所示。

(a)h 元素   (b)h 样式

图 3 - 32 h 元素和 h 样式的运行效果比较

大部分情况下,在标题标签里可能会应用 <small> 元素,以便显示稍微小一点的字体。Bootstrap 为此也特别定义了样式,如图 3 - 33 所示。具体内容如下:

所有标题元素里的 <small> 内容的字体颜色都是灰色(#999999),行间距都为 1。

<small> 内的文本字体在 h1,h2,h3 内是当前元素所对应字体大小的 65%;而在 h4,h5,h6 下则是 75%。

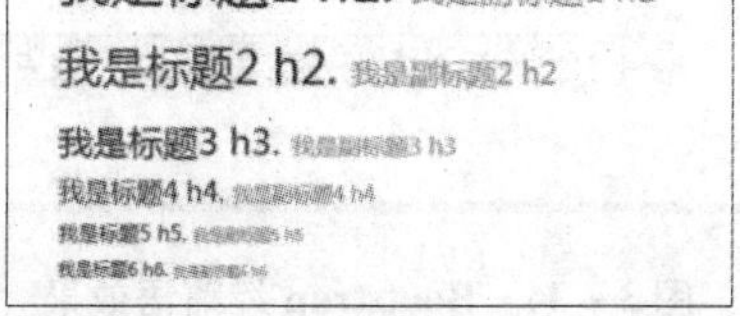

图 3 - 33 small 元素分别在 h1 ~ h6 元素内的效果

2）页面主题

默认情况下，Bootstrap 为全局设置的字体大小 font-size 为 14 像素，间距 line-height 为字体大小的 1.428 倍（即 20 像素）。该设置应用于 < body > 元素和所有的段落上。另外，< p > 元素内的段落会有一个额外的 margin-bottom，大小是行间距的一半（默认为 10px）。

如果想让一个段落突出显示，可以使用. lead 样式，其作用主要是增大字体大小、粗细、行间距和 margin-bottom。用法如下：

< p class = "lead" >... </ p >

Bootstrap 的排版设置默认值存储在 variables. less 文件里的两个 LESS 变量里：@ font-size-base 和@ line-height-base。第一个用于设置字体大小，第二个用于设置行间距。系统默认使用这两个值产生整个页面相应的 margin、padding 和 line-height。通过修改这两个值后，再重新编译，从而制定自己的 Bootstrap 版本。

3）强调文本

Bootstrap 将默认的文本强调元素进行了轻量级实现，这些元素分别为：small、strong、em、cite。

同样的原理，Bootstrap 也为对齐方式定义了简单而又明了的 4 个样式以便使用。使用方式如下：

< p class = "text-left" > 文本左对齐 </ p >

< p class = "text-center" > 文本居中对齐 </ p >

< p class = "text-right" > 文本右对齐 </ p >

< p class = "text-justify" > 文本两端对齐 </ p >

4）缩略语

Bootstrap 在 abbr 元素上实现了缩略词的功能，即鼠标移动到缩略词上时，就显示声明在 title 里的属性值。效果为：缩略词下面有虚横线，鼠标移动到缩略词上时有手形图标。示例代码如下：

< abbr title = "JavaScript 设计模式是一本讲解设计模式的书籍" > JavaScript 设计模式 </ abbr >

< abbr title = "HyperText Markup Language" class = "initialism" > HTML </ abbr >

上述示例代码运行效果如图 3 -34 所示。

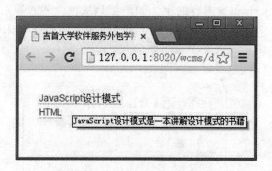

图 3 - 34　Bootstrap 缩略语效果

5）地址元素

Bootstrap 为地址元素 address 定义了一个简单通用的样式，其主要是行间距和底部的 margin。address 的用法也比较简单，每一行用 < br > 结尾即可。

```
< address >
    < strong > Twitter, Inc. </ strong > < br >
    795 Folsom Ave, Suite 600 < br >
    San Francisco, CA 94107 < br >
    < abbr title = "Phone" > P： </ abbr >
    (123)456-7890
</ address >
< address >
    < strong > 汤姆大叔 </ strong > < br >
    < a href = "mailto：#" > tomxu@ outlook. com </ a >
</ address >
```

6)引用

在 < blockquote > 元素里进行引用,可以引用任意 HTML 内容,但一般推荐使用 < p >。Bootstrap 也为此定义了一个通用的样式,示例代码如下:

```
< blockquote >
< p > Bootstrap-简洁、直观、强悍、移动设备优先的前端开发框架,让 web 开发更迅速、简单。</ p >
</ blockquote >
```

上述代码运行效果如图 3 – 35 所示。

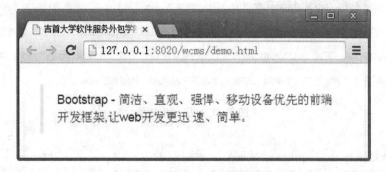

图 3 – 35　blockquote 元素运行效果

如果为一些文字的出处加上注释,则可以配合使用 small 和 cite 元素,示例代码如下:

```
< blockquote >
< p > Bootstrap-简洁、直观、强悍、移动设备优先的前端开发框架,让 web 开发更迅速、简单。</ p >
< small > 出自 < cite title = "Bootstrap 官网" > Bootstrap 官网 </ cite > </ small >
</ blockquote >
```

另外,Bootstrap 还提供了一个 . pull-right 样式用于右对齐,以适应不同的排版方式,示例代码如下:

```
< blockquote class = "pull-right" >
    < p > Bootstrap-简洁、直观、强悍、移动设备优先的前端开发框架,让 web 开发更迅速、简单。</ p >
< small > 出自 < cite title = "Bootstrap 官网" > Bootstrap 官网 </ cite > </ small >
</ blockquote >
```

上述代码运行效果如图 3 – 36 所示。

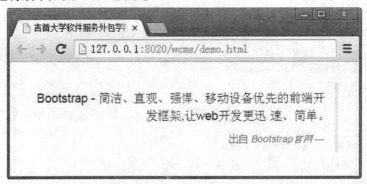

图 3 – 36　blockquote 元素右对齐运行效果

知识要点：Bootstrap 提示框(Tooltip) 插件

提示框(Tooltip) 是一个比较常见的功能, 一般来说是鼠标移动到特定的元素上时, 显示相关的提示语, 具体效果如图 3 – 37 所示。

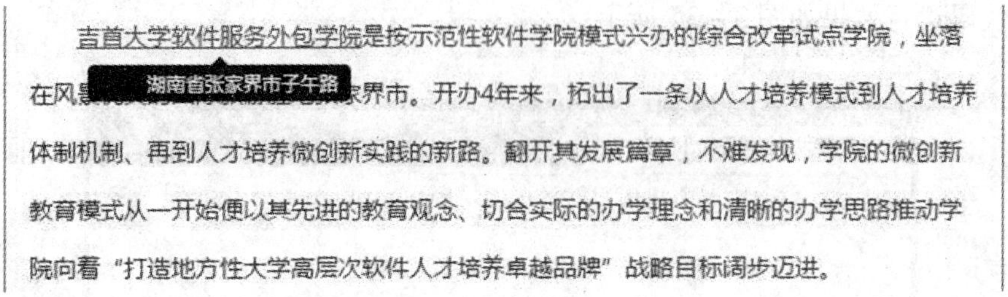

吉首大学软件服务外包学院是按示范性软件学院模式兴办的综合改革试点学院, 坐落在风景——湖南省张家界市子午路——界市。开办4年来, 拓出了一条从人才培养模式到人才培养体制机制、再到人才培养微创新实践的新路。翻开其发展篇章, 不难发现, 学院的微创新教育模式从一开始便以其先进的教育观念、切合实际的办学理念和清晰的办学思路推动学院向着 "打造地方性大学高层次软件人才培养卓越品牌" 战略目标阔步迈进。

图 3 – 37　提示框效果

上述效果是鼠标移动到 href 链接时, 显示对应的提示语。不管是 href 链接还是按钮, 只要按照特定的规则设置, 就可以在鼠标移动的时候显示提示语。

此插件不依赖于图片, 应用 CSS3 实现动画过渡效果, 并使用 data 属性设置标题。

考虑到性能问题, 提示框组件在默认情况下没有初始化, 使用前首先需使用 JavaScript 代码进行初始化, 初始化代码如下：

```
< script >
$ ( function( ) {
$ ( '[ data-toggle = " tooltip" ]' ) . tooltip( ) ;
} ) ;
</ script >
```

初始化完成后, 使用 HTML 定义提示框内容。示例代码如下：

```
< a href = " #" data-toggle = " tooltip" data-original-title = " 提示语的内容" > 链接 </ a >
< a href = " #" data-toggle = " tooltip" title = " 提示语的内容" > 链接 </ a >
```

其中【data-toggle = " tooltip" 】属性和值定义链接为提示框, data-original-title 或 title 属性设置提示信息, 默认情况下, 提示文字出现在链接的顶部。

另外在声明式用法里还提供了 7 种自定义属性,自定义属性和解释见表 3－5。

<p align="center">表 3－5　提示框组件的声明式属性</p>

属性名称	类型	默认值	描　　述
data-animation	布尔值	true	在 tooltip 上应用一个 CSS fade 动画
data-html	布尔值	false	将 HTML 代码作为 tooltip 提示语,如果是 false,jQuery 将使用 text 方法将 HTML 代码转化为文本作为提示语。如果担心 XSS 攻击,请输入一般的文本
data-placement	string|function	top	tooltip 的显示位置,选项是:top|bottom|left|right|auto 如果是"auto",将会再次调整,比如如果声明"auto left",tooltip 提示语将尽量会显示在左边(left),实在不行,就显示在右边
data-selector	字符串	false	如果声明了 selector,在触发该 selector 时才显示 tooltip
data-original-title	string|function	''	提示语的内容
title	string|funcition	''	如果没有定义 data-original-title,则取这个 title 的值
data-trigger	字符串	hover focus	如何触发 tooltip,选项是:click|hover|focus|manual,如果要传入多个触发器,使用空格隔开,比如 hover focus
data-delay	number|object	false	延迟多久才显示或关闭 tooltip(毫秒),不适用于 manual 触发器 如果传入的是数字,则说明 hide/show 都延迟这个毫秒数 传入对象的话,结构是:{show:500,hide:100}
data-container	string|false	0	将 tooltip 附加到特定的元素上,比如:container:"body"
data-template	字符串		提示语的 HTML 模板,可以自定义指定。默认值是:< div class = " tooltip" > < div class = " tooltip-arrow" > </div > < div class = " tooltip-inner" > </div > </div >

3.3.9　内容评论制作

1. 实例描述

内容评论是注册用户对网站新闻的评论显示。本实例内容评论分两部分,一是评论列表(用户已发表的评论),二是评论框(用户可在此框发表评论)。实例通过使用 Bootstrap 面板组件、媒体对象组件、Bootstrap 的可视编辑器 bootstrap-wysiwyg 实现如图 3－38 所示的效果。

图 3 - 38　内容评论界面

2. 实现步骤

步骤 1. 使用 Bootstrap 面板组件实现"新闻评论"列表最外层容器与头部内容。

使用如下代码替换"3.3.8 栏目内容页制作"小节中步骤 3 的第 11 行代码。

```
1    < div class = " panel panel-primary " >
2        < div class = " panel-heading " >
3            < h3 class = " panel-title " > < span class = " glyphicon
4            glyphicon-hand-right " > < /span >   新闻评论 < /h3 >
5        < /div >
6        <! --"新闻评论"列表内容待制作-->
7    < /div >
```

上述代码使用 Bootstrap 面板组件实现"新闻评论"列表的面板头部。

步骤 2. 使用 Bootstrap 面板组件和媒体对象组件实现"新闻评论"信息列表。

使用如下代码替换步骤 1 中的第 6 行注释代码。

```
1    < div class = " panel-body " >
2        < div class = " comment " >
3            < div class = " media " >
4                < a class = " pull-left " href = " # " >
5                    < img class = " media-object img-circle " src = " img/news/touxiang_1. jpg "
                     width = " 60px " height = " 60px " alt = " …" >
```

```
6              < /a >
7              < div class = "media-body" >
8                < h4 class = "media-heading" >用户 239322 < /h4 >
9                < p >用户评论文字省略 < /p >
10             < /div >
11           < /div >
12           <! --复制第 3 ~ 11 行代码,增加一个新的评论-->
13           < div class = "media_last" >
14             < a class = "pull-left" href = "#" >
15               < img class = "media-object img-circle" src = "img/news/touxiang_4. jpg"
                 width = "60px" height = "60px" alt = "…" >
16             < /a >
17             < div class = "media-body" >
18               < h4 class = "media-heading" >用户 7899390 < /h4 >
19               < p >用户评论文字省略 < /p >
20             < /div >
21           < /div >
22         < /div >
23       < /div >
```

代码解析:

第 1 行代码使用 Bootstrap 样式 panel-body 定义面板主体容器。

第 2 ~ 22 行代码使用自定义样式 comment 控制用户评论的内外边距。

第 3 ~ 11 行代码使用 Bootstrap 样式 media 定义一个媒体对象容器,用来存放一条用户评论。

第 4 ~ 6 行代码定义用户头像图片,使用 Bootstrap 样式 pull-left 设置在左边,使用 Bootstrap 样式 img-circle 设置图片为圆形。

第 7 ~ 10 代码使用 Bootstrap 样式 media-body 定义媒体对象的主体容器,存放用户名(第 8 行代码)和用户评论信息(第 9 行代码)。

通过复制第 3 ~ 11 行代码,增加一个新的评论。

第 13 ~ 21 行代码通过自定义样式 media_last 定义最后一条用户评论信息。

为了让新闻评论列表的排版更加合理,外观更加美观,添加如下 CSS 代码:

```
1    . comment {margin: 10px;padding: 12px;}
2    . comment . media {border-bottom: 1px #428BCA dotted;}
3    . comment img{padding: 3px;}
4    . comment . media_last{margin-top: 15px;border-bottom: none;}
5    . comment . media_last . pull-left{padding-right: 10px;}
6    . comment . media . media-body . media {
7      padding: 10px;
8      border-top: 1px #428BCA dotted;
9      border-bottom: none;
10     }
```

步骤 2 实现效果如图 3 - 39 所示。

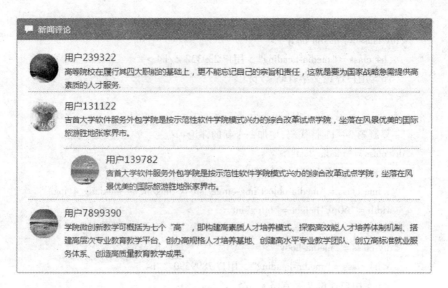

图 3 – 39　内容评论制作步骤 2 实现效果

步骤 3. 使用 Bootstrap 的可视编辑器 bootstrap-wysiwyg 制作评论区。

bootstrap-wysiwyg 是一个 Bootstrap 的插件，此插件充分利用 Bootstrap、Font Awesome 字体图标，可以将一个 <div> 闭合标签转变成一个微型所见即所得的富文本编辑器。具体制作步骤如下：

步骤 3 – 1. 下载 bootstrap-wysiwyg 插件。

输入网址 https：//github. com/mindmup/bootstrap-wysiwyg/，下载页面如图 3 – 40 所示。

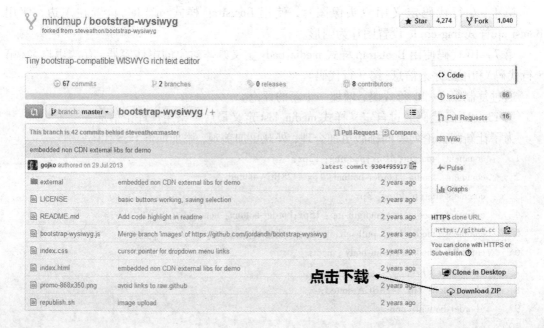

图 3 – 40　**bootstrap-wysiwyg** 插件下载页面

步骤 3 - 2. 引入 bootstrap-wysiwyg 插件核心文件。

解压缩下载包，将压缩包根目录下的"bootstrap-wysiwyg. js"文件和 external 目录下的"jquery. hotkeys. js"文件复制到实训案例根目录下的 js 目录下。

在本实例文件(article. html)中引入上述两个 js 文件，代码如下：

```
<! --引入 bootstrap-wysiwyg 插件核心文件-->
< script src = "js/bootstrap-wysiwyg. js" > </script >
<! --引入 jQuery 插件监听键盘按下事件文件-->
< script src = "js/jquery. hotkeys. js" > </script >
```

值得注意的是，确保 Bootstrap 框架核心文件已引入。

步骤 3 - 3. 使用 Bootstrap 面板组件定义评论框面板。

使用如下代码替换"3.3.8 栏目内容页制作"小节中步骤 3 的第 12 行代码。

```
1      < div class = "panel panel-primary" >
2         < div class = "panel-heading" >
3            < h3 class = "panel-title" >
4            < span class = "glyphicon glyphicon-hand-right" > </span >
5              发表评论
6            </h3 >
7         </div >
8         < div class = "panel-body" >
9           < form class = "form-horizontal" >
10          < h1 >评论工具栏待制作 </h1 >
11          < h1 >评论框待制作 </h1 >
12          </form >
13        </div >
14    </div >
```

上述代码运行效果如图 3 - 41 所示。

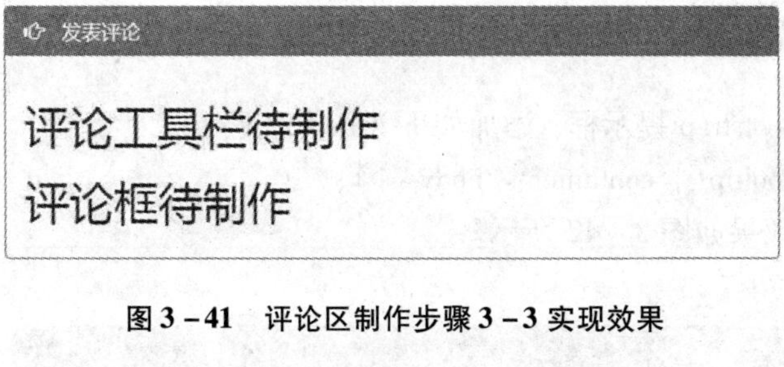

图 3 - 41　评论区制作步骤 3 - 3 实现效果

步骤 3 - 4. 使用 Bootstrap 按钮组和 Font Awesome 字体图标实现评论工具栏。

使用如下代码替换上述步骤 3 - 3 中的第 10 行代码：

```
1      < div class = "btn-toolbar" data-role = "editor-toolbar" data-target = "#editor" >
2         < div class = "btn-group" >
3            < a class = "btn btn-default" data-edit = "italic" title = "斜体" >
               < i class = "fa fa-italic" > </i > </a >
```

```
4        < a class = " btn btn-default" data-edit = " bold" title = " 粗体" >
         < i class = " fa fa-bold" > < /i > < /a >
5        < a class = " btn btn-default" data-edit = " strikethrough" title = " 删除线" >
         < i class = " fa fa-strikethrough" > < /i > < /a >
6        < a class = " btn btn-default" data-edit = " underline" title = " 下划线" >
         < i class = " fa fa-underline" > < /i > < /a >
7        < /div >
8        < div class = " btn-group" >
9        < a class = " btn btn-default" data-edit = " justifyleft" title = " 左对齐" >
         < i class = " fa fa-align-left" > < /i > < /a >
10       < a class = " btn btn-default" data-edit = " justifycenter" title = " 居中对齐" >
         < i class = " fa fa-align-center" > < /i > < /a >
11       < a class = " btn btn-default" data-edit = " justifyright" title = " 右对齐" >
         < i class = " fa fa-align-right" > < /i > < /a >
12       < a class = " btn btn-default" data-edit = " justifyfull" title = " 两端对齐" >
         < i class = " fa fa-align-justify" > < /i > < /a >
13       < /div >
14       < /div >
```

代码解析:

第 1 行代码应用 Bootstrap 样式 btn-toolbar 定义一个文本编辑工具栏,【data-role = " editor-toolbar" 】属性和值定义此工具栏为 bootstrap-wysiwyg 可视化编辑器工具栏,【data-target = " # editor" 】属性和值定义工具栏作用于哪个编辑器。

第 2 ~ 7 行代码应用 Bootstrap 样式 btn-group 定义一个按钮组容器,容器内有 4 个排版工具按钮,分别为斜体(第 3 行)、粗体(第 4 行)、删除线(第 5 行)、下划线(第 6 行)。按钮的定义格式一致,先使用 Bootstrap 样式 btn btn-default 定义按钮外观,其次使用【data-edit = " italic" 】属性和值定义其功能,再使用【title = " 斜体" 】属性和值定义提示文字,最后使用【< i class = " fa fa-italic" > < /i > 】代码定义 Font Awesome 字体图标。

第 8 ~ 13 行代码同样定义 4 个排版工具栏,分别为文字左对齐、右对齐、居中对齐、两端对齐。

如果希望使用 Bootstrap 提示框,添加如下 jQuery 代码:

$ (' a[title]') . tooltip({ container: ' body ' });

步骤 3 – 4 实现效果如图 3 – 42 所示。

图 3 – 42　评论区制作步骤 3 – 4 实现效果

步骤 3 – 5. 实现评论框。

使用如下代码替换上述步骤 3 – 3 中的第 11 行代码：

```
1      < div id = "editor" class = "form-control" > 请文明发表评论 </div >
2      < button class = "btn btn-primary" > 发表评论 </button >
```

上述第 1 行代码定义一个 ID 为"editor"的 < div > 标签容器，此容器即为评论输入框，注意容器 ID 的值必须与编辑工具栏的【data-target = "#editor"】的值一致。

第 2 行代码应用 Bootstrap 样式 btn btn-primary 定义一个按钮。

评论框定义完成后，用户还不能输入信息进行评论，必须添加如下 jQuery 代码：

$ ('#editor '). wysiwyg( );

步骤 3 – 5 实现效果如图 3 – 43 所示。

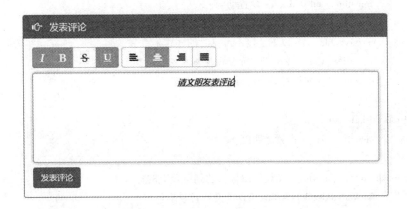

图 3 – 43　评论区制作步骤 3 – 5 实现效果

完成上述 3 个步骤，"内容评论制作"实例制作完毕，实例最终效果如图 3 – 38 所示。

3.3.10　回到顶部制作

1. 实例描述

如果新闻正文内容比较多，浏览器窗口会出现纵向滚动条，为方便用户在阅读新闻时能快速回到顶部导航条，大多数资讯网站都加入了回到顶部功能。本实例使用 HTML、CSS、jQuery 实现此功能。

2. 实现步骤

步骤 1. 使用 HTML 设置链接。

在实例文件(article. html)的 </body > 标签前添加如下代码：

```
< a href = "#0" class = "cd-top" > Top </a >
```

上述代码添加了一个回到顶部的链接。

步骤 2. 使用 CSS 设置链接样式。

为使回到顶部链接外观比较精致，使用如下 CSS 代码设置链接样式。

```
1      . cd-top |/* 设置链接样式 */
2              display：inline-block；/* 设置内联块对象 */
3              height：60px；/* 设置高度 */
```

```
4        width: 60px;/*设置宽度*/
5        position: fixed;/*设置*/
6        bottom: 40px;/*设置底部*/
7        right: 35px;/*设置右边*/
8        overflow: hidden;/*隐藏溢出*/
9        text-indent: 100%;/*设置缩进*/
10        white-space: nowrap;/*设置文本不会换行*/
11        background: #428BCA url(../img/news/cd-top-arrow.svg)no-repeat center 50%;
            /*设置背景图片*/
12        visibility: hidden;/*设置元素不可见*/
13        opacity: 0;/*设置透明度*/
14        transition: all 0.3s;/*设置动画*/
15    }
16    .cd-top .cd-is-visible {/*设置链接不可见时的样式*/
17        visibility: visible;/*设置元素可见*/
18        opacity: 1;/*设置透明度*/
19    }
20    .cd-top.cd-fade-out {
21        opacity: .8;/*设置透明度*/
22    }
23    .no-touch .cd-top: hover {/*设置鼠标移动到链接上的样式*/
24        background-color: #e86256;/*设置背景颜色*/
25        opacity: 1;/*设置透明度*/
26    }
```

步骤 3. 使用 jQuery 实现回到顶部功能。

回到顶部链接功能描述：在页面打开时链接处于隐藏状态，当用户向下滚动浏览器纵向滚动条时，链接以淡进淡入动画效果显示，用户点击链接回到页面顶部。实现代码如下：

```
1    jQuery(document). ready(function($){
2    var offset = 300,
3      offset_opacity = 1200,
4      scroll_top_duration = 700,
5       $ back_to_top = $('.cd-top');
6      $(window). scroll(function(){
7      ($(this). scrollTop() > offset)? $ back_to_top. addClass('cd-is-visible'):
         $ back_to_top. removeClass('cd-is-visible cd-fade-out');
8      if ($(this). scrollTop() > offset_opacity){
9         $ back_to_top. addClass('cd-fade-out');
10       }
11    });
12    $ back_to_top. on('click', function(event){
13    event. preventDefault();
14      $('body,html'). animate({
```

```
15          scrollTop: 0,
16        }, scroll_top_duration);
17      });
18    });
```

完成上述 3 个步骤,"回到顶部制作"实例制作完毕,实例最终效果如图 3-3 所示。

3.3.11　侧栏分享制作

1. 实例描述

用户在浏览网站内容时,发现感兴趣的内容,希望将内容分享到新浪微博、腾讯微博、QQ 空间、人人网等主流社交平台。本实例使用 HTML、CSS、jQuery 实现一个侧栏分享前端界面。

2. 实现步骤

步骤 1. 使用 HTML 设置"侧栏分享"结构。

在实例文件(article. html)的 </body> 标签前添加如下代码:

```
1     < div class = " scrollsidebar" id = " scrollsidebar" >
2       < div class = " side_content" >
3         < div class = " side_list" >
4           < div class = " side_title" > < a class = " close_btn" > < span > </span > </a >
5           </div >
6           < div class = " side_center" >
7             < div class = " custom_service" >
8               < p >
9                 < a href = " #" target = " _blank" >
10                    < img src = " img/news/qzone. gif" > < br / >
11                    < span > qq 空间 </span >
12                  </a >
13                  <! --复制第 9~12 行代码,添加一个新的分享平台-->
14                </p >
15              </div >
16            </div >
17            < div class = " side_bottom" > </div >
18          </div >
19        </div >
20        < div class = " show_btn" > </div >
21      </div >
```

上述第 1 行和第 21 行代码为分享面板区域,分享面板有两个状态,折叠和展开。

第 2~19 行代码为点击"分享"后展开的区域。

第 20 行代码为折叠面板区域。

步骤 2. 使用 CSS 设置链接样式。

为使侧栏分享面板外观比较精致,使用如下 CSS 代码设置其样式。

```
1     . scrollsidebar{ / * 侧栏分享面板最外层容器 */
```

```
2              position: absolute;/* 设置绝对定位 */
3              z-index: 999;/* 设置层叠顺序 */
4              top: 200px;/* 设置顶部 */
5          }
6      .side_content {/* 侧栏分享展开区域最外层容器 */
7              width: 154px;/* 设置宽度 */
8              height: auto;/* 设置高度 */
9              overflow: hidden;/* 隐藏溢出 */
10             float: left;/* 设置左浮动 */
11         }
12     .side_content .side_list {/* 侧栏分享展开区域列表容器 */
13             width: 154px;/* 设置宽度 */
14             overflow: hidden;/* 隐藏溢出 */
15         }
16     .side_title {/* 侧栏分享展开区域头部容器 */
17             height: 46px;/* 设置高度 */
18         }
19     .side_bottom {/* 侧栏分享展开区域底部容器 */
20             height: 8px;/* 设置高度 */
21         }
22     .side_center {/* 侧栏分享展开区域主体容器 */
23             padding: 5px 12px;/* 设置内边距 */
24             font-size: 12px;/* 设置字体大小 */
25         }
26     .close_btn {/* 侧栏分享展开区域头部关闭按钮 */
27             cursor: pointer;/* 设置指针为手形 */
28             float: right;/* 设置右浮动 */
29             display: block;/* 设置为块状元素 */
30             width: 21px;/* 设置宽度 */
31             height: 16px;/* 设置高度 */
32             margin: 16px 10px 0 0;/* 设置外边距 */
33         }
34     .custom_service p a {/* 侧栏分享展开区域列表内容,如 qq 空间 */
35             display: inline-block;/* 设置为内联块元素 */
36             vertical-align: middle;/* 设置垂直对齐 */
37             text-align: center;/* 设置文本居中对齐 */
38             width: 60px;/* 设置宽度 */
39             height: 60px;/* 设置高度 */
40         }
41     .show_btn {/* 侧栏分享展开未展开样式 */
42             width: 0px;/* 设置宽度 */
43             height: 112px;/* 设置高度 */
44             overflow: hidden;/* 隐藏溢出 */
```

```
45                   margin-top：50px;/* 设置上外边距 */
46                   float：left;/* 设置左浮动 */
47                   cursor：pointer;/* 设置指针为手形 */
48          }
49   .side_title,.side_bottom,.close_btn,.show_btn {
50                   background：url(../img/news/sidebar_bg.png)no-repeat;/* 设置背景图片 */
51          }
52   .side_title,.side_blue .side_title {
53                   background-position:-195px 0;/* 设置背景图片位置 */
54          }
55   .side_center,.side_blue .side_center {
56                   background：url(../img/news/blue_line.png)repeat-y center;/* 设置背景图片 */
57          }
58   .side_bottom,.side_blue .side_bottom {
59                   background-position:-195px-50px;/* 设置背景图片位置 */
60          }
61   .close_btn,.side_blue .close_btn {
62                   background-position:-44px 0;/* 设置背景图片位置 */
63          }
64   .close_btn：hover,.side_blue .close_btn：hover {
65                   background-position:-66px 0;/* 设置背景图片位置 */
66          }
67   .show_btn,.side_blue .show_btn {
68                   background-position:-119px 0;/* 设置背景图片位置 */
69          }
70   .msgserver a,.side_blue .msgserver a {
71                   color:#06C;/* 设置颜色 */
72          }
```

上述样式主要定义侧栏分享面板两种状态，一种是折叠(默认)，一种是展开。在定义背景图片时，采用一整张图片，使用 background-position 属性进行定位达到使用多张图片的效果。背景如图 3-44 所示。

图 3-44　侧栏分享背景图

步骤 3. 使用 jQuery 实现侧栏分享功能。

侧栏分享功能描述：在页面打开时侧栏分享面板处于折叠状态(只有"分享"提示文字

块），悬浮在浏览器窗口左侧边缘，并能跟随窗口浏览器滚动条一起滚动。用户点击"分享"文字，以动画形式展开分享面板，再次点击折叠面板。展开后的面板包含新浪微博、腾讯微博、QQ 空间等主流社交平台的链接，用户可将内容分享到这些平台上。实现代码如下：

```
1    $ (function( ) {
2      $ ( "#scrollsidebar" ) . fix( {
3        float：' left ',skin：' blue ',durationTime：600
4      } );
5    } );
6    (function( $ ) {
7      $ . fn. fix = function(options) {
8        var defaults = {float：' left ',minStatue：true,skin：' blue ',durationTime：1000}
9        var options = $ . extend( defaults , options);
10       this. each(function( ) {
11         //获取对象
12         var thisBox = $ (this),
13         closeBtn = thisBox. find('. close_btn '),
14         show_btn = thisBox. find('. show_btn '),
15         sideContent = thisBox. find('. side_content '),
16         sideList = thisBox. find('. side_list ');
17         var defaultTop = thisBox. offset( ). top; //对象的默认 top
18         thisBox. css( options. float, 0);
19         if ( options. minStatue) {
20           $ ( ". show_btn" ). css( "float" , options. float);
21           sideContent. css(' width ', 0);
22           show_btn. css(' width ', 25);
23         }
24         //皮肤控制
25         if ( options. skin) thisBox. addClass(' side_' + options. skin);
26         //核心 scroll 事件
27         $ ( window). bind( "scroll", function( ) {
28           var offsetTop = defaultTop + $ ( window). scrollTop( ) + "px";
29           thisBox. animate( {
30             top：offsetTop
31           },{
32             duration：options. durationTime,
33             queue：false //此动画将不进入动画队列
34           } );
35         } );
36         //close 事件
37         closeBtn. bind( "click", function( ) {
38           sideContent. animate( {
39             width：' 0px '
```

```
40              },"fast");
41          show_btn.stop(true, true).delay(300).animate({
42              width: '25px'
43          },"fast");
44      });
45      //show 事件
46      show_btn.click(function(){
47          $(this).animate({
48              width: '0px'
49          },"fast");
50          sideContent.stop(true, true).delay(200).animate({
51              width: '154px'
52          },"fast");
53      });
54      }); //end this.each
55  };
56  })(jQuery);
```

完成上述 3 个步骤,"侧栏分享制作"实例制作完毕,实例最终效果如图 3 - 45 所示。

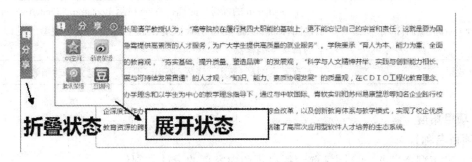

图 3 - 45　侧栏分享实现效果

完成 3.3.8 ~ 3.3.11 小节的 4 个任务,WCMS 项目前台内容页制作完毕,前台内容页实现效果如图 3 - 3 所示。

3.4　项目小结与拓展

1. 项目小结

本章应用 Bootstrap 前端框架技术,通过 11 个任务的制作与讲解,完成"吉首大学软件服务外包学院新闻资讯栏目页和新闻内容页"制作,最终实现效果如图 3 - 2 和图 3 - 3 所示,所用知识见表 3 - 6。

表 3 - 6 知识梳理

知 识 点	描 述
Bootstrap 栅格系统	实现响应式布局设计的关键
Bootstrap 导航、导航条组件	具有下拉菜单和响应式设计的组件,可固定在页面顶部或底部
Bootstrap 基础排版	对传统 HTML 标题签、页面主题、强调文本、缩略语、列表、代码、表格等标签进行优化
Bootstrap 面板组件	具有头部、主体、尾部组合,带有多种语境色彩样式的组件
Bootstrap 模态弹窗插件	一种覆盖在父窗体上的子窗体插件,提高用户体验
Bootstrap 媒体对象组件	一种构建图文混排的组件
Bootstrap 表单与表单控件	表单提供了丰富的样式(基础、内联、横向)。结合各种各样的表单控件,利用各种表单控件不同的状态、大小、分组,可以组合出界面美观,风格统一的表单
Bootstrap 折叠插件	一种单击一个触发元素时,在另一个可折叠区域进行显示/隐藏,再次单击时可以反转显示状态的面板容器
Font Awesome 字体图标	常用的 Bootstrap 扩展插件,是一款强大的 icon 图标集,提供 479 个图标,图标可任意放大、旋转,提升网页视觉效果
bootstrap-wysiwyg 插件	一个 Bootstrap 的插件,此插件充分利用 Bootstrap、Font Awesome 字体图标,可以将一个 < div > 闭合标签转变成一个微型所见即所得的富文本编辑器
jQuery 效果	实现元素隐藏/显示,淡入/淡出,滑动,自定义等动画效果

2. 项目拓展

【项目名称】

信息发布型企事业单位网站前台栏目页和内容页的设计与制作。

【项目内容】

(1)根据需求方反馈要求,在第 2 章项目拓展任务的基础上,进一步完善网站需要的功能,优化网站建设方案。

(2)根据网站建设方案,使用 Bootstrap 前端框架进行网站栏目页和内容页的快速开发。

(3)学习 Semantic UI 前端框架知识,使用 Semantic UI 前端框架进行网站栏目页和内容页的快速开发。

【项目要求】

(1)提交改进版网站建设方案(含栏目规划)。

(2)提交网站栏目页和内容布局结构图。

(3)完成响应式设计网站栏目页开发(两个版本 Bootstrap 和 Semantic UI)。在实训案例的基础上扩展以下功能:

①内容列表增加视频链接列表。

②栏目页分页组件采用 Ajax 组件。

③精彩评论采用 Ajax 异步更新。

（4）完成响应式设计网站内容页开发（两个版本 Bootstrap 和 Semantic UI）。在实训案例的基础上扩展以下功能：

①正文区域可播放视频。

②用户评论列表采用 Ajax 异步更新。

③用户评论框工具栏增加字体、字号、上传图片等工具。

第 4 章

WCMS 项目后台管理页设计与开发

4.1　项目描述

　　根据本书第 1 章中进行的网站内容管理系统(WCMS)的需求分析,后台管理的具体功能包括栏目管理、用户管理、文章管理、评论管理、文件管理、网站统计等,需要实现的功能前端页如图 4-1 所示。

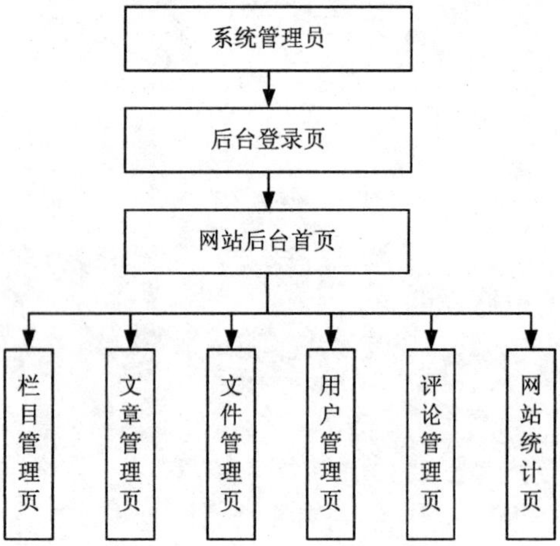

　　本项目以通用网站内容管理系统为例,讲解应用 EasyUI 框架实现后台登录、后台首页、栏目管理、文章管理、文件管理、网站统计等静态页面的制作过程。每个管理页前端界面的具体要求见 4.3 项目实施。

图 4-1　WCMS 项目后台管理页

4.2　项目目标

　　WCMS 项目后台管理页设计与开发的主要目标是采用 EasyUI 框架实现上述后台管理静态页的制作。通过 WCMS 项目后台管理页设计与开发达到如下目标:

　　(1)使用 EasyUI 框架实现 WCMS 各功能页的布局。

　　(2)使用 EasyUI 框架的树形菜单、折叠面板等组件实现后台首页的导航功能。

　　(3)使用 EasyUI 框架的常用组件实现后台管理表单功能。

　　(4)使用 EasyUI 框架的窗口、对话框、消息、工具提示等组件实现后台管理提示信息功能。

　　(5)使用 amCharts 实现数据统计功能。

　　(6)使用 Bootstrap 框架实现用户登录界面。

　　(7)基于 Json 数据格式实现网站前台与后台间的数据交换功能。

　　(8)使用 UEditor 在线 HTML 编辑器实现文章添加和修改功能。

4.3　项目实施

4.3.1　后台登录页制作

1. 实例描述

为了确保后台管理的安全性，用户首先需要进行后台登录，登录成功后才能进入后台进行网站管理。本实例讲解应用 Bootstrap 框架的栅格系统、面板组件、表单组件、输入框组件、Glyphicons 字体图标、按钮组件、JavaScript 表单验证实现管理员后台登录静态页的制作过程，实现效果如图 4-2 所示。

图 4 - 2　后台登录页实现效果

2. 实现步骤

步骤 1. 新建网页文件，引入 Bootstrap 前端框架。

在实训项目根目录下的 admin 目录下新建网页，实例文件名（login. html）。引入 Bootstrap 前端框架必要文件，引入文件代码如下：

```
1    < link rel = "stylesheet" href = ".. /css/bootstrap. min. css" >
2    < script src = ".. /js/jquery. min. js" > </script >
3    < script src = ".. /js/bootstrap. min. js" > </script >
```

注意引入文件的路径问题。

步骤 2. 使用 Bootstrap 栅格系统和面板组件实现后台登录页布局。

在实例文件的 < body > 标签对中添加如下代码：

```
1        < div class = " container" >
2          < div class = " col-sm-8 col-sm-offset-2" >
3            < div class = " panel panel-primary" >
4              < div class = " panel-heading" >
5                < h2 class = " panel-title" >
6                  < span class = " glyphicon glyphicon-hand-right" > < /span >
7                    网站后台登录
8                < /h2 >
9              < /div >
10             < form id = " frmLogin" >
11               < div class = " panel-body" >
12                 < h1 >管理员登录表单待制作... < /h1 >
13               < /div >
14             < /form >
15           < /div >
16        < /div >
```

代码解析：

第1行和第9行代码使用 Bootstrap 样式 container 定义一个居中的容器。

第2行和第15行代码使用 Bootstrap 样式 col-sm-8 col-sm-offset-2 定义一个响应式栅格列，列总宽度为窗口的8/12，并偏移两列。

第3行和第14行代码使用 Bootstrap 样式 panel panel-primary 定义一个面板容器。

第4～9行代码使用 Bootstrap 样式 panel-heading 定义面板的头部；头部包含标题文字（第7行）和一个 glyphicon 字体图标（第6行）。

第10～14行代码定义待制作的管理员登录表单。

上述代码实现效果如图4-3所示。

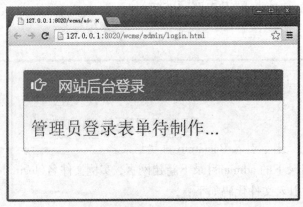

图4-3   后台登录页制作——步骤2实现效果

步骤3. 使用 Bootstrap 输入框组和按钮组件实现登录表单。

登录表单包含用户名输入框、密码输入框、验证码输入框、动态生成验证码标签等，用如下代码替换步骤2中第12行代码。

```
1      < div class = " input-group " >
2        < span class = " input-group-addon " >
3          < i class = " glyphicon glyphicon-user " > 用户名 </ i >
4        </ span >
5        < input id = " txtUser" type = " text" class = " form-control " placeholder = " " / >
6      </ div >
7      < div class = " input-group " >
8        < span class = " input-group-addon " >
9          < i class = " glyphicon glyphicon-lock " > 密  码 </ i >
10       </ span >
11       < input id = " txtPwd" type = " password" class = " form-control " placeholder = " " / >
12     </ div >
13     < div class = " input-group " >
14       < span class = " input-group-addon " >
15         < i class = " glyphicon glyphicon-eye-open " > 验证码 </ i >
16       </ span >
17       < input id = " txtCode" type = " text" class = " form-control " placeholder = " " / >
18     </ div >
19     < div class = " input-group " >
20         验证码：< label id = " codeE" > </ label > 
21         < a id = " aChangeCode" href = " javascript：viod(0)" >换一张 </ a >
22     </ div >
23     < input type = " submit" class = " btn btn-primary pull-right" value = " 用户登录" / >
```

代码解析：

第 1～6 行代码定义用户名标签与输入框。Bootstrap 样式 input-group 定义一个输入框组容器，input-group-addon 定义用户名标签容器，用户名标签的内容为 glyphicon 字体图标和文字，第 5 行代码使用 Bootstrap 样式 form-control 定义一个 ID 值为 txtUser 的单行文本输入框。

第 7～12 行代码定义密码标签与输入框。密码标签的定义与用户名标签定义相似。第 11 行代码定义一个 ID 值为 txtPwd 的密码输入框。

第 13～18 行代码定义验证码标签与输入框。验证码标签的定义与用户名标签定义相似。第 17 行代码定义一个 ID 值为 txtCode 的单行文本输入框。

第 19～20 行定义动态生成验证码标签与"换一张"链接。

注意每一个输入框的 ID，在下个步骤中将用到这些 ID 值。为了使界面排版更美观，使用如下 CSS 代码进行外观设置：

```
1      #frmLogin . input-group｛ / ∗ 设置每个输入框组之间的垂直距离 ∗ /
2          margin-bottom：40px；
3      ｝
4      #frmLogin div｛ / ∗ 设置表单文字的样式 ∗ /
5          font-family：" microsoft yahei" ；
6          font-weight：bold；
7      ｝
```

```
8     #frmLogin #codeE{  /＊ 设置动态生成验证码标签的样式 ＊/
9       font-size：20px；
10      border：1px dashed #999999；
11      display：inline-block；
12      padding：5px；
13    }
```

步骤 3 实现效果如图 4 - 4 所示。

图 4 - 4　后台登录页制作——步骤 3 实现效果

步骤 4. 使用 JavaScript 实现表单验证与验证码随机生成。

在步骤 3 中，验证码只定义了结构与外观，随机生成验证码的功能并没有实现，使用如下 JavaScript 代码实现随机产生 5 位数字或字母组合的验证码。

```
1     function createCode( ){
2       var code ＝""；
3       var codeLength ＝ 5；
4       var codeChars ＝ new Array(0, 1, 2, 3, 4, 5, 6, 7, 8, 9,'a', 'b', 'c', 'd', 'e', 'f', 'g', '
        h', 'i', 'j', 'k', 'l', 'm', 'n', 'o', 'p', 'q', 'r', 's', 't', 'u', 'v', 'w', 'x', 'y', '
        z','A', 'B', 'C', 'D', 'E', 'F', 'G', 'H', 'I', 'J', 'K', 'L', 'M', 'N', 'O', 'P', '
        Q', 'R', 'S', 'T', 'U', 'V', 'W', 'X', 'Y', 'Z');
5       for ( var i ＝ 0；i ＜ codeLength；i＋＋){
```

```
6          var charNum = Math. floor( Math. random( ) * 52);
7          code + = codeChars [ charNum ];
8      }
9      return code;
10     }
```

代码解析:

第 1 行代码定义一个 JS 自定义函数 createCodel。

第 2 行和第 3 行代码定义两个变量, code 变量存放随机产生的验证码(数字或字母),
codeLength 存放验证码的长度, 实例中定义长度为 5, 可根据实际需要进行更改。

第 4 行代码定义验证码可能值的数组, 实例验证可能值为数字和大小写英文字母。

第 5~7 行代码使用循环产生 5 位随机验证码。

第 9 行返回随机产生的验证码字符串。

接下来将产生的验证码字符串赋值给步骤 3 中定义的验证码标签(ID 值为 codeE), JS 代
码如下:

```
$ (function( ){
$ ('#codeE '). text( createCode); //页面加载完全后, 动态生成验证码标签内容
$ ('#aChangeCode '). click(function( ){ //点击"换一张"链接, 动态生成验证码标签内容
$ ('#codeE '). text( createCode);
});
});
```

接下来实现后台登录页的表单验证, 此表单验证比较简易, 主要是判断用户名和密码是
否为空, 验证码是否正确, 使用如下 JS 代码定义两个函数, 一个判断输入框是否为空, 一个
判断验证是否正确。

```
1    /**
2     * 判断输入框是否为空函数
3     * @ param {Object} val 输入框 ID 值
4     * @ param {Object} tip 输入框为空的提示信息
5     */
6    function checkNull( val, tip){
7      var uName = $ ( val). val( );
8      if ( uName. length = = 0){
9    //如果输入框为空, 使用 Bootstrap 提示框组件显示相应提示信息
10         $ ( val). tooltip({ title: tip, placement: ' auto '});
11         $ ( val). tooltip(' show ');
12         return false;
13     } else { //如果输入框不为空, 设置 Bootstrap 提示框组件提示信息为''空字符串
14         $ ( val). tooltip({ title: '', placement: ' auto '});
15         return false;
16     }
17   }
18   /**
19    * 判断验证码输入框输入值与动态生成验证码标签内容是否一致
```

```
20      */
21      function matchCode( ) {
22        var buildCode = $ ('#codeE '). text( ) ; //动态生成验证码标签内容
23        var inputCode = $ ('#txtCode '). val( ) ; //验证码输入框输入值
24        if( buildCode！ = inputCode) {
25     //如果验证码不一致,使用 Bootstrap 提示框组件显示相应提示信息
26          $ ('#txtCode '). tooltip( {title: '验证码输入不正确',placement：' auto '} ) ;
27          $ ('#txtCode '). tooltip(' show ') ;
28          return false;
29        }
30        else{
31          $ ('#txtCode '). tooltip( {title：'',placement：' auto '} ) ;
32          return true;
33        }
34      }
```

定义好表单验证函数后,接下来调用验证函数,实现表单验证,js 代码如下:

```
1      $ (function( ) {
2        $ ('#frmLogin '). submit(function( ) {/ *  点击用户登录按钮进行表单验证 */
3          checkNull('#txtUser ','用户名不能为空！') ;
4          checkNull('#txtPwd ','密码不能为空！') ;
5          matchCode( ) ;
6        } ) ;
7        $ ('#txtUser '). blur(function( ) {/ *  焦点离开用户名输入框验证用户名是否为空 */
8          checkNull('#txtUser ','用户名不能为空！') ;
9        } ) ;
10       $ ('#txtPwd '). blur(function( ) {/ *  焦点离开密码框输入框验证密码是否为空 */
11         checkNull('#txtPwd ','密码不能为空！') ;
12       } ) ;
13       $ ('#txtCode '). blur(matchCode) ;/ *  焦点离开验证码输入框检查验证码是否一致 */
14     } )
```

完成上述 4 个步骤,"后台登录页"实例制作完毕,实例最终效果如图 4 - 2 所示。

4.3.2 网站后台首页制作

1. 实例描述

网站后台首页是网站管理员登录成功后进入的第一个页面,主要为网站管理员提供便捷的网站管理功能导航。本实例采用 EasyUI 框架的布局、树形菜单、折叠面板、标签页等组件实现效果如图 4 - 5 所示的网站后台首页。

图 4 – 5　网站后台首页效果

2. 实现步骤

在实训项目根目录下的 admin 目录下新建网页,实例文件名(adminIndex. html)。注意引入 EasyUI 框架必要文件(详见附录 6)。

步骤 1. 采用 EasyUI 布局(layout)组件进行后台首页布局。

本后台首页布局为全局布局(即大小与浏览器窗口大小一致),设计分上下两行,上面行放置 logo 与顶部快捷导航,下面行分两列,左边列放置网站功能菜单,右边列为主操作区域。布局结构如图 4 – 6 所示。

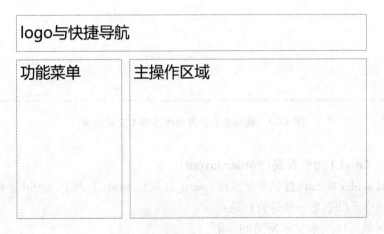

图 4 – 6　网站后台首页布局结构

实现代码如下：

```
1    < body class = "easyui-layout" id = "divLayout" >
2        < div data-options = "region：'north'" id = "divTop" >
3            放置网站 Logo 与快捷导航栏
4        </div >
5        < div data-options = "region：'west',split：true" title = "导航菜单"
         style = "width：270px;" >
6            放置网站功能菜单
7        </div >
8        < div data-options = "region：'center',border：false" >
9            主操作区域
10       </div >
11   </body >
```

上述代码实现效果如图 4 - 7 所示。

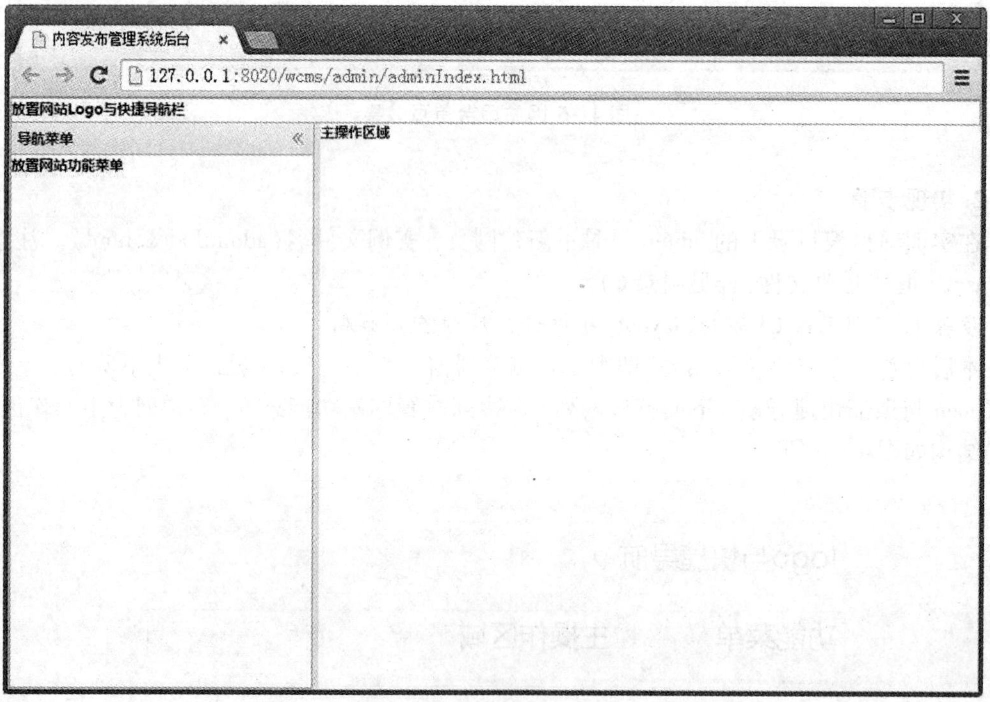

图 4 - 7　网站后台首页制作步骤 1 实现效果

知识要点：EasyUI 边框布局（border layout）

边框布局（border layout）提供 5 个区域：east（右东）、west（左西）、north（上南）、south（下北）和 center（中）。以下是一些通常用法：

① north 区域可以用来显示网站的标语。

② south 区域可以用来显示版权以及一些说明。

③ west 区域可以用来显示导航菜单。

④ east 区域可以用来显示一些推广的项目。

⑤ center 区域可以用来显示主要的内容。

包含 5 个区域的边框布局示例代码如下：

```
1    < div class = "easyui-layout" style = "width：700px；height：450px；" >
2        < div rcgion = "north" title = "North" iconCls = "icon-ok" style = "height：70px" > </div >
3        < div region = "south" split = "true" style = "height：70px；"title = "South" > </div >
4        < div region = "east" split = "true" title = "East" style = "width：100px；" > </div >
5        < div region = "center" split = "true" title = "Center" style = "width：100px；" > </div >
6        < div region = "west" split = "true" title = "West" style = "width：100px；" > </div >
7    </div >
```

上述示例代码效果如图 4 – 8 所示。

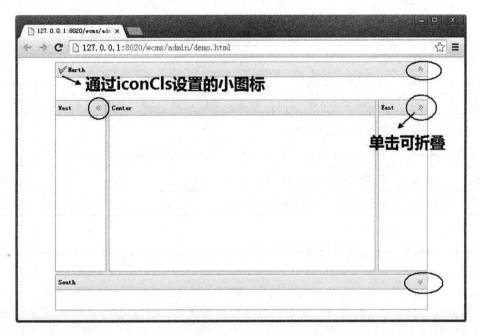

图 4 – 8　包含 5 个区域的边框布局效果

上述示例代码第 1 行，EasyUI 通过在 < div > 元素上应用样式. easyui-layout 设置边框布局容器，此容器须设置宽度和高度，通过【style = "width：700px；height：450px；"】属性和值设置宽度为 700 像素，高度为 450 像素。如果希望为全局布局（即容器大小与窗口大小一致），可将. easyui-layout 样式应用在 < body > 元素上，如 < body class = "easyui-layout" > … </body > 。

第 2 ~ 6 行代码，EasyUI 通过在 < div > 元素上应用【region = "north"】属性和值来设置边框布局区域面板。通过不同的值分别设置边框布局中的 east（右东）、west（左西）、north（上南）、south（下北）和 center（中）区域面板。其中 north 和 south 区域须指定高度，east 和 west 区域须指定宽度，center 区域高度和宽度自动计算（边框布局容器的宽度和高度减去其他 4 个区域的宽度和高度）。

第 2 行代码，通过在 < div > 元素上应用【iconCls = "icon-ok"】属性和值来设置面板小图标。EasyUI 内置了30个常用小图标，通过icon. css 文件设置CSS样式，部分小图标样式代码如下：

```
. icon-blank{
background：url(' icons/blank. gif ')no-repeat center center;
}
. icon-add{
background：url(' icons/edit_add. png ')no-repeat center center;
}
```

我们可以通过修改 icon. css 文件，扩展小图标的数量，提升网站品质。

通过设置区域面板属性，可以设置标题、小图标、区域、分隔条、边框显示等，详细区域面板属性见表4-1。

表4-1　边框布局区域面板属性

名称	类型	描　述	默认值
title	string	定义面板的标题	null
region	string	定义面板的位置（方向），值为：north、south、east、west、center	—
border	boolean	是否显示面板的边框	true
split	boolean	是否显示分隔条，用户可以拖动分隔条来改变布局面板的尺寸	false
iconCls	string	定义面板头部图标的 css 类	null
href	string	定义远程站点载入数据的超链接	null

表4-1 中的每一个属性可以直接应用在 < div > 元素，也可以写在 data-options 属性中，示例代码如下：

```
< divdata-options = "region：' north ', title：'导航菜单',    split：' true '" >…</ div >
```

区域面板也提供了一些方法，用来动态改变面板大小，面板折叠/延伸的状态。详细区域面板方法见表4-2。

表4-2　边框布局区域面板方法

名称	参数	描　述	默认值
resize	none	设置布局面板的尺寸大小	
panel	region	返回特定的布局面板，region 参数的可取值为：north、south、east、west、center	
collapse	region	折叠特定的布局面板，region 参数的可取值为：north、south、east、west、center	
expand	region	延伸特定的布局面板，region 参数的可取值为：north、south、east、west、center	

让"west"区域面板折叠, 示例代码如下:

```
< script >
    $ ( function( ) {
        $ ( '# divLayout) . layout( ' collapse ', ' west ') ; // divLayout 为边框布局容器容器 ID
    } )
</ script >
```

注意: EasyUI 边框布局(border layout)允许嵌套使用, 即在一个区域面板中示例代码如下:

```
1     < div class = " easyui-layout" style = " width: 700px;height: 450px;" id = "cc" >
2         < div region = " north" title = " North" style = " height: 80px;" > </ div >
3         < div region = " west" title = " West" style = " width: 100px;" > </ div >
4         < div region = " center" title = " Center" >
5             < div class = " easyui-layout" style = " width: 500px;height: 250px;" >
6                 < div region = " north" title = " 嵌套 North" style = " height: 80px;" > </ div >
7                 < div region = " west" title = " 嵌套 West" style = " width: 100px;" > </ div >
8                 < div region = " center" title = " 嵌套 Center" > </ div >
9             </ div >
10        </ div >
11    </ div >
```

上述示例代码效果如图 4 - 9 所示。

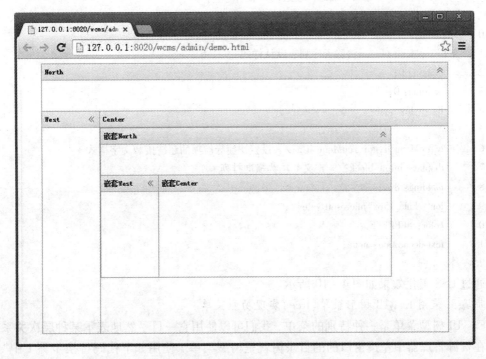

图 4 - 9　嵌套边框布局效果

步骤 2. 制作顶部与快捷导航。

使用如下代码替换步骤 1 中" 网站后台首页布局结构"示例代码中的第 3 行代码。

```
1    < img src = " img/logoAdmin. png" alt = " . . . "        / >
2    < div id = " divTopMenu" >
3      < ul >
4        < li >欢迎您！ admin【超级管理员】 </li >
5        < li > < a href = "#" >前台首页 </a > </li >
6        < li > < a href = "#" >修改密码 </a > </li >
7        < li > < a href = "#" >退出管理 </a > </li >
8      </ul >
9    </div >
```

上述代码第 1 行定义 logo 图片，第 2 ~ 9 行代码定义快捷导航。使用如下 CSS 样式代码美化效果。

```
1    #divTop{ / * 选择器为 region = ' north '容器的 id * /
2        position：relative; / * 定义容器定位方式为相对定位 * /
3        height：80px; / * 定义容器高度 * /
4        background：url( img/topbg. jpg); / * 定义容器背景图像 * /
5    }
6    #divTop #divTopMenu{ / * 选择器为快捷导航容器 * /
7        position：absolute; / * 定义容器定位方式为绝对定位 * /
8        left：350px; / * 定义容器距离左边的位置 * /
9        top：20px; / * 定义容器距离上边的位置 * /
10   }
11   #divTopMenu ul{ / * 清除无序列表默认样式 * /
12       margin：0;
13       padding：0;
14       list-style：none;
15   }
16   #divTopMenu li,#divTopMenu li a{ / * 设置快捷导航项的超链接和文字样式 * /
17       display：inline-block; / * 定义 li 项为横向排列 * /
18       padding：8px;
19       font：bold 15px" microsoft yahei" ;
20       color：#FFFFFF;
21       text-decoration：none;
22   }
```

通过 CSS 美化效果如图 4 - 10 所示。

步骤 3. 采用 EasyUI 树形菜单(tree) 实现功能菜单。

EasyUI 树型菜单是一种特别的菜单，我们可以使用它一目了然地表示某种层次关系。譬如像在资源管理器中左边窗口的的目录树就是树型菜单。使用如下代码替换步骤 1 中" 网站后台首页布局结构"示例代码第 6 行代码。

```
1    < ul class = " easyui-tree" >
2        < li > < span >常用功能 </span >
```

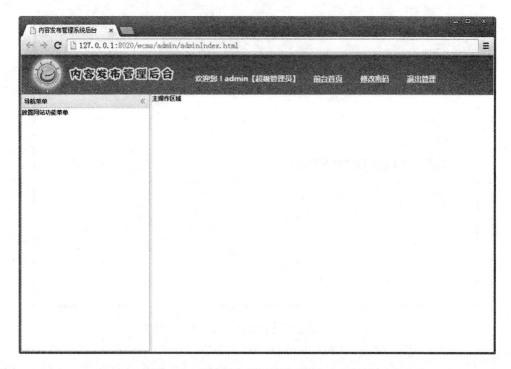

图 4 – 10　网站后台首页制作步骤 2 实现效果

```
3              < ul >
4                < li > < span > < a href = "#" > 栏目管理 </a> </span> </li>
5                < li > < span > < a href = "#" > 文章管理 </a> </span> </li>
6                < li > < span > < a href = "#" > 文件管理 </a> </span> </li>
7                < li > < span > < a href = "#" > 用户管理 </a> </span> </li>
8                < li > < span > < a href = "#" > 评论管理 </a> </span> </li>
9                < li > < span > < a href = "#" > 模板管理 </a> </span> </li>
10             </ul>
11          </li>
12       < li > < span > 系统工具 </span>
13          < ul >
14            < li > < span > < a href = "#" > 网站设置 </a> </span> </li>
15            < li > < span > < a href = "#" > 查看日志 </a> </span> </li>
16            < li > < span > < a href = "#" > 数据备份 </a> </span> </li>
17          </ul>
18       </li>
19     </ul>
```

　　EasyUI 树形菜单在 < ul > 元素上应用样式. easyui-tree 来定义，通过 < li > 元素定义叶子节点，通过 < ul > 嵌套实现层级，上述代码只实现两级树，实现效果如图 4 – 11 所示。

　　知识要点：EasyUI 树形菜单通过 json 文件动态加载内容

　　首先创建树形菜单容器，代码如下：

< ul class = "easyui-tree" data-options = "url：' tree_data. json '，method：' get '" > </ul>

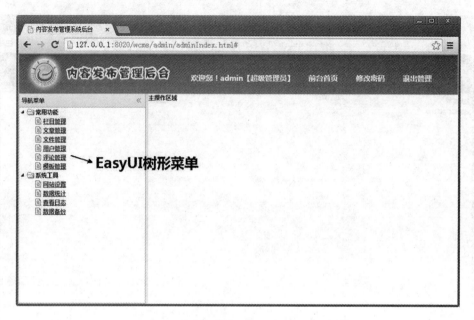

图 4 – 11   网站后台首页制作步骤 3 实现效果

【data-options = "url：' tree_data. json '，method：' get '"】属性和值设置 json 文件源和加载方式。更多属性参见表 4 – 3。

表 4 – 3   EasyUI 树形菜单容器属性

名称	类型	描　　述	默认值
url	string	定义载入远程数据的超链接地址	null
method	string	定义获取数据的 HTTP 方法	post
animate	boolean	定义当节点打开或关闭时是否显示动画效果	false
checkbox	boolean	定义是否在每个节点之前显示复选框	false
cascadeCheck	boolean	定义是否支持级联选择	true
onlyLeafCheck	boolean	定义是否只在叶子节点之前显示复选框	false
dnd	boolean	定义是否支持拖放	false
data	array	定义将被载入节点的数据	null
lines	boolean	定义节点之间是否有连线	false

其次新建 tree_data. json。JSON（JavaScript Object Notation）是一种轻量级的数据交换格式，具有易于阅读和编写、同时也易于机器解析和生成（网络传输速度快）的特点。JSON 的语法规则：数据在名称/值对中；数据由逗号分隔；花括号保存对象；方括号保存数组。tree_data. json 文件数据格式如下：

```
1    [{
2        "id": 1,
```

```
3        "text":"一级菜单1",
4        "iconCls":"icon-add",
5        "children":
6        [{
7          "id":11,
8          "text":"二级菜单11"
9        },{
10         "id":12,
11         "text":"二级菜单12"
12       }]},{
13       "id":2,
14       "text":"一级菜单2",
15       "iconCls":"icon-add"
16     }]
```

其中每个节点都拥有以下属性：

① id：节点 id，对载入远程数据很重要。

② text：显示在节点的文本。

③ state：节点状态，' open ' or ' closed '，默认为' open '。当设置为' closed '时，拥有子节点的节点将会从远程站点载入它们。

④ checked：表明节点是否被选择。

⑤ attributes：可以为节点添加的自定义属性。

⑥ children：子节点，必须用数组定义。

⑦ iconCls：设置节点图标。

知识要点：EasyUI 折叠面板导航制作

折叠面板导航是网页中常见的功能，折叠面板包含一系列的子面板。所有子面板的头部都是可见的，且一次只显示一个子面板的主体内容。当用户点击某个子面板的头部时，将显示该子面板的主体内容，同时其他子面板的主体内容将隐藏。示例代码如下：

```
1    < div class = "easyui-panel" title = "常用功能" collapsible = "true"
     style = "width：240px；height：auto；padding：10px；" >
2      < ul >
3        < li > < span > < a href = "#" >栏目管理 </a > </span > </li >
4        < li > < span > < a href = "#" > 文章管理 </a > </span > </li >
5        <! --通过添加 li 增加导航-->
6      </ul >
7    </div >
8    <! --复制代码 1 ~7 行增加一个折叠面板-->
```

通过在 < div > 元素上应用样式. easyui-panel，定义一个 EasyUI 面板，通过设置【collapsible = "true"】属性和值，使得面板可折叠。折叠面板效果如图 4 – 12 所示。

步骤 4. 制作主操作区域选项卡。

选项卡与我们平时使用的 Windows 操作系统里的选项卡设置一样，单击一个选项，下面就显示对应的选项卡面板。EasyUI 通过 tabs 显示一个 panel 的集合，每一次仅显示一个 tab

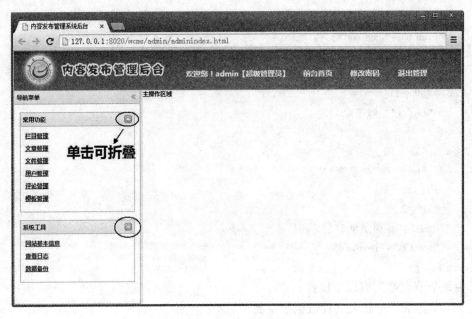

图 4 – 12　折叠面板导航效果

panel，所有 tab panel 都有标题和一些小的工具按钮，包含 close 按钮和其他自定义按钮。使用如下代码替换步骤 1 中"网站后台首页布局结构"示例代码中的第 9 行代码：

```
1    < div id = "main" class = "easyui-tabs" style = "width：100%；height：30px；"
     data-options = "fit ：true" >
2        < div title = "后台管理首页" iconCls = "icon-page_white_text" >
3            < iframe scrolling = "auto" frameborder = "0"        src = "welcome. html"
            style = "width：100%；"onload = "adaptiveHeight（this）" > </iframe >
4        </ div >
5    </ div >
```

上述代码通过在 < div > 元素上应用样式. easyui-tabs 定义 EasyUI 选项卡容器（tab），通过设置【data-options = "fit ：true"】属性和值，使得该容器的高度和宽度与父容器一致。通过闭合的 < div > 标签设置选项卡面板容器，通过浮动框架（iframe）加载独立网页内容，"welcome. html"通过 Bootstrap 前端框架制作，不再叙述。上述代码实现效果如图 4 – 13 所示。

　　知识要点：EasyUI 选项卡

　　EasyUI 选项卡由两部分组成，选项卡容器（只需要 < div > 标签引用' easyui-panel '类），选项卡面板（可以使用闭合的 < div > 标签对创建，使用方法跟创建控制面板一样）。示例代码如下：

```
1    < div id = "tt" class = "easyui-tabs" style = "width：500px；height：250px；" >
2        < div title = "Tab1" style = "padding：20px" >
3            tab1
4        </ div >
5        < div title = "Tab2" closable = "true" style = "overflow：auto；padding：20px；" >
6            tab2
```

图 4 – 13　网站后台首页制作步骤 4 实现效果

7　　　　　</ div >
8　　　　　< div title = " Tab3" iconCls = " icon-reload" closable = " true" style = " padding：20px；" >
9　　　　　　　　tab3
10　　　　　</ div >
11　　　</ div >

上述示例代码运行效果如图 4 – 14 所示。

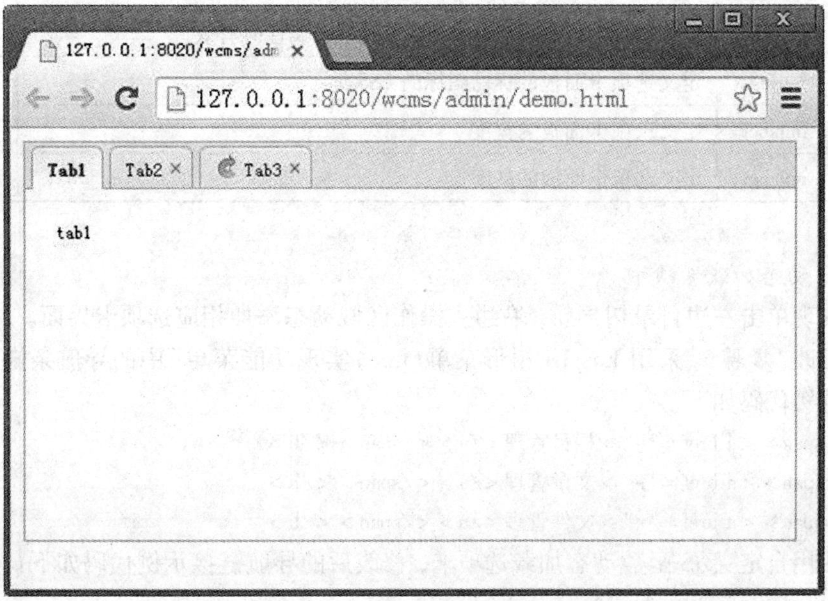

图 4 – 14　EasyUI 选项卡多面板效果

EasyUI 选项卡容器(应用样式. easyui-tabs 的 div)详细属性见表 4 –4。

表 4 –4　EasyUI 选项卡容器属性

名称	类型	描　　述	默认值
width	number	定义选项卡所在容器(控制面板)的宽度	auto
height	number	定义选项卡所在容器(控制面板)的高度	auto
plain	boolean	定义是否显示容器(控制面板)的背景	false
fit	boolean	定义选项卡的大小是否与浏览器窗口大小一致	false
border	boolean	定义是否显示选项卡所在容器(控制面板)的边框	true
scrollIncrement	number	定义选项卡滚动条每次滚动的像素值	100
scrollDuration	number	定义每次滚动持续的时间,单位为毫秒	400
tools	array	定义选项卡所在容器(控制面板)的工具栏	null

EasyUI 选项卡面板详细属性参见表 4 –5。

表 4 –5　EasyUI 选项卡面板属性

名称	类型	描　　述	默认值
title	string	定义选项卡面板的标题	—
content	string	定义选项卡面板的内容	—
href	string	定义选项卡面板载入远程数据的超链接地址	null
cache	boolean	远程载入数据是否缓存,仅当设置 href 属性时有效	true
iconCls	string	定义选项卡面板的标题图标的 CSS 类	null
width	number	定义选项卡面板的宽度	auto
height	number	定义选项卡面板的高度	auto

步骤 5. 动态加载选项卡。

主要实现单击左边目录树导航,右边主操作区域动态添加相应选项卡界面。

首先修改"步骤 3. 采用 EasyUI 树形菜单(tree)实现功能菜单"中的导航条链接,步骤 3 部分导航链接代码如下:

```
<li > <span > <a href = "#" >栏目管理 </a > </span > </li >
<li > <span > <a href = "#" >文章管理 </a > </span > </li >
<li > <span > <a href = "#" >文件管理 </a > </span > </li >
```

通过使用自定义 JS 函数动态加载选项卡,修改后的导航链接示例代码如下:

```
1      < ul class = "easyui-tree" >
2          <li > <span >常用功能 </span >
3              < ul >
```

```
4      < li > < span > < a href = "#" onclick = "addTab('栏目管理', 'tabManage. html ')" >
       栏目管理 </a > </span > </li >
5      < li > < span > < a href = "#" onclick = "addTab('文章管理', 'articleManage. html ')" >
       文章管理 </a > </span > </li >
6      < li > < span > < a href = "#" onclick = "addTab('文件管理', 'fileManage. html ')" >
       文件管理 </a > </span > </li >
7      < li > < span > < a href = "#" onclick = "addTab('用户管理', 'userManage. html ')" >
       用户管理 </a > </span > </li >
8      < li > < span > < a href = "#" onclick = "addTab('评论管理', 'tabManage. html ')" >
       评论管理 </a > </span > </li >
9      < li > < span > < a href = "#" onclick = "addTab('模板管理', 'tabManage. html ')" >
       模板管理 </a > </span > </li >
10         </ul >
11      </li >
12    </ul >
```

点击上述"栏目管理"链接，会在右边主操作区域动态添加标题为"栏目管理"的选项卡，选项卡面板内容由"tabManage. html"独立文件内容决定。

其次定义 addTab( )函数，代码如下：

```
1    < script >
2    function addTab( title, url) {
3      if ( $ ('#main ') . tabs('exists ', title)) {
4        $ ('#main ') . tabs('select ', title);
5      } else {
6        var content = ' < iframe scrolling = "auto" frameborder = "0"    src = "' + url
         + '" style = "width: 100% ;"    onload = "adaptiveHeight (this)" > </iframe >';
7        $ ('#main ') . tabs('add ', {
8          title: title,
9          content: content,
10          closable: true,
11          iconCls:"icon-page_white_text"
12        });
13      }
14    }
15    </script >
```

代码解析：

其中['#main ']必须与步骤4中的主操作区域选项卡容器的 ID 值一致。

第2行代码定义动态加载选项卡函数 addTab，参数 title 为选项卡标题，参数 url 为选项卡内容(独立网页)。

第3行代码，判断选项卡是否打开。

第4行代码，如果打开，则选择打开的选项卡。

第6行代码定义一个变量，变量的值为一个 html 浮动框架(iframe)代码，点击导航链接动态加载的独立网页将放在此浮动框架中，其中 adaptiveHeight ( )函数定义浮动框架(iframe)

高度自适应内容高度，代码如下：

```
1    function adaptiveHeight ( obj) |
2        var mainheight = $ ( obj). contents ( ). find( "body" ). height( ) + 50;
3        $ ( obj). height( mainheight);
4    |
```

第 7 ~ 12 行代码，动态加载选项卡，第 8 行定义选项卡标题，第 9 行定义选项卡内容，第 10 行定义选项卡具有关闭功能，第 11 行定义选项卡的小图标。

完成上述 5 个步骤，"网站后台首页制作"实例制作完毕，实例最终效果如图 4 - 5 所示。

4.3.3 栏目管理制作

1. 实例描述

栏目是网站某一类内容的集合体。栏目管理主要包括栏目的添加、修改、查看、删除、合并等功能。本实例采用 EasyUI 前端框架的树形网格、窗口、表单、右键菜单等组件实现效果如图 4 - 15 所示的栏目管理静态页。

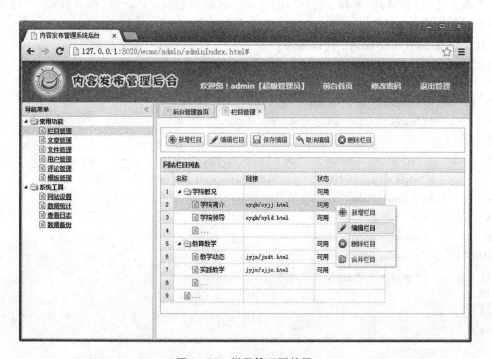

图 4 - 15　栏目管理页效果

2. 实现步骤

在实训项目根目录下的 admin 目录下新建网页，实例文件名(tabManage. html)。注意引入 EasyUI 框架必要文件(详见附录 6)。

步骤 1. 栏目列表树形网格显示的制作。

栏目管理首先需要显示网站所有的栏目，由于网站的栏目具有层级结构(一级栏目，二级栏目，……)，为了让栏目显示具有层级性，本例使用 EasyUI 的分层树形网格(TreeGrid)实现栏目的显示。在 tabManage. html 文件的 < body > 标签对中添加如下 html 代码：

```
1    < table id = "tg" title = "网站栏目列表" class = "easyui-treegrid"
     style = "width：100%；height：300px" data-options = "url：'data/tab_treegrid_data.json',
     method：'get', rownumbers：true, idField：'id', treeField：'text'" >
2      < thead >
3        < tr >
4          < th data-options = "field：'text', width：140" >名称</th >
5          < th data-options = "field：'url', width：140" >链接</th >
6          < th data-options = "field：'status', width：140" >状态</th >
7        </tr >
8      </thead >
9    </table >
```

EasyUI 分层树形网格通过在 < table > 元素上应用样式. easyui-treegrid 来实现。【data-options】属性值定义参见表 4 – 6。

表 4 – 6　EasyUI 分层树形网格属性

名称	类型	描　　述	默认值
url	string	定义用以载入远程数据的超链接地址	null
method	string	定义获取数据的 HTTP 方法	post
rownumbers	boolean	定义是否显示行号	false
treeField	string	定义作为树节点的字段	null
idField	string	定义该列是否唯一列	null

上述代码第 4 ~ 6 行定义树形网格的列名，其中【id, text, url, status】为数据字段，均在 tab_treegrid_data. json 定义，网格数据内容来源于此 json 文件，数据格式如下：

```
[{"id"：1,"text"："学院概况","url"："","status"："可用",
    "children"：[{"id"：11,"text"："学院简介","url"："xygk/xyjj.html","status"："可用"},
            {"id"：12,"text"："学院领导","url"："xygk/xyld.html","status"："可用"},
            {"id"：13,"text"："...","url"："","status"：""}]},
{"id"：2,"text"："教育教学","url"："","status"："可用",
    "children"：[{"id"：21,"text"："教学动态","url"："jyjx/jxdt.html","status"："可用"},
            {"id"：22,"text"："实践教学","url"："jyjx/sjjx.html","status"："可用"},
            {"id"：23,"text"："...","url"："","status"：""}]},
{"id"：3,"text"："...","url"："","status"：""}]
```

步骤 1 实现效果如图 4 – 16 所示。

步骤 2. 栏目操作功能菜单的制作。

网站栏目操作功能包括新增栏目、编辑栏目(保存编辑，取消编辑)、删除栏目、合并栏目等。将栏目操作制作成按钮组形式的菜单，或右键菜单，方便管理员进行栏目管理。

在步骤 1 的基础上，添加如下 html 代码，实现按钮组形式的菜单。

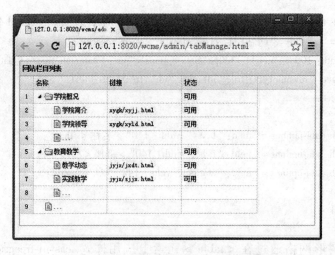

图 4-16   栏目管理制作步骤 1 实现效果

```
1    < div style = "padding：10px；margin：10px 0；width：100%；" class = "easyui-panel" >
2        < a href = "#" class = "easyui-linkbutton" iconCls = "icon-add" >新增栏目 </a>
3        < a href = "#" class = "easyui-linkbutton" iconCls = "icon-edit" >编辑栏目 </a>
4        < a href = "#" class = "easyui-linkbutton" iconCls = "icon-save" >保存编辑 </a>
5        < a href = "#" class = "easyui-linkbutton" iconCls = "icon-undo" >取消编辑 </a>
6        < a href = "#" class = "easyui-linkbutton" iconCls = "icon-cancel" >删除栏目 </a>
7        < a href = "#" class = "easyui-linkbutton" iconCls = "icon-map_clipboard" >合并栏目 </a>
8    </div>
```

上述代码通过应用 . easyui-panel 样式定义面板容器，通过 . easyui-linkbutton 样式定义按钮外观的超链接，实现效果如图 4-17 所示。

图 4-17   栏目管理制作步骤 2 实现效果

有时，我们希望通过右键点击某个栏目，出现栏目操作快捷菜单。实现方法是在步骤 2 的基础上，添加如下 html 代码：

```
1    < div id = "rMenu" class = "easyui-menu" style = "width：120px；" >
2      < div data-options = "iconCls：'icon-add'" >新增栏目 </div >
3      < div class = "menu-sep" > </div >
4      < div data-options = "iconCls：'icon-edit'" >
5        < a href = "javascript：void(0)" onclick = "edit( )" >编辑栏目 </a >
6      </div >
7      < div class = "menu-sep" > </div >
8      < div data-options = "iconCls：'icon-cancel'" >删除栏目 </div >
9      < div class = "menu-sep" > </div >
10     < div data-options = "iconCls：'icon-map_clipboard'" >合并栏目 </div >
11   </div >
```

EasyUI 通过在 < div >标签上应用.easyui-menu 样式定义一个菜单容器，在容器内部通过闭合的 < div >标签定义一个菜单项，通过应用样式.menu-sep 定义分隔线。上述代码定义了栏目操作的快捷菜单。右键触发此快捷菜单，添加如下 JS 代码：

```
1    < script >
2      $ (function( ) {
3        $ (document). bind('contextmenu', function(e) {
4          e. preventDefault( );
5          $ ('#rMenu'). menu('show', {
6            left：e. pageX,
7            top：e. pageY
8          });
9        });
10     });
11   </script >
```

右键触发栏目管理快捷菜单效果如图 4 – 18 所示。

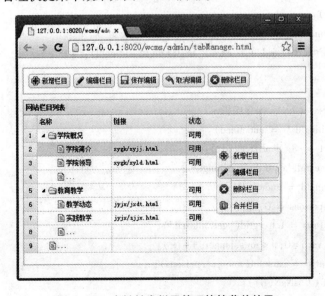

图 4 – 18　右键触发栏目管理快捷菜单效果

步骤 3. 编辑栏目(保存编辑,取消编辑)功能实现。

首先修改步骤 1 中第 4~6 行 HTML 代码,修改后代码如下:

< th data-options = "field: ' text ', width: 140, editor: ' text '" >名称</th>

< th data-options = "field: ' url ', width: 140, editor: ' text '" >链接</th>

< th data-options = "field: ' status ', width: 140, editor: ' text '" >状态</th>

上述代码与步骤 1 中代码的区别是增加了属性【editor: ' text '】,其作用为选择某个栏目,点击"编辑栏目"按钮,被选中栏目所在行出现可编辑的文本框。

其次修改步骤 2 中第 3~5 行 HTML 代码,修改后代码如下:

< a href = "javascript: void(0)" class = "easyui-linkbutton" iconCls = "icon-edit" onclick = "edit()" >编辑栏目</a>

< a href = "javascript: void(0)" class = "easyui-linkbutton" iconCls = "icon-save" onclick = "save()" >保存编辑</a>

< a href = "javascript: void(0)" class = "easyui-linkbutton" iconCls = "icon-undo" onclick = "cancel()" >取消编辑</a>

上述代码与步骤 2 中代码的区别是增加了单击触发事件,点击"编辑栏目"链接触发【edit()】函数,点击"保存编辑"链接触发【save()】函数,点击"取消编辑"链接触发【cancel()】函数,触发函数的 JS 代码如下:

```
1    < script type = "text/javascript" >
2    var editingId;
3    function edit(){/ * 编辑栏目 */
4      if(editingId ! = undefined){
5        $('#tabTreegrid').treegrid('select', editingId);
6        return;
7      }
8      var row = $('#tabTreegrid').treegrid('getSelected');
9      if(row){
10       editingId = row.id
11       $('#tabTreegrid').treegrid('beginEdit', editingId);
12     }
13   }
14   function save(){/ * 保存编辑 */
15     if(editingId ! = undefined){
16       var t = $('#tabTreegrid');
17       t.treegrid('endEdit', editingId);
18       editingId = undefined;
19       var persons = 0;
20       var rows = t.treegrid('getChildren');
21       for(var i = 0; i < rows.length; i + +){
22         var p = parseInt(rows[i].persons);
23         if(! isNaN(p)){
24           persons + = p;
25         }
```

```
26              }
27              var frow  = t. treegrid('getFooterRows')[0];
28              frow. persons  = persons;
29              t. treegrid('reloadFooter');
30            }
31          }
32      function cancel( ){/ *取消编辑 */
33          if (editingId ! = undefined){
34              $('#tabTreegrid'). treegrid('cancelEdit', editingId);
35              editingId = undefined;
36          }
37      }
38      </script >
```

步骤 3 实现效果如图 4 – 19 所示。

图 4 – 19　栏目管理制作步骤 3 实现效果

步骤 4. 新增/编辑栏目功能实现。

新增/编辑栏目通过应用 EasyUI 模态弹窗结合表单使管理员可以实现栏目的新增或编辑，根据字段设定，待新增/编辑栏目内容包括父栏目、栏目名称、栏目链接、可用状态。

首先修改步骤 2 中第 2 行 html 代码，修改后代码如下：

< a href = "javascript：void(0)" class = "easyui-linkbutton" iconCls = "icon-add"

onclick = " $('#addTabWindow'). window('open')" >新增栏目 </a >

上述代码与步骤 2 中代码的区别是增加了单击触发事件，点击"新增栏目"链接触发一个 EasyUI 的模态窗口。其中模态窗口 ID 值为"addTabWindow"，通过 window('open')打开。

其次建立 EasyUI 模态窗口，添加如下 html 代码：

```
1      < div id = "addTabWindow" class = "easyui-window" title = "新增栏目"
```

```
          data-options = "iconCls：' icon-add '，closed：true，inline：true" >
2         < form id = "frmAddTab" method = "post" >
3           < p > < label  > 父栏目 </label >
4             < input type = "text" class = "easyui-combotree"
              data-options = "url：' data/tab_treegrid_data. json '，method：' get '" >
5           </p >
6           < p > < label > 栏目名称 </label > < input type = "text" class = "easyui-textbox"/ > </p >
7           < p > < label > 栏目链接 </label > < input type = "text" class = "easyui-textbox"/ > </p >
8           < p >
9             < label > 是否可用 </label >
10              < input type = "radio" name = "ruse"/ > 是
11              < input type = "radio" name = "ruse"/ > 否
12          </p >
13          < div class = "divfoot" >
14            < a href = "#" class = "easyui-linkbutton" > 提交 </a >
15          </div >
16        </form >
17      </div >
```

代码解析：

第 1 行代码，通过在 div 元素上应用. easyui-window 样式定义一个 EasyUI 窗口容器，【closed：true】属性设置窗口在页面加载后为关闭状态，【inline：true】属性设置窗口为内联方式，可避免窗口在浮动框架(iframe)中显示不正常。

第 2 ~ 16 行代码定义待新增栏目的表单填写内容。

第 3 ~ 4 行代码为待新增栏目的父栏目，为了保证父栏目填写的正确性，不采用输入框的形式，而使用下拉选择框。由于父栏目具有层级性，所以使用 EasyUI 的树形下拉框(ComboTree)，此下拉框是一个带有下列树形结构(Tree)的下拉框(ComboBox)。第 4 行代码通过在 < input > 元素上应用. easyui-combotree 样式定义一个 ComboTree，应用【data-options = "url：' data/tab_treegrid_data. json '，method：' get '"】属性和值定义 ComboTree 的数据源和数据加载方式，数据源与步骤 1 一致。

第 6 行代码为待新增栏目的栏目名称输入框。

第 7 行代码为待新增栏目的栏目链接输入框。

第 8 ~ 12 行代码为待新增栏目是否可用的单选输入框。

第 14 行代码为提交链接。

上述代码实现效果如图 4 - 20 所示。

上述实现效果美观性不够好，使用如下 CSS 代码进行外观设置。

```
1     #addTabWindow{position：relative；width：400px；height：200px；padding-top：10px；}
2     #addTabWindow label{display：inline-block；width：90px；text-align：right；margin-right：20px；}
3     #addTabWindow input [type = "text"]{width：200px；}
4     #addTabWindow . divfoot{background：#F3F3F3；height：40px；text-align：center；position：absolute；
width：100%；bottom：0；padding-top：10px；border-top：1px solid #95B8E7；}
5     . divfoot a{width：100px；}
```

图 4 – 20　栏目管理制作步骤 4 未使用 CSS 效果

使用 CSS 美化后的效果如图 4 – 21 所示。

图 4 – 21　栏目管理制作步骤 4 使用 CSS 美化后的效果

知识要点：EasyUI 窗口

通过在 div 标签上应用样式 . easyui – window 即可创建 EasyUI 窗口，示例代码如下：

< div id = " win" class = " easyui-window" title = " 我的窗口" style = " width：300px；height：300px；padding：20px；" >

窗口内容，可以是任意 html 元素

</div >

示例效果如图 4 – 22 所示。

EasyUI 窗口组件具有多个属性，详细属性参见表 4 – 7。

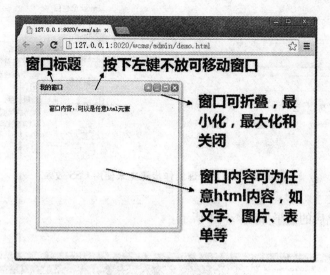

图 4 – 22   EasyUI 窗口效果

表 4 – 7   EasyUI 窗口属性

名称	类型	描　述	默认值
title	string	定义窗口的标题	—
collapsible	boolean	定义是否显示折叠按钮	true
minimizable	boolean	定义是否显示最小化按钮	true
maximizable	boolean	定义是否显示最大化按钮	true
closable	boolean	定义是否显示关闭按钮	true
closed	boolean	定义是否在初始化组件时关闭(隐藏)窗口	false
zIndex	number	定义窗口的堆叠顺序,从第一个窗口的 zIndex 值开始递增	9000
draggable	boolean	定义窗口是否可以被拖放	true
resizable	boolean	定义窗口是否可以被缩放	true
shadow	boolean	定义窗口是否显示阴影	true
inline	boolean	定义如何布局窗口,如果设置为 true,窗口将显示在它的父容器中,否则将显示在所有元素的上面	false
modal	boolean	定义窗口是否带有遮罩效果	true

通过设置表 4 – 7 EasyUI 窗口属性的值,可以实现窗口工具栏按钮的显示与隐藏。例如定义一个只有关闭按钮的窗口,可以在标记中设置属性值或者通过 jQuery 代码定义属性。jQuery 示例代码如下:

```
< script >
$ (function( ) {
$ ('#win '). window( {collapsible:false, minimizable:false, maximizable:false});
```

```
});
</script >
```

"#win"为应用.easyui-window 样式的 < div > 标签的 ID 值。上述代码实现效果如图 4 – 23
所示。

图 4 – 23　EasyUI 只有关闭按钮的窗口效果

如果希望添加自定义的工具到窗口，可以使用 tools 属性。例如添加两个工具到窗口，示
例 jQuery 代码如下：

```
1      $ (function( ) {
2       $ ('#win '). window( {
3       collapsible: false, minimizable: false, maximizable: false,
4       tools: [ { / * 定义第一个自定义工具按钮 * /
5         iconCls: ' icon-add ', / * 定义按钮图标 * /
6         handler: function( ) { / * 定义点击此按钮要执行的函数 * /
7           alert(' add ');
8         }
9       }, { / * 定义第二个自定义工具按钮 * /
10          iconCls: ' icon-remove ',
11          handler: function( ) {
12            alert(' remove ');
13          }
14       } ]
15     });
16    })
```

上述示例代码实现效果如图 4 – 24 所示。

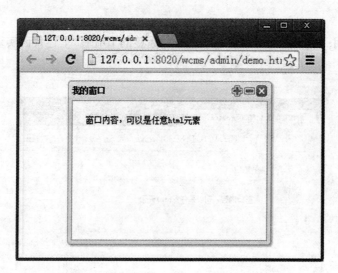

图 4 – 24   EasyUI 自定义工具窗口效果

如果希望创建一个弹窗(点击某个按钮,打开窗口),首先定义一个' closed '属性为' true '值的隐藏窗口,然后通过 jQuery 代码调用' open '方法来打开窗口,示例代码如下:

```
1      < a id = " aOpen" class = " easyui-linkbutton" >打开窗口 </a >
2      < a id = " aClose" class = " easyui-linkbutton" >关闭窗口 </a >
3      < div id = " win" class = " easyui-window" title = " 我的窗口"    closed = " true"
       style = " width:300px; height:300px; padding:20px;" >
4        窗口内容,可以是任意 html 元素
5      </div >
6      < script >
7        $ ( function( ) {
8          $ ( " #aOpen" ).click( function( ) {
9            $ ( " #win" ).window(' open '); //单击"打开窗口"按钮,打开窗口
10         })
11         $ ( " #aClose" ).click( function( ) {
12           $ ( " #win" ).window(' close '); //单击"关闭窗口"按钮,关闭窗口
13         })
14       })
15     </script >
```

上述示例代码实现效果如图 4 – 25 所示。

步骤 5. 删除栏目提示功能实现。

删除操作属于危险操作,需要提醒管理员谨慎使用。应用 EasyUI 消息框(Messager)实现点击"删除栏目"按钮时出现"确定或取消"消息框,以达到提示管理员是否删除的目的。

首选修改步骤 2 中第 6 行 HTML 代码,修改后代码如下:

```
< a id = " aDel" href = " javascript:void(0)" class = " easyui-linkbutton" iconCls = " icon-cancel" >
删除栏目 </a >
```

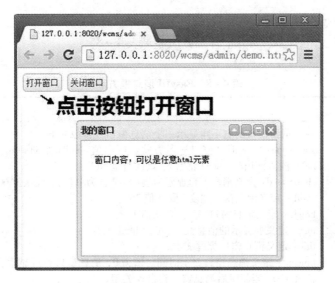

图 4 – 25　EasyUI 弹出窗口效果

其次使用 jQuery 弹出 EasyUI 消息框, 代码如下:

```
1      $ (function( ) {
2        $ ( "#aDel" ). click( function( ) {
3          $ . messager. confirm( "操作提示" ,"您确定要执行操作吗?" , function( cdata) {
4                if( cdata) { / * 点击"确定"按钮要执行的代码 * /}
5                else { / * 点击"确定"按钮要执行的代码 * /}
6          );
7        })
8      })
```

删除栏目提示消息实现效果如图 4 – 26 所示。

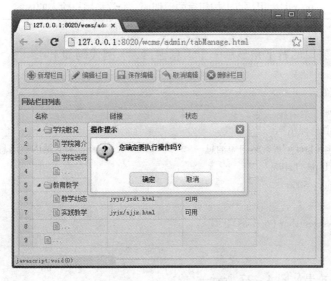

图 4 – 26　删除栏目提示消息实现效果

知识要点：EasyUI 消息框（Messager）

显示 EasyUI 消息框有多种方法，详细方法参见表 4 –8。

表 4 –8　EasyUI 消息框方法

方法与参数	描述
$. messager. show （options）	在浏览器窗口的右下角显示一个消息窗口。参数如下： showType：定义消息窗口显示方式。可用值：null（无动画），slide（平滑显示）， fade（淡入淡出），show（正常），默认值是 slide； showSpeed：定义消息窗口显示速度（以毫秒为单位），默认值 600； width：定义消息窗口宽度，默认值 250； height：定义消息窗口高度，默认值 100； msg：定义要显示的消息文本（可为 html 元素）； title：定义消息窗口标题文本； timeout：定义消息窗口显示时间。值为 0，消息窗口一直显示，除非用户关闭它， 值大于 0，当超时后消息窗口将自动关闭
$. messager. alert （title, msg, icon, fn）	显示一个含有确定按钮的消息窗口。参数如下： title：定义消息窗口标题文本； msg：定义要显示的消息文本； icon：提示框显示的图标，可用值是：error, question, info； warningfn：当窗口关闭时触发的回调函数
$. messager. confirm （title, msg, fn）	显示一个含有确定和取消按钮的确认消息窗口。参数如下： title：定义消息窗口标题文本； msg：定义要显示的消息文本； fn(b)：当用户点击按钮后触发的回调函数，如果点击 OK 则给回调函数传 true， 如果点击 cancel 则传 false
$. messager. prompt （title, msg, fn）	显示一个确定和取消按钮的信息提示窗口，提示用户输入一些文本。参数如下： title：定义消息窗口标题文本； msg：定义要显示的消息文本； fn(val)：用户点击按钮后的回调函，参数是用户输入的内容

例如在浏览器窗口的右下角显示一个消息窗口，示例代码如下：

```
1   <script>
2     $(function (){
3       var options = {
4         title:"消息提示",
5         msg:"<a href ='#'>站内短消息一</a><br><a href ='#'>站内短消息二</a><br>",
6           showType：' slide ',
7           timeout：5000
8       };
9         $. messager. show( options );
10     });
11   </script>
```

上述代码实现效果如图 4 –27 所示。

图 4－27　右下角消息提示窗口实现效果

完成上述 5 个步骤，"栏目管理"实例制作完毕，实例最终效果如图 4－15 所示。

4.3.4　文章管理制作

1. 实例描述

文章管理是 WCMS 后台管理的核心功能，包括文章（前台不同栏目的信息）的添加、修改、查看和删除等功能。本实例采用 EasyUI 前端框架的数据网格（datagrid）、树形网格、窗口、表单等组件和在线 HTML 编辑器（Ueditor），实现效果如图 4－28 所示的文章列表显示静态页和如图 4－29 所示的新增/编辑文章静态页。

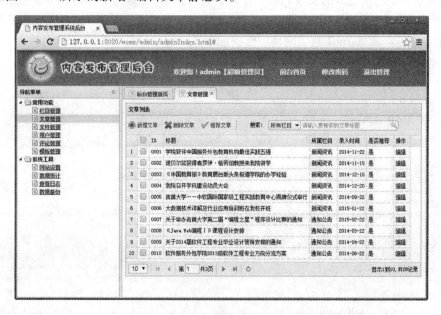

图 4－28　文章显示列表静态页效果

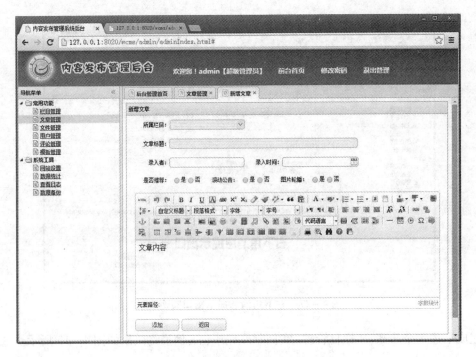

图 4 – 29　新增/编辑文章静态页效果

2. 文章列表显示静态页制作

在实训项目根目录下的 admin 目录下新建网页，实例文件名（articleManage. html）。注意引入 EasyUI 框架必要文件（详见附录6）。

步骤 1. 采用 EasyUI 数据网格显示文章列表。

根据需求，设定要显示的文章列表的字段，包含文章的【编号，标题，所属栏目，录入时间，是否推荐】，其中"编号"具有唯一性。通过对 < table > 标签应用. easyui-datagrid 样式，即可将 html 表格转换成 EasyUI 数据网格，代码如下：

```
1    < table   id = "articleList"    class = "easyui-datagrid" title = "文章列表" >
2      < thead >
3       < tr >
4         < th data-options = "field：' aId '" >ID </th >
5         < th data-options = "field：' aTitle '" >标题 </th >
6         < th data-options = "field：' tabs '" >所属栏目 </th >
7         < th data-options = "field：' entryDate '" >录入时间 </th >
8         < th data-options = "field：' aPush '" >是否推荐 </th >
9         < th data-options = "field：' operate '" >操作 </th >
10      </tr >
11     </thead >
12     < tbody >
13       < tr >
14         < td >0001 </td >
15         < td >学院获评"中国服务外包教育机构最佳实践五强" </td >
```

```
16        <td>新闻资讯</td>
17        <td>2014-11-20</td>
18        <td>是</td>
19        <td><a href="#">编辑</a></td>
20      </tr>
21      <!--复制第13~20行代码,添加一行数据-->
21    </tbody>
22  </table>
```

代码解析：

第 1 行代码，通过对 < table > 标签应用. easyui-datagrid 样式定义 EasyUI 数据网格容器，其中【title = "文章列表"】属性和值设置数据网格标题文字。

第 2 ~ 11 行代码，设置文章列表数据网格的列名，其中【data-options = "field：' aId '"】设置列字段(即此列要装载的数据，数据来源于 json 文件或数据库表字段)。

第 12 ~ 21 行代码，设置文章列表行数据。

第 13 ~ 20 行代码根据已设置的列名定义一行数据，显示多行数据只需要复制第 13 ~ 20 行代码。

上述代码运行效果如图 4 - 30 所示。

图 4 - 30　文章列表显示静态页制作步骤 1 实现效果

上述行数据的显示是通过 HTML 代码，在实际应用中常使用 json 文件来表示行数据，上述文章列表行数据的 json 文件(新建 rticleList. json)的数据格式如下：

```
1   [
2   {"aId":"0001","aTitle":"文章标题1","tabs":"新闻资讯","entryDate":"2014-11-22",
    "aPush":"是","opt":"<a href='#'>编辑</a>"},
3   {"aId":"0002","aTitle":"文章标题2","tabs":"新闻资讯","entryDate":"2014-11-22",
    "aPush":"是","opt":"<a href='#'>编辑</a>"},
4   ]
```

通过复制第 2 行或第 3 行代码可增加一行数据。定义好 json 文件，EasyUI 数据网格通过设置 url 和 method 属性加载 json 文件，示例代码如下：

```
1     < table  id = "articleList"   class = "easyui-datagrid" title = "文章列表"
      data-options = "url：'data/articleList. json', method：'get'" >
2       < thead >
3         < tr >
4           < th data-options = "field：'aId'" >ID </th >
5           < th data-options = "field：'aTitle'" >标题 </th >
6           < th data-options = "field：'tabs'" >所属栏目 </th >
7           < th data-options = "field：'entryDate'" >录入时间 </th >
8           < th data-options = "field：'aPush'" >是否推荐 </th >
9           < th data-options = "field：'opt'" >操作 </th >
10        </tr >
11      </thead >
12    </table >
```

知识要点：EasyUI 数据网格(datagrid)属性

通过设置 EasyUI 数据网格属性，可以实现数据网格的分页显示、列排序、远程数据加载源等。属性可直接应用在 < table > 标签上，也可放置在 < table > 标签的 data-options 属性中，详细属性参见表 4 – 9。

表 4 – 9　EasyUI 数据网格属性

名称	类型	描　述	默认值
method	string	请求远程数据的方法类型，值为 get、post	post
queryParams	object	请求远程数据时，发送的额外参数	{}
url	string	请求远程站点数据的超链接地址	null
loadMsg	string	当从远程站点载入数据时，显示的等待信息	—
columns	array	数据网格列配置对象，详细列属性查看表 4 – 10	null
idField	string	唯一列，数据具有唯一性	null
frozenColumns	array	固定列，列固定在左边，且不随水平滚动条滚动	Null
fitColumns	boolean	列是否自适应表格宽度，值为 true 和 false	false
nowrap	boolean	是否自动截取超出列宽的数据，值为 true 和 false	true
striped	boolean	是否交替交替显示行背景，值为 true 和 false	false
rownumbers	boolean	是否显示行号，值为 true 和 false	false
singleSelect	boolean	是否允许选择多行数据，值为 true 和 false	false
rowStyler	function	返回行样式，如：'background：red', function(index, row)，参数：index：行索引，从 0 开始；row：对应于该行记录的对象	—
checkOnSelect	boolean	选择行，是否勾选行前复选框(checkbox)，值为 true 和 false	true
selectOnCheck	boolean	勾选行前复选框(checkbox)是否选中行，值为 true 和 false	true
pagination	boolean	是否显示分页工具栏	false

续表 4-9

名称	类型	描　述	默认值
pagePosition	string	分页工具栏出现位置，值有：top（顶部），bottom（底部），both（顶部，底部同时出现）	bottom
pageNumber	number	初始化分页码	1
pageSize	number	初始化每页显示的行数	10
pageList	array	初始化每页记行数列表，值为数组，如[10，20，30，40，50]	—
sortName	string	数据网格初始化时按哪列进行排序	null
sortOrder	string	排序顺序，值为 asc、desc（正序、倒序）	asc
remoteSort	boolean	是否通过远程服务器对数据排序	true
showFooter	boolean	是否显示行底（可应用于统计表格）	false

知识要点：EasyUI 数据网格（datagrid）列属性

通过设置 EasyUI 数据网格列属性，可以实现数据网格的分页显示、列排序、远程数据加载源等。列属性可直接应用在 < td > 标签上，也可放置在 < td > 标签的 data-options 属性中，详细列属性参见表 4 - 10。

表 4 - 10　EasyUI 数据网格列属性

名称	类型	描　述	默认值
title	string	设置列标题	undefined
field	string	设置列字段	undefined
width	number	设置列宽	undefined
rowspan	number	设置一个单元格跨几行	undefined
colspan	number	设置一个单元格跨几列	undefined
align	string	设置列数据文本对齐方式，值为：left、right、center	undefined
sortable	boolean	设置是否允许对该列进行排序	undefined
resizable	boolean	设置是否允许该列可缩放	undefined
hidden	boolean	设置是否隐藏列	undefined
checkbox	boolean	设置是否显示复选框	undefined
formatter	function	格式化单元格函数，有 3 个参数：value：字段的值；rowData：行数据；rowIndex：行索引	undefined
styler	function	单元格样式函数，返回样式字符串装饰表格如' background：red '，有 3 个参数：value：字段值；rowData：行数据；rowIndex：行索引	undefined
editor	string，object	设置编辑类型。值是字符串类型表示编辑类型，可选值：text, textarea, checkbox, numberbox, validatebox, datebox, combobox, combotree；值是对象则包含 2 个参数：options 对象，对象编辑类型的编辑器属性	undefined

知识要点：使用 jQuery 代码设置 EasyUI 数据网格

通过 jQuery 代码设置 EasyUI 数据网格属性和列属性可以让代码结构更清晰，示例代码如下：

```
1    < table id = " articleList" class = " easyui-datagrid" > </table >
2    < script >
3    $ ( function( ) {
4    //设置 EasyUI 数据网格的属性
5      $ ('#articleList ') . datagrid( {
6        title：'文章列表',
7        url：' data/articleList. json ',
8        method：' get ',
9        columns：[ [
10            {field：' aId ', title：' ID '},
11            {field：' aTitle ', title：'标题'},
12            {field：' tabs ', title：'所属栏目'},
13            {field：' entryDate ', title：'录入时间'},
14            {field：' aPush ', title：'是否推荐'},
15            {field：' opt ', title：'操作'}
16        ] ]
17      } )
18    } )
19    </script >
```

步骤2. 采用 EasyUI 数据网格分页组件显示数据。

分页是一种将所有数据分段展示给用户的技术。用户每次看到的不是全部数据，而是其中的一部分，如果在其中没有找到自己想要的内容，用户可以通过制订页码或是翻页的方式转换可见内容。将 EasyUI 数据网格的属性【pagination】设置为 true，即可实现分页。实现代码如下：

```
1    < table id = " articleList" class = " easyui-datagrid" > </table >
2    < script >
3    $ ( function( ) {
4    //设置 EasyUI 数据网格的属性
5      $ ('#articleList ') . datagrid( {
6        title：'文章列表',
7        url：' data/articleList. json ',
8        method：' get ',
9        pagination：true, //显示分页组件
10        rownumbers：true, //显示行号
11        columns：[ [
12            {field：' aId ', title：' ID '},
13            {field：' aTitle ', title：'标题'},
14            {field：' tabs ', title：'所属栏目'},
15            {field：' entryDate ', title：'录入时间'},
```

```
16              {field：'aPush'，title：'是否推荐'}，
17              {field：'opt'，title：'操作'}
18          ]]
19      })
20      //得到 EasyUI 数据网格的分页组件
21      var pager ＝ $('#articleList').datagrid('getPager')；
22      //设置分页属性
23      pager.pagination({
24              pageSize：10，//每页显示的记录条数，默认为 10
25              pageList：[5，10，15]，//可以设置每页记录条数的列表
26      })；
27  })
28  </script>
```

上述代码通过 jQuery 实现分页效果，也可以通过 HTML 代码实现分页效果，修改步骤 1 中"EasyUI 数据网格通过设置 url 和 method 属性加载 json 文件"示例第 1 行代码：

```
<table id = "articleList" class = "easyui-datagrid" title = "文章列表" data-options = "
url：'data/articleList.json'，
method：'get'，
pagination：true，
pageSize：10，
pageList：[5，10，15]" >
```

上述代码实现效果如图 4 - 31 所示。

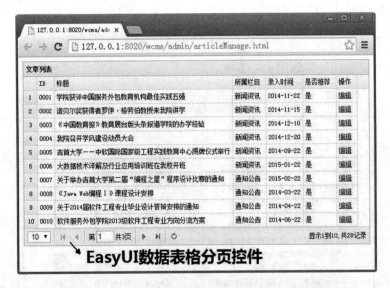

图 4 - 31　文章列表显示静态页制作步骤 2 实现效果

注意：EasyUI 数据网格分页组件必须与服务器端配合才能实现真正的分页，纯 html 只能显示外观。服务器端接收参数如下：

① Page。接受客户端的页码，对应的就是用户选择或输入的 pageNumber（用户点击下一页，传给服务器端的参数为 2）。

② Rows。接受客户端的每页记录数，对应的就是 pageSize（用户在下拉列表选择每页显示 10 条记录，传给服务器端的参数为 10）。

服务器端分页可采用 php，jsp，asp. net 等动态语言实现，本书只涉及 Web 前端制作，不涉及服务器端动态语言的实现。

知识要点：EasyUI 数据网格自定义分页组件

将 EasyUI 数据网格的属性 pagination 设置为 true，可以得到一个默认的如图 4-31 所示的分页组件，通过 jQuery 代码可实现自定义分页组件，简易分页示例代码如下：

```
1    < script >
2      $ (function( ) {
3      //设置 EasyUI 数据网格的属性
4       $ ('#articleList '). datagrid( {
5         pagination：true, //显示分页组件
6       } )
7      //得到 EasyUI 数据网格的分页组件
8      var pager = $ ('#articleList '). datagrid( 'getPager ');
9      //设置分页属性
10     pager. pagination( {
11       showPageList：false, //不显示每页记录数列表
12       showRefresh：false, //不显示刷新按钮
13       displayMsg：'' //不显示记录信息
14     } );
15     } )
16   </script >
```

上述示例代码实现效果如图 4-32 所示。

图 4-32　EasyUI 数据网格简易分页效果

　　EasyUI 数据网格分页组件还可以通过 layout 属性来设置组件的显示，将上例第 11 ~ 13 代码修改成如下代码：

layout：[' list '，' sep '，' first '，' prev '，' sep '，' manual '，' sep '，' next '，' last '，' sep '，' refresh ']

　　实现效果如图 4 – 33 所示。

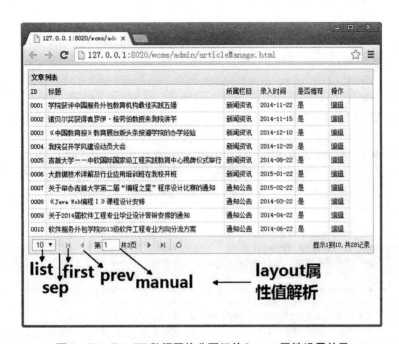

图 4 – 33　EasyUI 数据网格分页组件 layout 属性设置效果

　　通过设置 EasyUI 数据网格分页组件 layout 属性值，可以实现自定义分页组件，如只需要上一页、下一页按钮可通过代码 layout：[' prev '，' next ']设置。

　　如果希望在分页组件上添加自定义的功能按钮，示例代码如下：

```
1     < script >
2       $ ( function( ) {
3         $ ( '#articleList '). datagrid( {
4           pagination：true，//显示分页组件
5         } )
6       var pager = $ ( '#articleList '). datagrid( ' getPager ');
7       pager. pagination( {
8         buttons：[ { //定义第一个自定义按钮
9           iconCls：' icon-search '，      //定义按钮图标
10          handler：function( ) {        //定义点击按钮要执行的代码
11            alert( ' search ');
12          }
13        }，{ //定义第二个自定义按钮
14          iconCls：' icon-add '，
15          handler：function( ) {
```

```
16              alert(' add ');
17          }
18        }],
19      onBeforeRefresh：function(){//定义点击刷新按钮要执行的代码
20          alert(' before refresh ');
21          return true;
22        }
23      });
24    })
25    </script >
```

上述示例代码运行效果如图 4 – 34 所示。

图 4 – 34　EasyUI 数据网格自定义按钮分页组件效果

步骤 3. 实现按列名进行排序。

EasyUI 数据网格通过点击列表头排序数据。默认数据网格的列字段没有实现排序，将列属性 sortable 设置为 true，即可实现排序。值得注意的是按列名排序与分页一样，必须与服务器端配合才能实现真正的排序，纯 HTML 只能显示外观。服务器端接收两个参数：

① sort：排序列字段名；

② order：排序方式，可以是 ' asc ' 或者 ' desc '，默认值是 ' asc '。例如，我们希望点击文章列表的"录入时间"进行排序，修改步骤 2 中第 15 行代码。代码如下：

{field：' entryDate ', title：'录入时间', sortable：true}

修改后运行效果如图 4 – 35 所示。

步骤 4. 实现文章管理工具栏。

将文章管理功能(新增、删除、置顶、推荐等)设置成工具栏的形式，方便管理员进行文章管理。通过设置 EasyUI 数据网格属性 toolbar 可方便集成工具栏，实现代码如下：

```
1    < table id = " articleList" class = " easyui-datagrid" > </table >
```

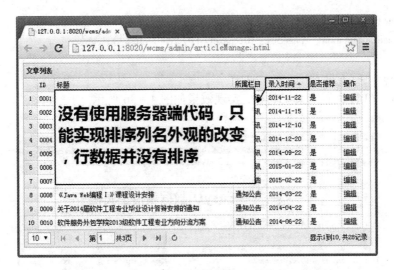

图 4 - 35　文章列表显示静态页制作步骤 3 运行效果

```
2    < script >
3    $ ( function ( ) {
4      $ ( '#articleList' ) . datagrid ( {
5        title: '文章列表', url: ' data/articleList. json ', method: ' get ',
6        pagination: true, rownumbers: true,
7        idField: ' aId ', / * 设置唯一值列表字段 */
8        toolbar: [ {      /* 设置工具栏第一个按钮工具 */
9          text: '新增文章',
10         iconCls: ' icon-add ',
11         handler: function ( ) { alert ( ' add ' ) }
12       }, { /* 设置工具栏第二个按钮工具 */
13         text: '删除文章',
14         iconCls: ' icon-cancel ',
15         handler: function ( ) { alert ( ' cut ' ) }
16       }, '-', {      /* 设置工具栏第三个按钮工具, '-'代表分隔线 */
17         text: '推荐文章',
18         iconCls: ' icon-ok ',
19         handler: function ( ) { alert ( ' save ' ) }
20       } ],
21       columns: [ [
22         { field: ' ck ', checkbox: ' true ' }, /* 设置复选框, 方便批量设置 */
23         { field: ' aId ', title: ' ID ', sortable: true }, { field: ' aTitle ', title: '标题', sortable: true },
24         { field: ' tabs ', title: '所属栏目', sortable: true },
25         { field: ' entryDate ', title: '录入时间', sortable: true },
26         { field: ' aPush ', title: '是否推荐' }, { field: ' opt ', title: '操作' }
27       ] ]
28     } )
```

```
29        var pager  =  $ ('#articleList'). datagrid ('getPager');
30        pager. pagination ({ pageSize：10，pageList：[5,10,15]});
31      })
32    </script>
```

上述第 8~20 行代码定义工具栏，实现效果如图 4-36 所示。

图 4-36   文章列表显示静态页制作步骤 4 实现效果

上述实现方法的工具栏中的工具项只能以链接按钮形式出现，如果希望添加文章搜索框工具，需要应用 HTML 自定义工具栏，实现代码如下：

```
1    < div id = "actrcleTool" style = "padding：8px 0 ;" >
2      < a href = " javascript：void ( 0 )" class = " easyui-linkbutton" data-options = " iconCls：' icon-add ',
     plain：true" onclick = " addArticle('新增文章', ' addArcticle. html ')" >新增文章 </a >
3      < a id = " aDelArticle" href = " javascript：void( 0 )" class = " easyui-linkbutton"
     data-options = " iconCls：' icon-cancel ', plain：true" >删除文章 </a >
4      < a id = " aPushArticle" href = " javascript：void( 0 )" class = " easyui-linkbutton"
     data-options = " iconCls：' icon-ok ', plain：true" >推荐文章 </a >
5    < div style = " display：inline-block；padding-left：30px；border-left：1px solid #CCCACC;" >
6      < label >搜索：</label >
7      < input type = " text" class = " easyui-searchbox" style = " width：300px;"
     data-options = " prompt：'请输入要搜索的文章标题'" >
8    </div >
9    </div >
```

代码解析：

第 1 行和第 9 行代码定义自定义工具栏容器，此容器必须定义 ID，本例 ID 值为 actrcleTool。

第 2 行代码定义"新增文章"链接按钮，单击此链接按钮将调用 JS 自定义函数 addArticle，函数实现稍后讲解。

第 3 行代码定义"删除文章"链接按钮，单击此链接按钮弹出"是否删除"确认框，确认框实现将在后文介绍。

　　第 4 行代码定义"推荐文章"链接按钮, 单击此链接按钮弹出"是否推荐"确认框, 确认框实现与"删除文章"类似。

　　第 5～8 行代码定义"文章搜索框", 第 5 行和第 8 行代码定义搜索框容器, 第 7 行代码通过在 < input > 标签上应用样式. easyui-searchbox 定义一个 EasyUI 搜索框。

　　使用 HTML 定义好工具栏后, 再集成到 EasyUI 数据网格, 用如下代码替换步骤 4 中第 8～20 行代码。

```
toolbar:"#actrcleTool" , // actrcleTool 必须与自定义工具栏容器 ID 值一致
```

　　自定义工具栏实现效果如图 4 - 37 所示。

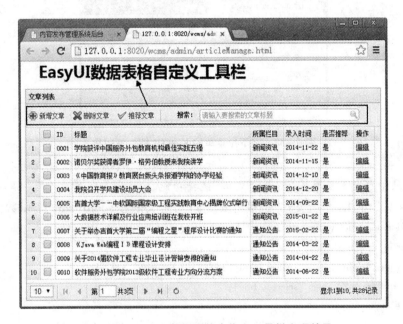

图 4 - 37　EasyUI 数据网格自定义工具栏实现效果

知识要点: EasyUI 搜索框组件

　　通过在 < input > 标签上应用. easyui-searchbox 样式定义一个 EasyUI 搜索框组件, 通过设置"prompt"属性定义可描述输入框预期值的提示信息, 该提示会在输入字段为空时显示, 并会在字段获得焦点时消失; 通过设置"menu"属性定义下拉菜单; 通过设置"searcher"属性定义点击搜索图标按钮要执行的函数。示例代码如下:

```
1      < input type = " text" class = " easyui-searchbox" style = " width: 300px;"
       data-options = " prompt: '请输入要搜索的文章标题', menu: '#tabList ', searcher: doSearch" >
2      < div id = " tabList" >
3        < div data-options = " name: ' all '" > 所有栏目 </div >
4        < div data-options = " name: ' news '" > 新闻资讯 </div >
5        < div data-options = " name: ' notices '" > 通知公告 </div >
6      </div >
7      < script >
```

```
8        function doSearch( value, name) {
9          alert(' You input: ' + value +'(' + name +')');
10          //搜索框执行代码
11        }
12    </script>
```

代码解析：

上述第1行代码定义 EasyUI 搜索框；第2~6行代码定义搜索框下拉列表；第7~12行代码定义搜索执行功能。实现效果如图4－38所示。

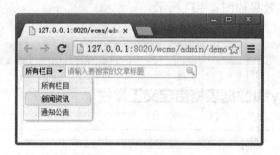

图4－38　带下拉菜单的 EasyUI 搜索框效果

步骤5. 采用自定义函数实现"新增文章"链接功能。

在步骤4中，单击"新增文章"链接将调用 JS 自定义函数 addArticle( )，函数代码如下：

```
1     function addArticle( title, url) {
2       var jq = top. jQuery;        //获取父框架
3       if ( jq("#main" ). tabs(' exists ', title)) {
4         jq("#main" ). tabs(' select ', title);
5       } else {
6         var content = ' < iframe scrolling = "auto" frameborder = "0"        src = "' + url + '"
          style = "width: 100% ;"onload = "adaptiveHeight(this)" > </iframe >';
7         jq("#main" ). tabs(' add ', {
8           title: title,
9           content: content,
10          closable: true,
11          iconCls: "icon-page_white_text"
12        });
13      }
14    }
```

上述代码与"4.3.2 网站后台首页制作"小节中"步骤5. 动态加载选项卡"代码比较类似，主要区别为本步骤是获取父框架中的选项卡容器(ID 值为 main 的 < div > 标签)。本步骤动态加载选项卡的流程为：点击"新增文章"链接(链接放置在文章管理页(articleManage. html)中)—动态加载选项卡[选项卡容器放置在后台首页(adminIndex. html)中]。代码实现效果如图4－39所示。

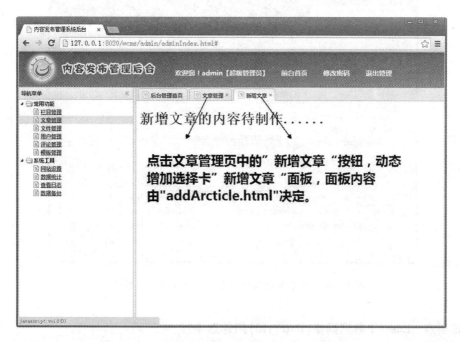

图 4 - 39　文章列表显示静态页制作步骤 5 实现效果

步骤 6. 采用自定义函数实现"删除文章"提示消息框。

删除文章前增加确认提示，jQuery 实现代码如下：

```
1      $ (function( ){
2        $ ("#aDelArticle" ). click( function( ){
3          var ids = [ ];
4          var rows = $ ('#articleList '). datagrid(' getSelections ');
5          for( var i = 0; i < rows. length; i + + ){
6            ids. push( rows[ i]. aId);
7          }
8          $ . messager. confirm( "操作提示","您确定要删除 ID 为
          【" + ids. join('\t ') + "】的文章吗?",
9            function( cdata){
10               if( cdata){ / * 点击"确定"按钮要执行的代码 * /}
11               else { / * 点击"确定"按钮要执行的代码 * /}
12          });
13        })
14      })
```

代码解析：

第 2 行代码定义单击"删除文章"链接按钮(ID 值为 aDelArticle)触发事件。

第 3 ~ 7 行代码获取要删除的文章 ID，通过第 4 行代码得到数据网格中被选择的行。

第 8 ~ 12 行代码使用 EasyUI 提示框组件显示提示信息。

上述代码实现效果如图 4 - 40 所示。

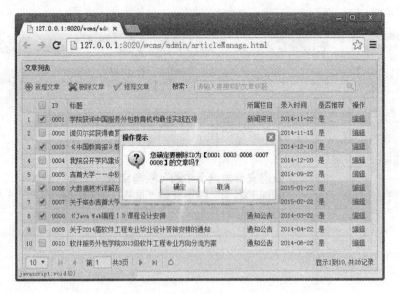

图 4 – 40　文章列表显示静态页制作步骤 6 实现效果

知识要点：EasyUI 数据网格（datagrid）组件选中行

数据网格组件包含两种方法来检索选中行数据：

getSelected：取得第一个选中行数据，如果没有选中行，则返回 null，否则返回记录。示例代码如下：

var row = $('#dgTable'). datagrid('getSelected'); // dgTable 为数据网格 ID 值

if (row){alert('ID：' + row. aId + "\nPrice:" + row. aTitle);} // aId, aTitle 为列字段名

getSelections：取得所有选中行数据，返回元素记录的数组数据。示例代码如步骤 6 所示。

完成上述 6 个步骤，"文章列表显示静态页制作"实例制作完毕，实例最终效果如图 4 – 28所示。

3. 新增/编辑文章静态页制作

在实训项目根目录下的 admin 目录下新建网页，实例文件名（addArcticle. html）。注意引入 EasyUI 框架必要文件（详见附录 6）。

步骤 1. 采用 EasyUI 表单和表单组件实现新增文章前端界面。

根据需求，设定添加文章列表的字段包含文章的【所属栏目，文章标题，录入者，录入时间，是否推荐，是否滚动公告，是否图片轮播，文章内容】等，HTML 代码如下：

```
1    < form id = "frmAddArticle" method = "post" >
2    < div class = "easyui-panel" title = "新增文章" >
3      < div class = "divRow" >
4        < label > 所属栏目：</label >
5        < input class = "easyui-combotree" data-options =
         "url：' data/tab_treegrid_data. json ', method：' get ', required：true" >
6      </div >
7      < div class = "divRow" >
```

```
8        <label>文章标题:</label>
9        <input type = "text"class = "easyui-textbox"data-options = "required:true"/>
10       </div>
11       <div class = "divRow">
12           <label>录入者:</label><input type = "text"class = "easyui-textbox"/>
13           <label>录入时间:</label><input class = "easyui-datebox"/>
14       </div>
15       <div class = "divRow">
16           <label>是否推荐:</label>
17       <input type = "radio"/><span>是</span><input type = "radio"/><span>否</span>
18           <label>滚动公告:</label>
19       <input type = "radio"/><span>是</span><input type = "radio"/><span>否</span>
20           <label>图片轮播:</label>
21       <input type = "radio"/><span>是</span><input type = "radio"/><span>否</span>
22       </div>
23       <div class = "divRow">
24           <h1>在线 HTML 编辑器存放位置</h1>
25       </div>
26       <div class = "divRow">
27           <a href = "#"class = "easyui-linkbutton">添加</a>
28           <a href = "#"class = "easyui-linkbutton">返回</a>
29       </div>
30       </div>
31   </form>
```

代码解析:

第 1 行和第 31 行代码定义一个表单。

第 2 ~ 30 行定义一个 EasyUI 面板。

第 3 ~ 6 行定义文章待选择所属栏目;由于栏目具有层级性,第 5 行代码定义 EasyUI 树形下拉框(实现原理与"4.3.3 栏目管理制作"中"步骤 4. 新增/编辑栏目功能实现"一致)。

第 7 ~ 10 行定义文章待输入标题;第 9 行代码通过在 <input> 标签上应用. easyui-textbox 样式定义一个 EasyUI 单行文本输入框,设置【data-options = "required:true"】属性和值,实现输入框文本必填验证(如果输入框未填写内容,自动出现警告提示)。

第 12 行代码定义文章录入者输入框。

第 13 行代码定义文章录入时间,为了确保时间填写的正确性,通过在 <input> 标签上应用. easyui-datebox 样式定义一个 EasyUI 日期框。

第 15 ~ 22 行代码定义是否推荐、滚动公告、图片轮播三组单选框。

第 23 ~ 25 行代码准备放置一个"在线 HTML 编辑器",详见步骤 2。

第 26 ~ 29 行代码定义"添加"和"返回"两个链接按钮。

为了使界面更加美观,添加如下 CSS 样式代码:

```
1    .divRow{ padding:10px 20px;}
2    .divRow label{
```

```
3          display：inline-block；vertical-align：middle；font：tahoma；
4          text-align：right；width：80px；
5     }
6     . divRow input{vertical-align：middle；}
7     . divRow . easyui-linkbutton{width：100px；}
```

其中，第 3 行和第 6 行代码能够让输入框（ <input> 标签）与输入框左边说明文字（如文章标题）垂直居中对齐。

上述代码实现效果如图 4 – 41 所示。

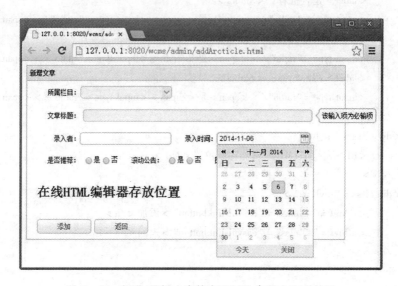

图 4 – 41　新增/编辑文章静态页制作步骤 1 实现效果

知识要点：EasyUI 表单验证

EasyUI 表单验证通过验证框（validatebox）来实现，验证框是为验证表单输入字段而设计。如果用户输入无效的值，它将改变背景颜色，显示警告图标和提示消息。验证框（validatebox）可与表单（form）插件集成，防止提交无效的输入数据。实现 EasyUI 表单验证框有两种方式。

方式一：使用 HTML 标签创建验证框。

例如创建一个验证邮箱地址输入是否正确的验证框，示例代码如下：

`< input class = "easyui-validatebox" data-options = "required：true，validType：' email '" >`

方式二：使用 jQuery 创建验证框。

例如创建一个验证 url 地址输入是否正确的验证框，示例代码如下：

`< input id = "txtUrl" >`

`< script > $ ( '# txtUrl ') . validatebox({ required：true，validType：' url '}) ; </ script >`

从上面示例可以看出，EasyUI 验证框的验证规则是通过使用 required 和 validType 属性来定义的，如值 email 匹配 email 正则表达式规则，值 url 匹配 URL 正则表达式规则，值 length[0，100]验证长度范围。详细属性参见表 4 – 11。

表 4 – 11　EasyUI 验证框属性

名称	类型	描　述	默认值
required	boolean	定义字段是否为必填项	false
validType	stringarray	定义字段的验证类型，例如 email、url 等。值为字符串类型，应用单个验证规则；值为数组，应用多个验证规则	null
delay	number	定义验证延迟时间	200
missingMessage	string	定义输入框为空的提示信息	null
invalidMessage	string	定义输入框数据不符合验证规则的提示信息	null
tipPosition	string	定义提示信息出现的位置。值为：left、right	right
deltaX	number	定义提示信息在水平方向的偏移量	0
novalidate	boolean	定义是否禁止应用验证	false

知识要点：EasyUI 日期框

EasyUI 日期框（datebox）把可编辑的文本框和下拉日历面板结合起来，用户可以从下拉日历面板中选择日期。在文本框中输入的字符串可转换为有效日期，被选择的日期也可以转换为预期的格式。实现 EasyUI 日期框有两种方式。

方式一：使用 HTML 标签创建日期框。

< input id = " dd" type = " text" class = " easyui-datebox" required = " required" >

方式二：使用 jQuery 创建日期框。

< input id = " dd" type = " text" >

< script > $ ('#dd '). datebox(｛ required：true｝); </script>

可通过设置属性改变日期框的默认状态，EasyUI 日期框属性参见表 4 – 12。

表 4 – 12　EasyUI 日期框属性

名称	类型	描　述	默认值
panelWidth	number	定义下拉日历面板的宽度	180
panelHeight	number	定义下拉日历面板的高度	auto
currentText	string	定义当前日期按钮上显示的文本	Today
closeText	string	定义关闭按钮上显示的文本	Close
okText	string	定义确定按钮上显示的文本	Ok
disabled	boolean	定义是否禁用该域	false
buttons	array	定义日历面板底部的自定义按钮	
sharedCalendar	stringselector	定义多个日期框组件共享日历	null
formatter	function	格式化日期的函数，该函数有一个 ' date ' 参数，并返回一个字符串值	—
parser	function	解析日期字符串的函数，该函数有一个 ' date ' 字符串，并返回一个日期值	—

例如实现一个添加自定义按钮的 EasyUI 日期框，示例代码如下：

```
1    < input id = " defaultDateBox" type = " text" class = " easyui-datebox" >
2    < input id = " buttonDateBox" type = " text" class = " easyui-datebox" >
3    < script >
4      var buttons = $ . extend( [ ], $ . fn. datebox. defaults. buttons) ;
5      buttons. splice( 1, 0, {
6        text：'我的按钮',
7        handler：function( target) {
8          alert( ' click MyBtn ') ;
9        }
10     } );
11     $ ( '#buttonDateBox ') . datebox( {
12       buttons：buttons,
13     } );
14   </ script >
```

上述代码运行效果如图 4 – 42 所示。

图 4 – 42   EasyUI 日期框运行效果

步骤 2.使用在线 HTML 编辑器实现文章内容的添加。

本实例使用 UEditor 在线 HTML 编辑器实现文章内容的添加，首先到官网下载 UEditor 最新版(实例采用 Ueditor1.4.3 PHP 版本，PHP 服务器采用 WampServer，PHP 服务器配置不在本书介绍范围)。再用如下代码替换"新增/编辑文章静态页"步骤 1 中第 24 行代码。

```
1    <! --加载 UEditor 编辑器的容器-->
2    < script id = " container" name = " content" type = " text/plain" style = " width：90% " >
3    初始化文本( 如文章内容)
```

```
4        </script>
5        <!--加载 UEditor 配置文件-->
6        <script type = "text/javascript" src = "ueditor/ueditor.config.js" > </script >
7        <!--加载 UEditor 编辑器源码文件-->
8        <script type = "text/javascript" src = "ueditor/ueditor.all.js" > </script >
9        <!--实例化 UEditor 编辑器-->
10       <script type = "text/javascript" >
11          //设置 UEditor 所在位置,从项目的根目录开始
12          window.UEDITOR_HOME_URL = "/admin/ueditor/";
13               var ue = UE.getEditor('container');
14       </script>
```

UEditor 在线 HTML 编辑器集成到网页比较方便,值得注意的是核心文件引入的路径要正确(第 6 行和第 8 行代码),第 12 行代码 UEditor 所在路径是否正确也很关键。

完成上述 2 个步骤,"新增/编辑文章静态页制作"实例制作完毕,实例最终效果如图 4 - 29 所示。

知识要点:常用在线 HTML 编辑器介绍

信息发布是一种常见的 Web 程序应用,通常需要对发布的数据进行格式的转换,才能使信息以用户需要的格式显示在 Web 页面上。而为了实现 Web 应用中在线信息发布的正确显示和用户对信息发布的格式、类型和功能上的需求,HTML 在线编辑器的概念就应运而生。顾名思义,HTML 在线编辑器就是用于在线编辑的工具,编辑的内容是基于 HTML 的文档。因为它可用于在线编辑基于 HTML 的文档,所以,它经常被应用于网站后台的内容发布、留言板留言、论坛发帖、Blog 日志编写等。常见的在线 HTML 编辑器如下:

① UEditor(官方网址 http://ueditor.baidu.com/website/)。

UEditor 是由百度 web 前端研发部开发的所见即所得富文本 Web 编辑器,具有轻量、可定制、注重用户体验等特点,开源基于 MIT 协议,允许自由使用和修改代码。运行界面如图 4 - 43 所示。

图 4 - 43 UEditor 运行界面

② KindEditor(官方网址 http://kindeditor.net/)。

KindEditor 是一套开源的在线 HTML 编辑器,主要用于让用户在网站上获得所见即所得

编辑效果，开发人员可以用 KindEditor 把传统的多行文本输入框（textarea）替换为可视化的富文本输入框。KindEditor 使用 JavaScript 编写，可以无缝地与 Java、.NET、PHP、ASP 等程序集成，比较适合在 CMS、商城、论坛、博客、Wiki、电子邮件等互联网应用上使用。运行界面如图 4 – 44 所示。

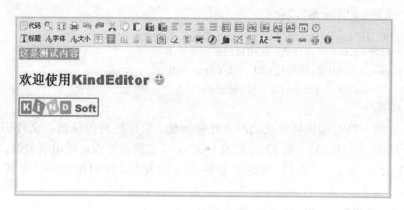

图 4 – 44　KindEditor 运行界面

③ eWebEditor（官方网址 http：//www. ewebeditor. net/）。

eWebEditor 是一个基于浏览器的在线 HTML 编辑器，Web 开发人员可以用它把传统的多行文本输入框"textarea"替换为可视化的富文本输入框，不需要在客户端安装任何的组件或控件，操作人员就可以以直觉、易用的界面创建和发布网页内容，并可以通过自带的可视配置工具，对 eWebEditor 进行完全的配置。运行界面如图 4 – 45 所示。

图 4 – 45　eWebEditor 运行界面

④ CKEditor（官方网址 http：//ckeditor. com/）。

CKEditor 是一个专门应用于网页的文字编辑器。它具有开源、所见即所得、轻量级等特点，不需要太复杂的安装步骤即可使用。它可和 PHP、JavaScript、ASP、ASP. NET、ColdFusion、Java 和 ABAP 等不同的编程语言相结合。运行界面如图 4 –46 所示。

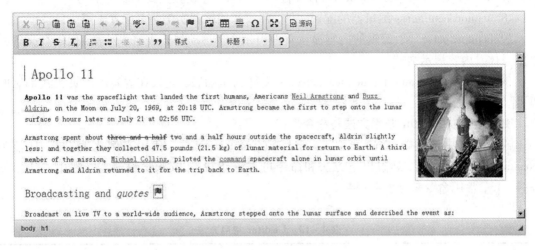

图 4 –46　CKEditor 运行界面

知识要点：UEditor 下载包目录说明

UEditor 下载包有两个类型，即源码包和部署包。源码包包含了 UEditor 的源码、多种动态语言(PHP、ASP. NET、JSP)代码和使用实例。以 Ueditor1.4.3 PHP 版本部署包为例，解压后的文件目录结构如图 4 –47 所示。

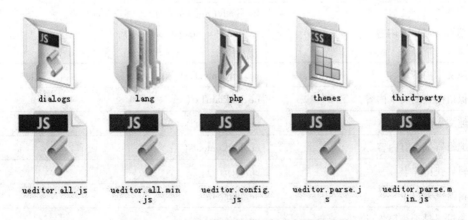

图 4 –47　Ueditor1.4.3 PHP 版本部署包目录

UEditor1.4.3 PHP 版本部署包中各文件夹与文件说明如下：
① dialogs：弹出对话框对应的资源和 JS 文件。
② lang：编辑器国际化显示的文件。
③ php 或 jsp 或 asp 或 net：涉及服务器端操作的后台文件。
④ themes：样式图片和样式文件。

⑤ third-party：第三方插件(包括代码高亮，源码编辑等组件)。

⑥ ueditor. all. js：开发版代码合并的结果，目录下所有文件的打包文件。

⑦ ueditor. all. min. js：ueditor. all. js 文件的压缩版，建议在正式部署时采用。

⑧ ueditor. config. js：编辑器的配置文件，建议和编辑器实例化页面置于同一目录。

⑨ ueditor. parse. js：编辑的内容显示页面引用，会自动加载表格、列表、代码高亮等样式，具体看内容展示文档。

⑩ ueditor. parse. min. js：ueditor. parse. js 文件的压缩版，建议在内容展示页正式部署时采用。

知识要点：UEditor 常用方法与命令

在步骤 2 中通过"var ue = UE. getEditor(' container ');"代码实例化编辑器 ID 值为 container 的 dom 容器，通过以下方法和命令可进一步设置 Ueditor 编辑器。常用方法参见表 4 - 13，常用命令参见表 4 - 14。

<p align="center">表 4 - 13 UEditor 常用方法</p>

方 法 描 述	示 例 代 码
设置编辑器内容	ue. ready(function( ){ ue. setContent('< p >hello！ </p >'); });

追加编辑器内容	ue. ready(function( ){
	ue. setContent('< p >new text </p >', true);
	});

获取编辑器 HTML 内容	ue. ready(function( ){
	var html = ue. getContent( );
	});

获取纯文本内容	ue. getContentTxt( );
获取保留格式的文本内容	ue. getPlainTxt( );
获取纯文本内容	ue. getContentTxt( );
判断编辑器是否有内容	ue. hasContents( );
让编辑器获得焦点	ue. focus( );
让编辑器失去焦点	ue. blur( );
判断编辑器是否获得焦点	ue. isFocus( );
设置当前编辑区域不可编辑	ue. setDisabled( );
设置当前编辑区域可以编辑	ue. setEnabled( );
隐藏编辑器	ue. setHide( );
显示编辑器	ue. setShow( );
获得当前选中的文本	ue. selection. getText( );

表 4 – 14　UEditor 常用命令

方 法 描 述	示 例 代 码
在当前光标位置插入 HTML 内容	ue. execCommand(' inserthtml ', ' < span > hello！ </span >');

设置当前选区文本格式	ue. execCommand(' bold '); //加粗
	ue. execCommand(' italic '); //加斜线
	ue. execCommand(' subscript '); //设置上标
	ue. execCommand(' supscript '); //设置下标
	ue. execCommand(' forecolor ', '#FF0000 '); //设置字体颜色
	ue. execCommand(' backcolor ', '#0000FF '); //设置字体背景颜色

回退编辑器内容	ue. execCommand(' undo ');
撤销回退编辑器内容	ue. execCommand(' redo ');
切换源码和可视化编辑模式	ue. execCommand(' source ');
选中所有内容	ue. execCommand(' selectall ');
清空内容	ue. execCommand(' cleardoc ');
读取草稿箱	ue. execCommand(' drafts ');
清空草稿箱	ue. execCommand(' clearlocaldata ');

知识要点：定制 UEditor 工具栏图标

UEditor 工具栏上的按钮列表可根据需要自定义配置，自定义配置方法如下：

方法一：修改 ueditor. config. js 里面的 toolbars 数组。

方法二：实例化编辑器的时候传入 toolbars 参数。

例如使用方法二设置一个简单工具栏 Ueditor 编辑器，示例代码如下：

```
1    < script id = " container" name = " content" type = " text/plain"
     style = " height：200px；" > </script >
2    < script type = " text/javascript" src = " ueditor/ueditor. config. js" > </script >
3    < script type = " text/javascript" src = " ueditor/ueditor. all. js" > </script >
4    < script type = " text/javascript" >
5        window. UEDITOR_HOME_URL = "/ueditor/";        //从项目的根目录开始
6        var ue = UE. getEditor(' container ', {
7        toolbars：[[' fullscreen ', ' source ', ' undo ', ' redo ', ' bold ']],
8            autoHeightEnabled：true,
9            autoFloatEnabled：true
10        });
11    </script >
```

上述代码运行效果如图 4 – 48 所示。

上述第 7 行代码为自定义工具栏，其中 "' fullscreen" 等值表示一个工具图标按钮，详细值说明参见表 4 – 15。

图 4 – 48　Ueditor 自定义工具栏效果

表 4 – 15　Ueditor 工具栏按钮值

按钮值	描　述	按钮值	描　述
' anchor '	锚点	' undo '	撤销
' redo '	重做	' indent '	首行缩进
' bold '	加粗	' italic '	斜体
' snapscreen '	截图	' underline '	下划线
' strikethrough '	删除线	' subscript '	下标
' fontborder '	字符边框	' superscript '	上标
' formatmatch '	格式刷	' source '	源代码
' blockquote '	引用	' pasteplain '	纯文本粘贴模式
' selectall '	全选	' print '	打印
' preview '	预览	' horizontal '	分隔线
' removeformat '	清除格式	' time '	时间
' unlink '	取消链接	' date '	日期
' insertrow '	前插入行	' insertcol '	前插入列
' mergeright '	右合并单元格	' mergedown '	下合并单元格
' deleterow '	删除行	' deletecol '	删除列
' splittorows '	拆分成行	' splittocols '	拆分成列
' splittocells '	完全拆分单元格	' deletecaption '	删除表格标题
' inserttitle '	插入标题	' mergecells '	合并多个单元格

续表 4-15

按钮值	描　述	按钮值	描述
' deletetable '	删除表格	' cleardoc '	清空文档
' insertparagraphbeforetable '	表格前插入行	' insertcode '	代码语言
' fontfamily '	字体	' fontsize '	字号
' paragraph '	段落格式	' simpleupload '	单图上传
' insertimage '	多图上传	' edittable '	表格属性
' edittd '	单元格属性	' link '	超链接
' emotion '	表情	' spechars '	特殊字符
' searchreplace '	查询替换	' map '	Baidu 地图
' insertvideo '	视频	' gmap '	Google 地图
' help '	帮助	' justifyleft '	居左对齐
' justifyright '	居右对齐	' justifycenter '	居中对齐
' justifyjustify '	两端对齐	' forecolor '	字体颜色
' backcolor '	背景色	' insertorderedlist '	有序列表
' insertunorderedlist '	无序列表	' fullscreen '	全屏
' directionalityltr '	从左向右输入	' directionalityrtl '	从右向左输入
' rowspacingtop '	段前距	' rowspacingbottom '	段后距
' pagebreak '	分页	' insertframe '	插入 Iframe
' imagenone '	默认	' imageleft '	左浮动
' imageright '	右浮动	' attachment '	附件
' imagecenter '	居中	' wordimage '	图片转存
' lineheight '	行间距	' edittip '	编辑提示
' customstyle '	自定义标题	' autotypeset '	自动排版
' webapp '	百度应用	' tolowercase '	字母小写
' touppercase '	字母大写	' background '	背景
' template '	模板	' scrawl '	涂鸦
' music '	音乐	' inserttable '	插入表格
' drafts '	从草稿箱加载	' charts '	图表
'|'	工具栏按钮分割线		

4.3.5 文件管理制作

1. 实例描述

文件管理包括文件搜索、查看、下载和删除等功能。在 4.3.4 小节中，我们通过 UEditor 在线 HTML 编辑器实现文章内容的添加，内容除了在编辑器直接输入外，还可将多种类型的文件上传至服务器，UEditor 图片上传界面如图 4 – 49 所示，Ueditor 附件文件上传界面如图 4 – 50 所示。

图 4 – 49　UEditor 图片上传界面

通过 UEditor 编辑器上传的图片和附件文件需要定期进行维护（主要是删除过期的文件），达到节省服务器资源的目的。本实例采用 EasyUI 的布局（Layout）、树（Tree）、数据网格（DataGrid）等组件实现效果如图 4 – 51 所示的上传文件列表管理静态页。

2. 实现步骤

在实训项目根目录下的 admin 目录下新建网页，实例文件名（fileManage. html）。注意引入 EasyUI 框架必要文件（详见附录 6）。

步骤 1. 采用 EasyUI 布局（Layout）组件实现文件管理页面布局。

文件管理布局分左右两部分，左边放置栏目，右边放置文件列表，实现代码如下：

```
1      < div class = "easyui-layout" style = "width：100%；height：400px;" >
2        < div region = "west" split = "true" title = "文件所属栏目" style = "width：200px;" >
3          < h1 >栏目列表内容 </h1 >
4        </div >
5        < div region = "center" title = "文件列表" >
6          < h1 >文件列表内容 </h1 >
```

图 4－50　Ueditor 附件文件上传界面

图 4－51　上传文件列表管理静态页效果

7　　　</div>
8　　</div>

上述代码通过应用 EasyUI 布局组件实现一个左右两列布局，EasyUI 布局组件知识参考"4.3.2 网站后台首页制作"小节，代码实现效果如图 4－52 所示。

步骤 2.采用 EasyUI 树(Tree)组件实现栏目列表。

由于文件是在添加文章内容时，通过 Ueditro 编辑器"图片上传""附件上传"等上传至服

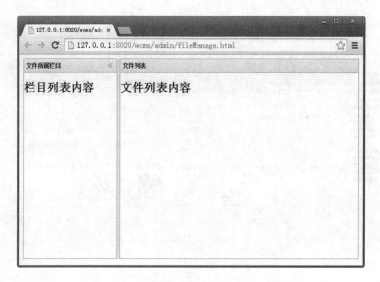

图 4 – 52   文件管理制作步骤 1 实现效果

务器的,所以每个上传文件都属于一个文章,而每个文章又属于一个栏目。为了方便上传文件的管理,设计按栏目进行分类管理。由于栏目具有层级性,采用 EasyUI 树(Tree)组件实现栏目列表显示。用如下代码替换步骤 1 中的第 3 行代码。

```
1        < ul class = " easyui-tree" data-options = "
2          url: ' data/tab_treegrid_data. json ',
3          method: ' get ',
4          animate: true,
5          lines: true" >
6        </ul >
```

上述代码通过在 < ul > 标签上应用. easyui-tree 样式定义一个 EasyUI 树,通过设置 url 属性的值定义树层级列表内容,设置 method 属性的值定义获取数据的 HTTP 方法。更多属性介绍参考"4.3.2 网站后台首页制作"小节。其中显示树内容的"tab_treegrid_data. json"数据格式如下:

[{"id": 1,"text":"一级栏目 1",

"children": [{"id": 11,"text":"二级栏目 11"},{"id": 12,"text":"二级栏目 12"}]

{"id": 2,"text":"一级栏目 2",

"children": [{"id": 21,"text":"二级栏目 21"},{"id": 22,"text":"二级栏目 22"}]

{"id": 3,"text":"一级栏目 3"}]

步骤 2 实现效果如图 4 – 53 所示。

步骤 3. 采用 EasyUI 数据表格(DataGrid)组件实现文件列表显示。

根据需求,设定要显示的件列表的字段包含文件的【编号,文件名,文件大小,文件类型,上传日期,所属文章标题,所属栏目】,其中"编号"具有唯一性。用如下代码替换步骤 1 中第 6 行代码。

```
1        < table id = " fileList" class = " easyui-datagrid" > </table >   <! --定义数据表格容器-->
2        < script >
```

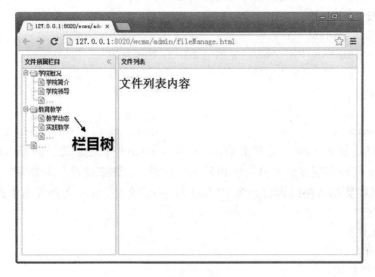

图 4 – 53　文件管理制作步骤 2 实现效果

```
3    $ (function( ) {
4      //设置 EasyUI 数据表格的属性
5      $ ('#fileList '). datagrid( {
6        url: ' data/fileList. json ', //设置数据表格远程数据源
7        method: ' get ', //设置数据表格请求远程数据的方法类型
8        pagination: true, //设置数据表格是否显示分页
9        rownumbers: true, //设置数据表格是否显示行号
10       idField: ' fId ', //设置数据表格唯一列字段
11       toolbar: "#fileTool", //设置数据表格自定义工具栏
12       fit: true, //设置数据表格大小是否自适应父容器
13       //设置数据表格列字段
14       columns: [[
15         {field: ' ck ', checkbox: ' true '}, //设置数据表格复选框列
16         //设置数据表格的列字段数据和列标题,并能够排序
              //其中列字段数据(fId)须与远程数据源中的一致
17         {field: ' fId ', title: ' ID ', sortable: true},
18         {field: ' fName ', title: '文件名', sortable: true},
19         {field: ' fSize ', title: '文件大小', sortable: true},
20         {field: ' fType ', title: '文件类型', sortable: true},
21         {field: ' fUpDate ', title: '上传日期', sortable: true},
22         {field: ' aTitle ', title: '所属文章标题', sortable: true},
23         {field: ' tabs ', title: '所属栏目', sortable: true},
24         {field: ' opt ', title: '操作'}
25       ]]
26     })
27   //得到 EasyUI 数据表格的分页控件
```

```
28        var pager  =  $ ('#articleList'). datagrid ('getPager');
29        //设置分页属性
30        pager. pagination({
31             pageSize：10，//每页显示的记录条数，默认为10
32             pageList：[5, 10, 15]，//可以设置每页记录条数的列表
33        });
34    })
35    </script>
```

上述代码通过在 < table >标签上应用. easyui-datagrid 样式定义一个 EasyUI 数据表格容器，通过 jQuery 代码实现数据表格属性和列属性的设置，详细设置方法参考"4.3.4 文章管理制作"小节。其中数据表格的内容来源于"fileList. json"文件，json 文件数据格式如下：

[{"fId":"0001",

"fName":"文件名"，

"fSize":"文件大小"，

"fType":"文档类型"，

"fUpDate":"文件上传日期"，

"aTitle":"文件所属文章标题"，

"tabs":"所属栏目"，

"opt":" < a href = '#' > 删除 </a>   < a href = '#' > 查看 </a> "}]

通过复制上述"{…}"再修改列字段对应的值，可产生更多行数据。步骤 3 实现效果如图 4 - 54 所示。

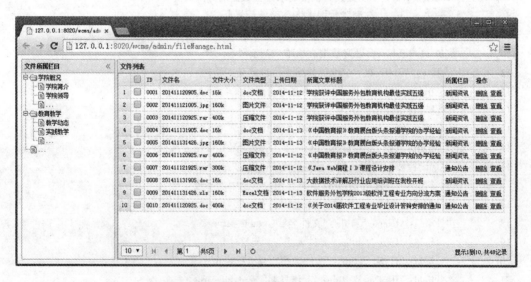

图 4 - 54   文件管理制作步骤 3 实现效果

步骤 4. 实现文件管理工具栏。

在步骤 3 的第 11 行代码，通过"toolbar:"#fileTool"，"设置文件管理自定义工具栏，工具包含"批量删除"和"按文件类型搜索文件"，添加如下代码实现文件管理工具栏。

```
1    <! --定义工具栏-->
```

```
2      < div id = "fileTool" style = "padding：8px 0；" >
3        < a id = "aDelFile" href = "javascript：void(0)" class = "easyui-linkbutton" data-options =
         "iconCls：'icon-cancel'，plain：true" >批量删除文件 </a >
4        < div style = "display：inline-block；padding-left：20px；border-left：1px solid #CCCACC；" >
5          < label >搜索：</label >
6          < input type = "text" class = "easyui-searchbox" style = "width：300px；"data-options =
           "prompt：'请输入要搜索的文件名称'，menu：'#tabList'，searcher：doSearch" >
7        </div >
8      </div >
9      <! --定义搜索框的下拉搜索类型-->
10     < div id = "tabList" >
11       < div data-options = "name：'allType'" >所有类型 </div >
12       < div data-options = "name：'picType'" >图片 </div >
13       < div data-options = "name：'docType'" >doc 文档 </div >
14     </div >
15     < script >
16     /*定义搜索文件函数*/
17     function doSearch(value，name){/*搜索框执行代码*/}
18     /*定义删除文件函数*/
19     $ (function(){
20       $ ("#aDelFile").click(function(){
21         var ids = [];
22         var rows = $ ('#fileList').datagrid('getSelections');
23         for(var i = 0；i < rows.length；i + +){
24           ids.push(rows[i].fName);
25         }
26         $.messager.confirm("操作提示"，"您确定要删除文件名为
         【" + ids.join('\t') + "】的文件吗?"，
27           function(cdata){
28                   if(cdata){/*点击"确定"按钮要执行的代码*/}
29                   else {/*点击"取消"按钮要执行的代码*/}
30           });
31       })
32     })
33     </script >
```

代码解析：

第 2 ~ 8 行代码定义工具栏容器。

第 3 行代码定义"批量删除文件"链接按钮，单击此按钮将触发第 19 ~ 32 行 JS 代码定义的删除文件函数。

第 4 ~ 7 行代码定义文件搜索框，单击搜索按钮将触发第 17 行 JS 定义的搜索文件函数，文件搜索框还具有文件类型下拉框，下拉框列表定义在第 10 ~ 14 行代码。

完成上述 4 个步骤，"文件管理制作"实例制作完毕，实例最终效果如图 4 – 55 所示。

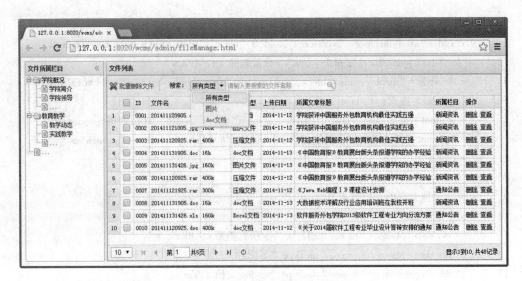

图 4-55　文件管理制作实现效果

4.3.6　网站访问量图表统计制作

1. 实例描述

网站统计是指通过专业的网站统计分析系统(或软件),对网站访问信息进行记录、归类和统计分析。常见的网站统计如网站访问量的增长趋势、时段访问量统计分析、访问最多的网页、用户停留时间等。网站统计为网站收集用户信息、用户群体,加强沟通,提高和改进网站建设具有重要意义。本实例以网站访问量作为统计数据,讲解采用 amCharts 组件实现月访问量 3D 柱状图展示、月访问量 3D 饼状图展示、年访问量对比折线图展示、区域时间访问量曲线统计图的制作过程。

2. 实现步骤

在实训项目根目录下的 admin 目录下建立子目录(chart),再新建网页,实例文件名(chart.html)。

步骤 1. 实训案例集成 amCharts 组件。

步骤 1-1. 进入 amCharts 官方网站(http://www.amcharts.com/download/)下载区,进行组件下载,下载界面如图 4-56 所示。

步骤 1-2. 将下载好的 amCharts 压缩包解压缩到 wcms 项目根目录下的 chart 目录下,在实例文件(chart.html)页面源代码的 < head > 标签对中,添加如下代码。

```
1    <! --导入 amCharts 组件核心库-->
2    < script src = "amcharts/amcharts/amcharts.js" type = "text/javascript" > </script >
3    <! --导入 amCharts 组件柱状图、线图库-->
4    < script src = "amcharts/amcharts/serial.js" type = "text/javascript" > </script >
5    <! --导入 amCharts 组件饼状图库-->
6    < script src = "amcharts/amcharts/pie.js" type = "text/javascript" > </script >
```

步骤 1-3. 创建新的 JavaScript 文件,命名为 chart-step.js(也可自行命名),并将其导入实例页面源代码中。

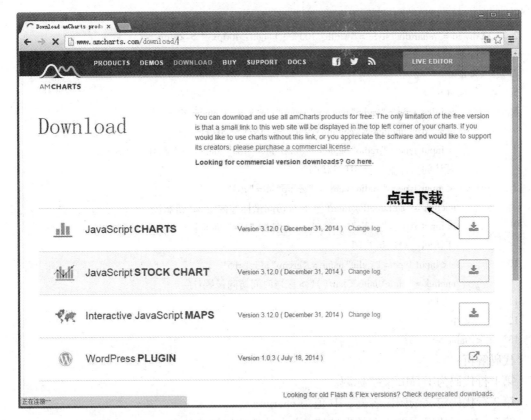

图 4 – 56　amCharts 组件官网下载界面

< script src = " chart-step. js" type = " text/javascript" > </script >

本案例 JavaScript 代码比较多，为防止当前 HTML 页面源码过大，不便于项目后期扩展和维护，特将 JavaScript 代码独立出来。

知识要点：amCharts 图表组件简介

amCharts 图表组件由 amCharts 公司出品，使用 amCharts 绘制统计分析图，比使用服务器端控件生成统计图的方法更加具有优越性，因为使用该组件后，绘制统计图的工作直接在客户端进行，而不是在服务端完成。这不仅意味着不再占用服务器端资源，而且可以直接利用客户端计算机的强大资源，大大提高绘制统计图的效率和速度。设想一下，由于客户端的访问，服务器端每天都需要创建 100000 幅统计图，这对服务器端来说，无疑会占用非常巨大的资源。使用 amCharts 组件可以将服务器端资源占用减少到接近零的程度，因为所有创建统计图的工作都在客户端完成，就像渲染 HTML 网页一样，服务器只负责发送数据，不再负责统计图的生成与发送，同时网络带宽的占用情况也得到改善。

另外，由于统计图是依靠 JavaScript 生成的，只要 Web 浏览器支持 JavaScript，统计图就能正常显示，而且在查看这个显示统计图的 Web 页面时，该网页可以处于离线状态。目前，amCharts 支持柱状图、条形图、线形图、面积图、烛台图、雷达图等基本图形，最新版本是3.0，本实例采用3.0 版本进行图表制作。

步骤 2. 使用 HTML 设置页面内容结构。

在实例文件(chart. html)源码的 < body > 和 </body >间，添加如下代码：

```
1    < center > < h1 > 网站访问量统计 </h1 > </center >
2    < div id = " chartdiv" style = "width：100%；height：400px；" > </div >
3    < table align = " center" cellspacing = "20" >
4      < tr >
5        < td >
6          < input type = " radio" name = " group" checked = " checked"
             id = " rb1" onclick = " column3D( )" > 月访问量 3D 柱状图
7          < input type = " radio" name = " group" id = " rb2" onclick = " pie3D( )" >
             月访问量标签外置 3D 饼状图
8          < input type = " radio" name = " group" id = " rb3"
             onclick = " setLabelPosition( )" > 月访问量标签内置 3D 饼状图
9          < input type = " radio" name = " group" id = " rb4" onclick = " lineGraph( )" >
             年访问量对比折线图
10         < input type = " radio" name = " group" id = " rb5"
             onclick = " timeVisitedChart( )" > 区域时间访问量统计
11       </td >
12     </tr >
13   </table >
```

代码解析：

第 1 行代码为 HTML 文字标题。

第 2 行代码定义绘图区容器，ID 值为 chartdiv。

第 3~12 行代码定义 4 个单选按钮，点击单选按钮切换一种 amCharts 统计图。

注意：第 6~10 行中的 onclick 事件触发的 JavaScript 函数名，在后续步骤中需要定义这些函数的内容。

步骤 3.绘制网站月访问量 3D 彩色柱状图。

步骤 3 – 1.数据初始化。

网站月访问量数据一般从服务器数据库中读取。本实训案例不涉及服务器端实现，故使用静态数据进行初始化，在 chart-step.js 文件中添加如下代码：

```
1    /* 变量区域 */
2    var chart;
3    var monthData = [ "一月"，"二月"，"三月"，"四月"，"五月"，"六月" ];
4    var curVisitData = [2025，1582，2809，2322，3122，2814];
5    var columnChartData = [
6           {
7                   "month"：monthData[0]，
8                   "visits"：curVisitData[0]，
9                   "color"："#FF0F00"
10          }，
11          {
12                  "month"：monthData[1]，
13                  "visits"：curVisitData[1]，
14                  "color"："#FF6600"
```

```
15                    },
16                    {
17                        "month" : monthData[2],
18                        "visits" : curVisitData[2],
19                        "color" : "#FF9F01"
20                    },
21                    {
22                        "month" : monthData[3],
23                        "visits" : curVisitData[3],
24                        "color" : "#FCD202"
25                    },
26                    {
27                        "month" : monthData[4],
28                        "visits" : curVisitData[4],
29                        "color" : "#F8FF01"
30                    },
31                    {
32                        "month" : monthData[5],
33                        "visits" : curVisitData[5],
34                        "color" : "#B0DE09"
35                    },
36            ];
37      /* 变量区,内容待扩展 */
38      /* 函数区 */
```

代码解析:

第 2 行代码定义 chart 变量,该变量用来指向统计图。

第 3 行代码定义字符串数据,每一个数据项表示一个月份的名称。

第 4 行代码定义一个整型数组,用于记录网站每个月份的访问量。

第 5 ~ 36 行,使用 json 数据格式初始化柱状图的数据源,amChart 统计图的数据源规定:必须使用 json 数据格式。Json 数据中,每一条数据由 3 个数据项组成:数据 x 轴(由第 3 行代码定义的字符串数据初始化)、数据访问量(由第 4 行代码定义的整型数组初始化)和颜色组成。

步骤 3 - 2. 实现 3D 彩色柱状图 x 轴的绘制。

本实例 x 轴(水平方向)显示网站访问量的月份,用以下代码替换步骤 3 - 1 中的第 38 行代码:

```
1   AmCharts. ready( function ( ) {
2       column3D( );
3   } );
4   function column3D( ) {
5       chart = new AmCharts. AmSerialChart( );
6       chart. dataProvider = columnChartData;
7       chart. categoryField = "month";
```

```
8          chart. startDuration  = 1;
9          chart. depth3D  = 50;
10          chart. angle  = 30;
11          chart. marginRight  = -45;
12          /* 内容待扩展 */
13          chart. write( "chartdiv" );
14       }
15     /* 内容待扩展 */
```

代码解析:

第 1 ~ 3 行代码初始化 AmCharts. ready( )函数,该函数是 amcharts 的入口函数,即 Web 会自动加载、调用该函数。

第 2 行代码调用 JS 自定义函数 column3D( ),此函数为绘制 3D 彩色柱状图主函数。

第 4 ~ 15 行代码定义绘制 3D 彩色柱状图主函数。

第 5 行代码初始化 chart 变量,使用 AmCharts 类的 AmSerialChart( )方法创建柱状图,该方法功能强大,可创建线、面、柱、栏、折线、平滑线、蜡烛柱状等图表。

第 6 行代码中,dataProvider 是初始化柱状图表的数据源,数据来源正是步骤 3 中定义的 json 数据 columnChartData。

第 7 行代码中,categoryField 需设置 String 类型,获取在 dataProvider 对象中字段的名称,根据该字段的名称(使用 columnChartData 的"month"数据项初始化柱状图表的 x 域),获取对应的值,用于图表 x 轴上——柱状图表图表的 x 轴表示其 x 轴。

第 8 行代码设置图表动画持续时间是 1 s。

第 9 行代码中,chart. depth3D 创建一个 3D 效果,并设置 3D 部分的深度,默认值为 0,若 chart. depth3D 小于等于 0,当前图表无 3D 效果。

第 10 行代码中,chart. angle 设置 3D 效果的角度,两者值都必须大于 0,默认值为 0,若 chart. angle 小于等于 0,当前图表无 3D 效果,且设置该属性的前提条件是 chart. depth3D 值必须大于 0。

第 11 行代码中,chart. marginRight = -45 设置图表左间距为 45px,仅仅为增强图表显示效果。

第 13 行代码是将初始化好的 chart 动态填充到"chartdiv"中,chartdiv 是在步骤 2 中定义的绘图区容器。

第 15 行代码用于后续扩展实现的 JavaScript 函数。

上述代码实现效果如图 4 – 57 所示。

为获取最佳显示效果,隐藏 x 轴(x 轴)和网格竖线。用如下代码替换步骤 3 – 2 中的第 12 行代码。

```
1     var categoryAxis = chart. categoryAxis;
2     categoryAxis. gridAlpha = 0;
3     categoryAxis. axisAlpha = 0;
4     /* 内容待扩展 */
```

代码解析:

第 1 行代码中,获取 x 轴,由 chart. categoryAxis 可知,x 轴是 chart 自身创建。

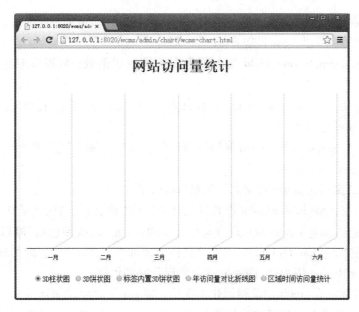

图 4 - 57　3D 彩色柱状图 x 轴的绘制效果

第 2 行代码中，设置 x 轴网格线（即竖网格线）透明度为 0，0 表示完全透明，categoryAxis. gridAlpha 取值范围是：0 ~ 1，默认值是 0. 15。

第 3 行代码中，设置 x 轴透明度为 0，categoryAxis. axisAlpha 取值范围是：0 ~ 1，默认值是 0. 15。

步骤 3 - 3. 实现 3D 彩色柱状图刻度坐标(y)轴及彩色柱的绘制。

绘制 y 轴用于显示每个月的访问量；绘制 3D 彩色柱状图，将上述第 4 行代码用下列代码替换，代码如下：

```
1    var valueAxis = new AmCharts. ValueAxis( );
2    / * 内容待扩展 */
3    chart. addValueAxis( valueAxis) ;
4    var graph = new AmCharts. AmGraph( ) ;
5    graph. valueField = "visits" ; //dataProvider
6    graph. colorField = "color" ;
7    graph. balloonText = " <b > [ [ category] ] : [ [ value] ] </b > " ;
8    graph. type = "column" ;
9    graph. lineAlpha = 0. 5 ;
10   graph. lineColor = "#FFFFFF" ;
11   graph. topRadius = 1 ;
12   graph. fillAlphas = 0. 9 ;
13   chart. addGraph( graph) ;
14   / * 内容待扩展 */
```

代码解析：

第 1 行代码创建刻度坐标轴(y 轴)。

第 3 行代码将刻度坐标轴添加到图表中。

第5行代码创建 graph 对象,graph 对象指柱状图,chart 指整个柱状图表,包括:柱状图、x 轴、刻度坐标轴等,所以,graph 是 chart 的一部分。

第6行代码中,graph.valueField 是为刻度坐标轴设置值域,数据来源是 dataProvider 的"visits"字段。

第7行代码中,graph.colorField 是为柱状图的每根柱子设置颜色,数据来源是 dataProvider 的"color"字段。

第8行代码中,graph.balloonText 属性设置鼠标指向柱状图中任意位置时,弹出的气泡的文本格式。

第9行代码设置当前 graph 对象的类型是"column"类型。

第10行代码中,graph.lineAlpha 设置每根柱子边框(轮廓)线透明度是0.5。

第11行代码中,graph.lineColor 设置每根柱子边框(轮廓)线颜色是"#FFFFFF"。

第12行代码中,graph.topRadius 设置每根柱子顶部半径大小为1,即与柱子底部半径一致,如果 graph.topRadius 值为0,则每根柱状的形状是圆锥体。

第14行代码指完成 graph 对象初始化工作后,将 graph 对象添加到 chartz 中。

上述代码运行效果会出现横向网格线及刻度坐标轴,如果希望隐藏横向网格线和刻度坐标轴,用如下代码替换第2行代码。

```
1    valueAxis.axisAlpha = 0;        /*将刻度坐标轴透明度设置为0(透明);*/
2    valueAxis.gridAlpha = 0;        /*将刻度坐标轴的网格线的透明度设置为0(透明)*/
```

添加上述两行代码后,代码运行效果如图4-58所示。

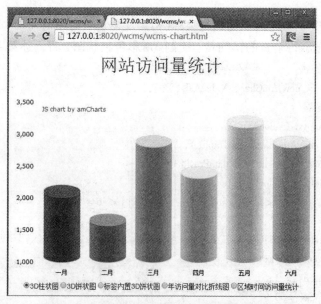

图4-58　刻度坐标轴和横向网格线隐藏界面

步骤3-4.实现刻度坐标轴和 x 轴气泡显示功能。

为提升用户体验,实现刻度坐标轴和 x 轴气泡显示功能,用如下代码替换步骤3-3中第15行代码。

```
1    var chartCursor = new AmCharts. ChartCursor( ) ;
2    chartCursor. cursorAlpha = 1 ;
3    chartCursor. zoomable = false ;
4    chartCursor. categoryBalloonEnabled = true ;
5    chartCursor. valueLineEnabled = true ;
6    chartCursor. valueLineBalloonEnabled = true ;
7    chartCursor. valueLineAlpha = 1 ;
8    chart. addChartCursor( chartCursor) ;
```

代码解析：

第 1 行代码定义 chartCursor 对象，它是光标对象，响应鼠标移动事件。

第 2 行代码设置当光标对象移动到某柱子上时，竖向网格线的透明度为不透明。

第 3 行代码指光标对象不支持缩放。

第 4 行代码中，chartCursor. categoryBalloonEnabled 属性值设为 true，即 x 轴支持气泡显示。

第 5 ~ 7 行代码，是对刻度坐标轴进行设置，分别设置刻度坐标轴横向网格线以透明度为 1 显示，且允许气泡显示。

上述代码运行效果如图 4 - 59 所示。

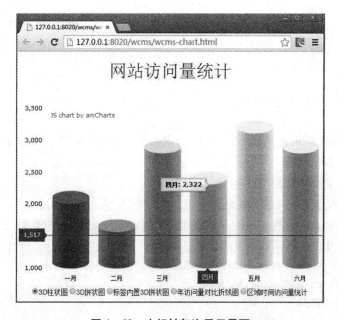

图 4 - 59　坐标轴气泡显示界面

步骤 4. 绘制 3D 饼状图。

步骤 4 - 1. 数据初始化。

用如下代码替换步骤 3 - 1 的第 38 行代码。

```
1    var pieChartData = [
2        {
3            "month" : monthData[0] ,
```

```
4                    "litres" : curVisitData[0]
5            },
6            {
7                    "month" : monthData[1],
8                    "litres" : curVisitData[1]
9            },
10           {
11                   "month" : monthData[2],
12                   "litres" : curVisitData[2]
13           },
14           {
15                   "month" : monthData[3],
16                   "litres" : curVisitData[3]
17           },
18           {
19                   "month" : monthData[4],
20                   "litres" : curVisitData[4]
21           },
22           {
23                   "month" : monthData[5],
24                   "litres" : curVisitData[5]
25           },
26   ];
27   /* 变量区,内容待扩展 */
```

代码解析:

3D 饼状图数据来源可复用柱状图的初始化数据,因为 3D 饼状图对数据格式的要求是 json 数据格式。且 Json 数据中,仅需每一条数据由 2 个数据项组成。但考虑到功能的扩展性和功能独立性,本案例使用独立的初始化数据。

步骤 4 - 2. 实现 3D 饼状图 x 轴的绘制。

实现 3D 饼状图绘制函数 pie3D( )部分代码,用以下代码替换步骤 3 - 2 中第 15 行代码。

```
1    function pie3D( ) {
2        chart = new AmCharts. AmPieChart( );
3        chart. dataProvider = pieChartData;
4        chart. titleField = "month";
5        chart. valueField = "litres";
6        legend = new AmCharts. AmLegend( );
7        legend. align = "center";
8        legend. markerType = "circle";
9        chart. balloonText = "[[title]] < br > < span style = ' font-size: 14px ' > < b > [[value]] </b >
         ([[perc ent s]]%) </span >";
10        legend. maxColumns = 3;
11        chart. addLegend(legend);
```

```
12        /*内容待扩展 */
13            chart. write("chartdiv");
14        }
15        /*内容待扩展 */
```

代码解析：

第 2 行代码中，通过 AmCharts. AmPieChart( )方法创建饼状图对象 chart。

第 3 行代码中，为饼状图对象初始化数据源。

第 4 行代码中，chart. titleField 是饼状图对象的标题域，将其设为 json 数据中的"month"字段，为何在此是标题域，而在柱状图中是 x 域？因为饼状图中有两个文本域需要说明：一是图表说明(legend)，二是每个饼状片的标签说明(label)。一旦完成 chart. titleField 设置，图表说明和每个饼状片的标签说明都会显示 chart. titleField 的内容。

第 5 行代码中，chart. titleField 表示饼状图的值域，将其设置为 json 数据中的"litres"字段。

第 6 行代码创建图表说明 legend。

第 7 行代码设置 legend 的显示格式为居中显示。

第 8 行代码设置 legend 中每个选项的图标类型为圆形，图标类型可设置的类型有：可能的值有：方形，圆形，菱形，triangleUp，triangleDown，triangleLeft，triangleDown 和泡沫等。

第 9 行代码中，chart. balloonText 是指光标移动到饼状图时，动态显示的气泡的文本格式。

第 10 行代码将 legend 最大显示设置为 3 列。

第 11 行代码将初始化好的 lengend 添加到饼状图中。

第 13 行代码将初始化好的饼状图动态添加到"chartdiv"这个 div 中。

代码运行效果如图 4-60 所示。

图 4-60 饼状图显示界面

饼状图中任意饼状片被鼠标点击后，被点击的饼状片可自动从当前饼状图中分离出来，效果如图4-61所示。

代码中设置的元素，在饼状图中对应位置如图4-62饼状图元素示意图所示。

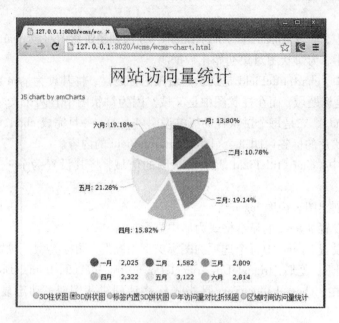

图4-61 饼状图分离显示界面

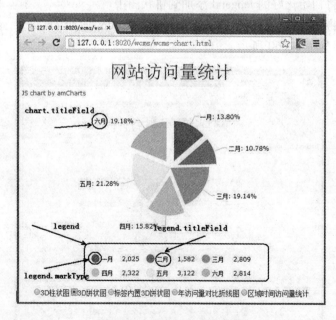

图4-62 饼状图元素示意图

步骤4-3. 饼状图3D化。

替换步骤4-2中第12行代码，代码如下：

```
1    chart. depth3D = 10;
2    chart. angle = 10;
3    / * 内容待扩展 * /
```

代码解析：

上述代码实现饼状图 3D 化，分别设置饼状图的深度和角度，代码涵义与 3D 彩色柱状图中代码一致。代码运行效果如图 4 - 63 所示。

3D 饼状图中任意饼状片被鼠标点击后，被点击的饼状片可自动从当前饼状图中分离出来，如图 4 - 64 所示。

图 4 - 63 3D 饼状图

图 4 - 64 3D 饼状图分离显示界面

步骤4－4.实现3D饼状图标签内置。

使用以下代码替换步骤4－3中第3行代码。

```
1    chart.labelRadius  = -30;
2    chart.labelText  = "[[percents]]%";
```

代码解析：

第1行代码中，chart.labelRadius 设置标签和饼状片的距离，设置为负值，可让标签在饼状片内显示，默认值20。

第2行代码设置标签的文本格式，考虑到标签文本太长，会超出饼状片显示区域，将标签说明去掉。

在3D饼状图上添加以上两行代码，即可实现单选框 pieinlabel3D 的效果，代码运行效果如图4－65所示。

图4－65 3D 饼状图标签内置显示图

步骤5.绘制年访问量对比折线图。

步骤5－1.数据初始化。

替换步骤4－1中的第27行代码，代码如下所示：

```
1    var lastVisitData = [1828, 1282, 2609, 2422, 2722, 2614];
2    var lineChartData = [
3        {
4            "month": monthData[0],
5            "thisyear": curVisitData[0],
6            "lastyear": lastVisitData[0]
7        },
8        {
```

```
9                  "month"：monthData[1]，
10                 "thisyear"：curVisitData[1]，
11                 "lastyear"：lastVisitData[1]
12          }，
13          {
14                 "month"：monthData[2]，
15                 "thisyear"：curVisitData[2]，
16                 "lastyear"：lastVisitData[2]
17          }，
18          {
19                 "month"：monthData[3]，
20                 "thisyear"：curVisitData[3]，
21                 "lastyear"：lastVisitData[3]
22          }，
23          {
24                 "month"：monthData[4]，
25                 "thisyear"：curVisitData[4]，
26                 "lastyear"：lastVisitData[4]
27          }，
28          {
29                 "month"：monthData[5]，
30                 "thisyear"：curVisitData[5]，
31                 "lastyear"：lastVisitData[5]
32          }，
33     ];
```

代码解析：

第 1 行代码，定义数组 lastVisitData，用于记录去年 1~6 月的数据访问量。

第 2~34 行代码，定义 json 数据 lineChartData 用于彩色访问量对比图数据源的初始化，lineChartData 每条数据保护 3 个数据项：month（月份名称）、this year（今年访问量）和 last year（去年访问量）。

步骤 5 - 2. 实现年访问量对比折线图 x 轴的绘制。

实现年访问量对比折线图绘制函数 lineGraph（）部分代码，用以下代码替换步骤 4 - 2 中的第 15 行代码。

```
1    function lineGraph( ) {
2        chart = new AmCharts. AmSerialChart( );
3        chart. dataProvider = lineChartData;
4        chart. categoryField = "month";
5        chart. startDuration = 0.5;
6        chart. balloon. color = "#000000";
7        /* 内容待扩展 */
8        chart. write( "chartdiv" );
9    }
10   /* 内容待扩展 */
```

代码解析：

第 2 行代码中，通过 AmCharts. AmPieChart( )方法创建年访问量对比折线图对象 chart。

第 3 行代码中，初始化 chart 的数据源。

第 4 行代码中，初始化 chart 的 x 域是 lineChartData 的"month"字段。

第 5 行代码，定义 chart 的绘图动画持续时间是 0.5 s。

第 6 行代码中，设置光标移动到年访问量对比折线图时，动态弹出气泡的颜色。

代码运行效果如图 4-66 所示。

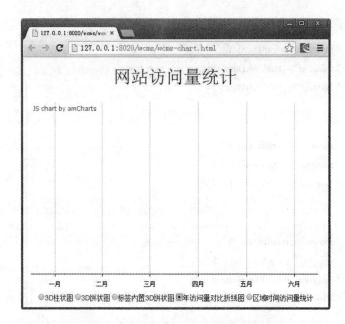

图 4-66 年访问量对比折线图初始界面

步骤 5-3. 设置 x 轴。

设置 x 轴，隐藏轴线，隐藏竖向网格线，x 域文本顶部显示。用以下代码替换步骤 5-2 中第 7 行代码。

```
1    var categoryAxis = chart. categoryAxis;
2    categoryAxis. fillAlpha = 1;
3    categoryAxis. fillColor = "#FAFAFA";
4    categoryAxis. gridAlpha = 0;
5    categoryAxis. axisAlpha = 0;
6    categoryAxis. position = "top";
7    /* 内容待扩展 */
```

代码解析：

第 1 行代码中，获取 chart 自动创建的 x 轴，用变量 categoryAxis 记录。

第 2~3 行代码设置 x 轴填充透明度和填充色。

第 4~5 行代码中，分别将竖向网格线和 x 轴线设置为透明。

第 6 行代码，设置 x 域文本顶部显示。

代码运行效果如图 4 – 67 所示。

图 4 – 67　年访问量对比折线图 x 轴设置界面

步骤 5 – 4.设置刻度坐标轴，绘制访问量对比线。

用以下代码替换步骤 5 – 3 中第 7 行代码。

```
1    var valueAxis = new AmCharts. ValueAxis( );
2    valueAxis. title  = "访问量对比图";
3    valueAxis. dashLength  = 5000;
4    valueAxis. axisAlpha  = 0;
5    valueAxis. minimum  = 500;
6    valueAxis. maximum  = 5000;
7    valueAxis. integersOnly  = true;
8    valueAxis. gridCount  = 10;
9    valueAxis. reversed  = false;
10   chart. addValueAxis( valueAxis);
11   var graph  = new AmCharts. AmGraph( );
12   graph. title  = "2014 系统访问量";
13   graph. valueField  = "thisyear";
14   graph. balloonText  = "2014 年访问量 [[category]]: [[value]]";
15   graph. bullet  = "round";
16   chart. addGraph( graph);
17   var graph  = new AmCharts. AmGraph( );
18   graph. title  = "2013 系统访问量";
19   graph. valueField  = "lastyear";
20   graph. balloonText  = "2013 访问量 [[category]]: [[value]]";
21   graph. bullet  = "round";
22   chart. addGraph( graph);
23   /*内容待扩展 */
```

代码解析：

第 1 行代码创建刻度坐标轴对象，用变量 valueAxis 记录。

第 2 行代码中，valueAxis.title 属性是设置刻度坐标轴的标题。

第 3 行代码设置刻度坐标轴的刻度长度为 5000。

第 4 行代码将刻度坐标轴线透明度设为 0，即隐藏刻度坐标轴线。

第 5 ~ 6 行代码设置刻度坐标轴最小刻度和最大刻度分别是 500、5000。

第 7 行代码设置刻度数据只显示整数。

第 8 行代码设置横向网格线数目。

第 9 行代码将刻度值逆序显示设置为 false，如果设置为 true，则刻度值逆序显示。

第 10 行代码将初始化好的刻度坐标轴对象，添加到年访问量对比折线图。

第 11 行代码创建折线图，其中 AmCharts.ValueAxis( ) 可创建以下几种类型的可视化图：行、列、折线、平滑线和烛台图。

第 12 行代码设置折线图的标题。

第 13 行代码设置折线图的值域。

第 14 行代码设置布线图的气泡文本格式。

第 15 行代码设置折线的节点形状，节点形状可选取的值有："无""圆""广场""triangleUp""triangleDown""triangleLeft""triangleRight""泡沫""钻石""xError""yError"和"自定"。

上述 11 ~ 15 行代码创建的是 2014 年折线图。

第 17 ~ 22 行代码创建的是 2013 年折线图，代码内容与 11 ~ 15 行代码基本一致。

代码运行效果如图 4 - 68 所示。

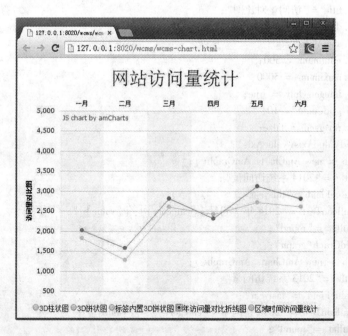

图 4 - 68　刻度坐标轴及折线对比界面

当光标移动到折线上时，会动态弹出气泡的显示效果，如图 4 – 69 所示。

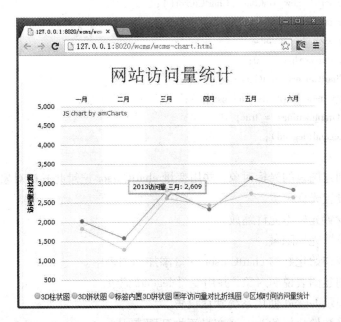

图 4 – 69　气泡显示界面

如果将步骤 5 – 4 第 9 行代码设置为 true，显示效果如图 4 – 70 所示。

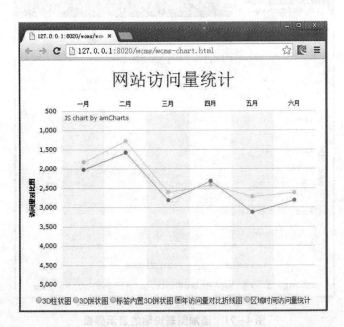

图 4 – 70　刻度轴逆序显示界面

步骤 5 – 5. 绘制图表说明和动态气泡。

添加图表说明（legend），绘制响应光标移动的 x 轴动态气泡。用以下代码替换步骤 5 – 4

中第 23 行代码。

```
1    var chartCursor = new AmCharts.ChartCursor();
2    chartCursor.cursorPosition = "mouse";
3    chartCursor.zoomable = false;
4    chartCursor.cursorAlpha = 0;
5    chart.addChartCursor(chartCursor);
6    var legend = new AmCharts.AmLegend();
7    legend.useGraphSettings = true;
8    chart.addLegend(legend);
```

代码解析：

第 1 行代码创建图表的光标对象，并用变量 chartCursor 记录此光标对象。

第 2 行代码设置光标位置。

第 3 行代码设置光标不允许缩放。

第 4 行代码设置光标隐藏。

第 5 行代码将初始化好的 chartCursor 变量添加到图表中。

第 6 行代码创建图表说明对象，并用变量 legend 记录。

第 7 行代码表示 legend 使用系统默认设置。

第 8 行代码将初始化好的 legend 变量添加到图表中。

代码运行效果如图 4-71 所示。

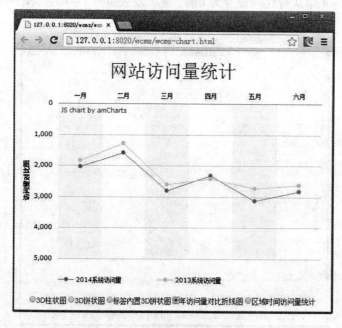

图 4-71　添加图表说明的显示界面

当光标移动到折线上时，会自动弹出响应光标移动的 x 轴动态气泡，显示效果如图 4-72 所示。

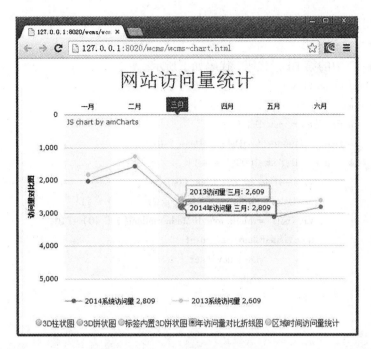

图 4－72　折线气泡显示界面

年访问量对比折线图的绘制到此全部完成，为让读者更加清晰地理解案例代码，特将代码中设置的元素、在年访问量对比折线图中对应位置，给出注释，如图 4－73 所示。

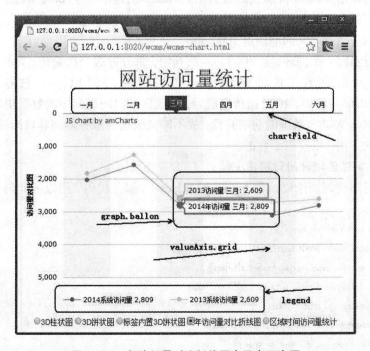

图 4－73　年访问量对比折线图表元素示意图

步骤 6. 绘制区域时间访问图。

步骤 6 - 1. 数据初始化。

替换步骤 5 - 2 中的第 10 行代码, 代码如下所示。

```
1    var timeVisitedChartData = [ ];
2    function generateTimeVisitedChartData( ) {
3            var firstDate = new Date( );
4            firstDate. setMinutes( firstDate. getDate( ) -1000);
5            for ( var i = 0; i < 1000; i + + ) {
6                    var newDate = new Date( firstDate);
7                    newDate. setMinutes( newDate. getMinutes( ) + i);
8                    var visits = Math. round( Math. random( ) * 40) + 10;
9                    timeVisitedChartData. push( {
10                           date: newDate,
11                           visits: visits
12                   });
13           }
14   }
15   / * 内容待扩展 * /
```

代码解析:

第 1 行代码定义数组 timeVisitedChartData。

该数组中的数据由第 2 行代码中的 generateTimeVisitedChartData( ) 方法动态填充。

第 3 行代码利用 JavaScript 提供的数据类型 Date, 创建了一个 Date 对象, 该对象自动把当前日期和时间保存为其初始值。

第 4 行代码将当前时间向前倒退 1000 min。

第 5 ~ 13 行实现一个循环, 从 1000 min 前开始, 每分钟做一次遍历, 每次遍历随机产生一个 10 ~ 50 间的整数, 并将此随机数和当时的时间以 json 数据格式存储到 timeVisitedChartData 数组中, 1000 遍历完成后, 完成区域时间访问图的数据初始化。

本程序只讲解 WCMS 系统的前端开发, 故不涉及数据从服务器到客户端的传递, 本程序在此通过遍历的方式, 模拟初始数据。

步骤 6 - 2. 实现区域时间访问图 x 轴。

实现区域时间访问图绘制函数 timeVisitedChart ( ) 部分代码, 用以下代码替换步骤 6 - 1 中第 15 行代码。

```
1    function timeVisitedChart( ) {
2    generateTimeVisitedChartData( );
3    chart = new AmCharts. AmSerialChart( );
4    chart. dataProvider = timeVisitedChartData;
5    chart. categoryField = "date";
6    var categoryAxis = chart. categoryAxis;
7    categoryAxis. parseDates = true;
8    categoryAxis. minPeriod = "mm";
9    categoryAxis. gridAlpha = 0. 07;
```

```
10      categoryAxis. axisColor  = "#DADADA" ;
11      /*内容待扩展*/
12      }
```

代码解析：

第 2 行代码调用 generateTimeVisitedChartData( )方法实现区域时间访问图的数据初始化，即初始化 timeVisitedChartData 数组。

第 3 行代码创建 AmSerialChart 对象。

第 4 行代码为区域时间访问图设置数据源。

第 5 行代码将 x 域设置为 timeVisitedChartData 的"date"字段。

第 6 行代码获取 x 轴，并用变量 categoryAxis 记录。

第 7 行代码设置 categoryAxis. parseDates 属性为 true，如果 x 轴值(x 轴)是 Date 对象，设置为 true。在这种情况下，图表将解析日期，并把日期数据点分布在 x 轴上。

第 8 行代码设置 x 轴最小显示单位是分钟，categoryAxis. minPeriod 属性的前置条件：parseDates = true。设置数据可设置值：FFF—毫秒，SS—秒，mm—分钟，HH—小时，DD—天，MM—月，YYYY—年。

第 9 行代码设置竖向网格线透明度。

第 10 行代码设置竖向网格线颜色。

代码运行效果如图 4 - 74 所示。

图 4 - 74　x 轴绘制显示图

步骤 6 - 3. 绘制刻度坐标轴和区域时间访问曲线。

用以下代码替换步骤 6 - 2 中第 11 行代码。

```
1       var valueAxis  = new AmCharts. ValueAxis( ) ;
2       valueAxis. gridAlpha  = 0. 07 ;
3       valueAxis. title  = "Time Visted Chart" ;
```

```
4    chart. addValueAxis( valueAxis) ;
5    var graph = new AmCharts. AmGraph( ) ;
6    graph. type = "line" ;
7    graph. valueField = "visits" ;
8    graph. lineAlpha = 1;
9    graph. lineColor = "#d1cf2a" ;
10    graph. fillAlphas = 0. 3 ;
11    chart. addGraph( graph) ;
12    /*内容待扩展*/
```

代码解析：

第 1 行代码创建刻度坐标轴对象，并用变量 valueAxis 记录。

第 2 行代码中，valueAxis. gridAlpha 属性设置横向网格线透明度为 0.07。

第 3 行代码设置刻度坐标轴的标题。

第 4 行代码将完成初始化的刻度坐标轴对象添加到图表中。

第 5 行代码创建区域时间访问图对象，并用变量 graph 记录。

第 6 行代码设置图的类型是"line"。

第 7 行代码设置图的值域，即刻度坐标轴上显示的刻度数据。

第 8 ~ 9 行代码设置线的透明度和颜色。

第 10 行代码设置区域的填充色。

第 11 行代码将完成初始化的图(graph) 添加到图表中。

代码运行效果如图 4 - 75 所示。

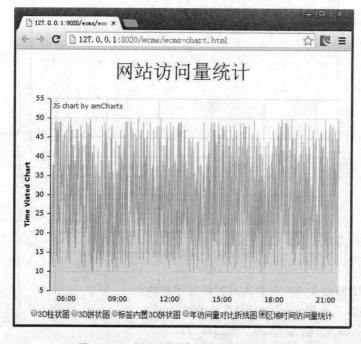

图 4 - 75　刻度坐标轴显示和曲线显示图

步骤 6 - 3. 绘制响应光标移动的气泡和缩放滚动条。

用以下代码替换步骤 6 - 3 中第 12 行代码。

```
1    var chartCursor = new AmCharts. ChartCursor( ) ;
2    chartCursor. cursorPosition = " mouse" ;
3    chartCursor. categoryBalloonDateFormat = " JJ: NN, DD MMMM" ;
4    chart. addChartCursor( chartCursor) ;
5    var chartScrollbar = new AmCharts. ChartScrollbar( ) ;
6    chart. pathToImages = " amcharts/amcharts/images/" ;
7    chart. addChartScrollbar( chartScrollbar) ;
```

代码解析：

第 1 行代码创建光标对象，并用变量 chartCursor 记录。

第 2 行代码设置光标位置。

第 3 行代码设置气泡的数据格式，由此行代码可知，气泡属于光标对象的属性。

第 4 行代码将完成初始化的光标对象添加到图表中。

第 5 行代码创建滚动条属性，并用变量 chartScrollbar 记录。

第 6 行代码设置滚动条上滚动按钮图片。

第 7 行代码将完成初始化的滚动条添加到图表中。

滚动条显示效果如图 4 - 76 所示。

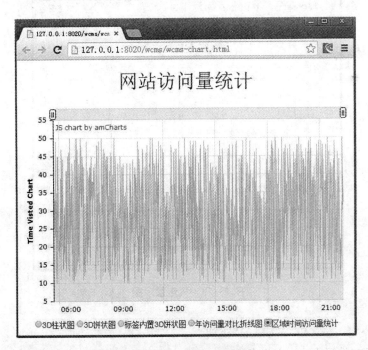

图 4 - 76　滚动条显示图

拖动滚动条，可对时间区域进行局部显示和放大，如图 4 - 77 所示。

响应光标移动的动态气泡效果如图 4 - 78 所示。

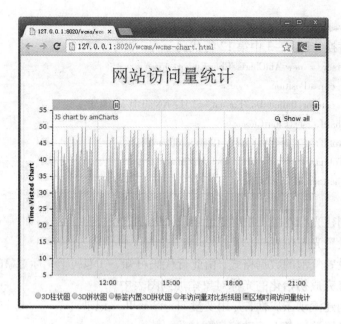

图 4 – 77　滚动条拖动显示图

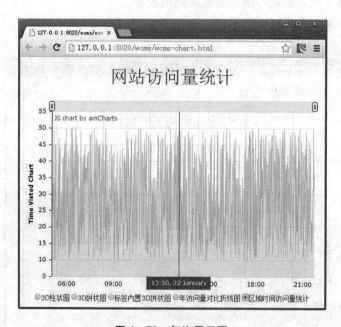

图 4 – 78　气泡显示图

步骤 7. 去除"Js chart by amCharts"说明。

本节案例所有效果图中，左上角"Js chart by amCharts"说明一直存在，影响显示效果。因为 amCharts 分为收费版本和免费版本，在试用版本中 amCharts 会在左上角打个"Js chart by amCharts"字样的说明。要去除"Js chart by amCharts"说明，可以采用如下方法：打开 amCharts. js 文件，在文件中搜索"Js chart by amCharts"，将 h = "JS chart by amCharts" 改为 h = ""。修改过后运行效果如图 4 – 79 所示。

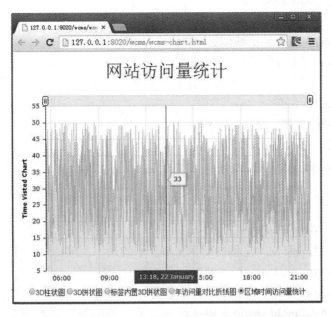

图 4 – 79　去除"Js chart by amCharts"说明显示界面

知识要点：valueAxis 对象

valueAxis 是图表的 y 轴，一个图表中可以有多个 y 轴 。它包含如下属性：

(1) axisColor ：轴的颜色。

例如：valueAxis. axisColor ＝ "#FF6600" 。

(2) axisThickness ：轴的宽度。

例如：valueAxis. axisThickness ＝1。

(3) gridAlpha：轴的透明度，值介于 0 ～ 1 之间，0 为全透明。

例如：valueAxis. gridAlpha ＝ 0.2。

(4) tickLength ：轴从下到上像左或右伸出来的延长线。

例如：valueAxis1. tickLength ＝0。

(5) minimum：轴的最小值，如果不设置，则最小值根据数据动态变化。

例如：valueAxis. minimum ＝ －100。

(6) maximum：轴的最大值，如果不设置，则最大值根据数据动态变化。

例如：valueAxis. maximum ＝ 100。

(7) title：轴的名称。

例如：valueAxis1. title ＝ "哈哈"。

(8) logarithmic：是否为对数函数分布，一般轴的刻度是均匀划分的，当该属性设置为 true 时，刻度分布呈对数形式分布。

例如：valueAxis1. logarithmic ＝ false。

(9) integersOnly：是否只显示整数，如果为 true，轴的刻度只显示整数形式。

例如：valueAxis1. integersOnly ＝ true。

（10）gridCount：最大刻度个数。

例如：valueAxis1. gridCount = 10。

（11）labelsEnabled 是否显示轴标签，默认值为 true。

例如：valueAxis1. labelsEnabled = true。

（12）inside：轴的刻度值显示在表里面还是外面。

例如：valueAxis1. inside = true。

（13）position 轴的位置，默认在左侧。

例如：valueAxis1. position = "left"。

知识要点：categoryAxis 对象

图表 x 轴，相当于 x 轴。

（1）parseDates：是否以日期为 x 轴的值 True、false。

例如：categoryAxis. parseDates = false。

（2）minPeriod：当以日期为 x 轴的时候 x 轴显示的最小范围：S—分钟；DD—天。

例如：categoryAxis. minPeriod = "SS"。

（3）dashLength：破折线长度，默认为 0 是实心线。

例如：categoryAxis. dashLength = 1。

（4）gridAlpha：网格的透明度，垂直 x 轴的刻度线形成网格。

例如：categoryAxis. gridAlpha = 0.15。

（5）axisColor：轴的颜色。

例如：categoryAxis. axisColor = "#DADADA"。

（6）position：轴的位置，默认在最下方；top：显示在上方；left：左侧；right：右侧。

例如：categoryAxis. position = "top"。

（7）gridPosition：网格位置。

例如：categoryAxis. gridPosition = "start"。

（8）startOnAxis：是否从轴上开始绘制，默认为 false，即第一个点绘制是从中间开始的。当设置为 true 时，第一个点开始总是从 y 轴上开始，结束总是在最后一个跟 y 轴平行的轴上结束。

例如：categoryAxis. startOnAxis = true。

（9）gridColor：网格颜色。

例如：categoryAxis. gridColor = "#FFFFFF"。

（10）dateFormats：日期格式，将数据格式化成对应的日期格式。

例如：categoryAxis. dateFormats = [{ period：' DD ', format：' DD '},

{period：' WW ', format：' MMM DD '},

{period：' MM ', format：' MMM '},

{period：' YYYY ', format：' YYYY ' }]。

知识要点：legend 对象

在图表的上方或者下方显示图表说明及图表说明的图标。

（1）align：排列样式。

例如：legend. align = "center"。

（2）marginLeft：左边缘。

例如：legend. marginLeft ＝ 0。

（3）title：标题。

例如：legend. title ＝ "测试"。

（4）horizontalGap：水平间隔。

例如：legend. horizontalGap ＝ 10。

（5）equalWidths：是否等宽。

例如：legend. equalWidths ＝ false。

（6）valueWidth：值的宽度，在图例的右侧会显示该线或者图表的当前选中的值，设置为 0 时则不显示值。

例如：legend. valueWidth ＝ 120。

知识要点：guide 对象

向导线可以是一条根 y 轴平行的线，也可以是一个矩形区域。

（1）fillAlpha：区域透明度。

例如：guide. fillAlpha ＝ 0.1。

（2）lineAlpha：线透明度。

例如：guide. lineAlpha ＝ 0。

（3）value：起始值，起始指对应 y 坐标的值。

例如：guide. value ＝ 50。

（4）toValue：到达值，跟上面属性共同确定了一个从 value 到 toValue 的区域，宽度为图表的宽度，高度为 toValue-value 的绝对值。

例如：guide. toValue ＝ 0。

（5）lineColor：相导线的颜色。

例如：guide. lineColor ＝ "#CC0000"。

（6）dashLength：破折长度，默认为 0 为实心线条，设置值后为破折线。

例如：guide. dashLength ＝ 4。

（7）label：标签，就是给向导线显示一个名字。

例如：guide. label ＝ "平均值"。

（8）inside：是否让向导线显示在图形里面，默认为 true。

例如：guide. inside ＝ true。

知识要点：scrollbar 对象

滚动条，可以选择图表显示的区域。

（1）backgroundAlpha：滚动条背景透明度。

例如：chartScrollbar. backgroundAlpha ＝ 0.1。

（2）backgroundColor：滚动条背景颜色。

例如：chartScrollbar. backgroundColor ＝ "#000000"。

（3）graphLineAlpha：图像线条的透明度。

例如：chartScrollbar. graphLineAlpha ＝ 0.1。

（4）graphFillAlpha：图像的填充透明度。

例如：chartScrollbar. graphFillAlpha ＝ 0。

（5）selectedGraphFillAlpha：选中图像的填充色的透明度。

例如：chartScrollbar. selectedGraphFillAlpha ＝ 0。

（6）selectedGraphLineAlpha：选中区域的图像线条透明度。

例如：chartScrollbar. selectedGraphLineAlpha ＝ 0.25。

（7）scrollbarHeight：滚动条高度。

例如：chartScrollbar. scrollbarHeight ＝ 30。

（8）selectedBackgroundColor：选中区域的背景颜色。

例如：chartScrollbar. selectedBackgroundColor ＝ "#FFFFFF"。

知识要点：graph 对象

图像对象，此对象必不可少。

（1）valueAxis：图像的 y 轴，一个 chart 可以添加多个 graph，一个 graph 只能有一个 valueAxis。

例如：graph. valueAxis ＝ valueAxis1。

（2）valueField：指定一个字段作为 y 坐标值。

例如：graph1. valueField ＝ "visits"。

（3）bullet：图像的节点类型。

例如：graph. bullet ＝ "round"。

（4）dashLength：绘制图像时延时，默认为 0 s，设置为正整数时可以看到动态生成效果。

例如：graph. dashLength ＝ 0。

（5）hideBulletsCount：一个图像中当节点大于一定数值后隐藏节点形状。

例如：graph1. hideBulletsCount ＝ 10。

（6）balloonText：节点显示的文本内容。

例如：graph. balloonText ＝ "[[date]]（[[visits]]）"。

（7）lineColor：图像线颜色。

例如：graph. lineColor ＝ "#d1655d"。

（8）connect：是否连接起来，是指如果数据有 x 轴值，但是，y 轴值丢失的时候，如果设置为 true 则忽略该点，设置为 false 则线条在此点处断开。

例如：graph. connect ＝ false。

（9）bulletBorderColor：节点边框颜色。

例如：graph. bulletBorderColor ＝ "#FFFFFF"。

（10）bulletBorderThickness：节点边框宽度。

例如：graph. bulletBorderThickness ＝ 2。

（11）customBulletField 用户自定义节点字段。

例如：graph. customBulletField ＝ "bullet"。

（12）bulletOffset：节点偏移量。

例如：graph. bulletOffset ＝ 16。

（13）bulletSize：节点大小。

例如：graph. bulletSize ＝ 14。

（14）colorField：颜色字段，颜色可以从数据中读取。

例如：graph. colorField ＝"color"。

（15）type：图像类型。有 line、column、smoothedLine 类型，第一种为线形图，第二种为柱状图。

例如：line /column/smoothedLine graph1. type ＝"line"。

（16）fillAlphas：填充区透明度。默认为 0，最大值为 1，当设置该值时，在线条跟 x 轴之间的区域会填充颜色。

例如：graph. fillAlphas ＝ 0. 3。

（17）negativeLineColor：当数值为负数时线条的颜色。

例如：graph. negativeLineColor ＝"#efcc26"。

知识要点：chart 对象

Amcharts 的核心对象，表示图表对象。

（1）pathToImages：指定 chart 图片的引用地址。

例如：chart. pathToImages ＝"amcharts/images/"。

（2）zoomOutButton：设置放大/缩小按钮的背景色和透明度。

例如：chart. zoomOutButton ＝ ｛backgroundColor：'#000000 '，backgroundAlpha：0. 15｝。

（3）dataProvider：指定数据来源，一般指向一个数组对象。

例如：chart. dataProvider ＝ chartData。

（4）categoryField：指定 x 轴由哪个字段决定。

例如：chart. categoryField ＝"date"。

（5）autoMargins：自动调整边距。如果设置为 true 则边距设置不起效。

例如：chart. autoMargins ＝ true。

（6）fontSize：字体大小。

例如：chart. fontSize ＝ 14。

（7）color：图标颜色。

例如：chart. color ＝"#FFFFFF"。

（8）marginTop：上边距。

例如：chart. marginTop ＝ 100。

（9）marginLeft：左边距。

例如：chart. marginLeft ＝ 50。

（10）marginRight：右边距。

例如：chart. marginRight ＝ 30。

（11）addGraph（graph）：添加一个图形。可以添加多个，想要绘制图形，必须有此方法。

例如：chart. addGraph（graph1）。

（12）validateNow（div）：当数据改变时或者属性改变时，想要重新绘图，可以调用该方法。

例如：chart. validateNow（'chartdiv'）。

（13）chart. write（'chartdiv'）：将 amcharts 对象写到一个 div 中最常用方法。

例如：chart. chart. write（'chartdiv'）。

（14）addListener（'dataUpdated', zoomChart）添加一个监听函数，第一个参数是指定事件，第二个是调用的函数名。

例如：chart. addListener（'zoomed', handleZoom）；chart. addListener（'dataUpdated', zoomChart）。

（15）rotate：图像是否 xy 轴互换。默认为 false，如果想让图像顺时针旋转 90°，则设置为 true。

例如：chart. rotate = false。

（16）depth3D：设置为 3D 图像的厚度值。

例如：chart. depth3D = 50。

（17）angle：角度。当设置图像为 3D 图时，使用该属性默认为 0。

例如：chart. angle = 40。

（18）startDuration：绘制图形动画时间。

例如：chart. startDuration = 2。

（19）plotAreaBorderColor：绘图区域边框颜色。

例如：chart. plotAreaBorderColor = "#000000"。

（20）plotAreaBorderAlpha：绘图区域边框透明度。

例如：chart. plotAreaBorderAlpha = 5。

（21）backgroundImage 设置背景图片的地址。

例如：chart. backgroundImage = "amcharts/images/bg. jpg"。

（22）addChartScrollbar（chartScrollbar）：添加滚动条，只能添加一个。

例如：chart. addChartScrollbar（chartScrollbar）。

（23）addLegend（legend）添加图表说明。可以添加多个。

例如：chart. addLegend（legend）。

（24）addValueAxis（valueAxis1）：添加 y 轴。可以添加多个。

例如：chart. addValueAxis（valueAxis1）。

（25）addChartCursor（chartCursor）：添加鼠标形状。

例如：chart. addChartCursor（chartCursor）。

知识要点：chartCursor 对象

设置光标的形状和样式。

（1）zoomable：是否可以缩放。设为 true 的时候，按住鼠标左键划线可以放大图像。

例如：chartCursor. zoomable = false。

（2）cursorAlpha：光标透明度。

例如：chartCursor. cursorAlpha = 0。

（3）cursorPosition：光标位置。

例如：chartCursor. cursorPosition = "mouse"。

（4）pan：默认为 false，设置为 true 时，光标变为 4 个向外的箭头形状，按住左键滑动鼠标可以将图像向左移动向右移动。

例如：chartCursor. pan = true。

（5）categoryBalloonDateFormat：设置光标节点显示的日期格式。

例如：chartCursor. categoryBalloonDateFormat ＝"JJ：NN，DD MMMM"。

4.4　项目小结与拓展

1.项目小结

本章应用 Bootstrap 框架技术和 EasyUI 框架技术，通过 6 个任务的制作与讲解，实现一个通用网站内容管理系统的前端 UI 界面，所用知识参见表 4 - 16。

表 4 - 16　知识梳理

知 识 点	描　　述
Bootstrap 栅格系统	实现响应式布局设计的关键
Bootstrap 面板组件	具有头部、主体、尾部组合，带有多种语境色彩样式的组件
Bootstrap 表单与表单控件组件	表单提供了丰富的样式（基础、内联、横向）。结合各种各样的表单组件，利用各种表单控件不同的状态、大小、分组，可以组合出界面美观，风格统一的表单
EasyUI 边框布局组件	边框布局（Border Layout）提供 5 个区域：east（右东）、west（左西）、north（上南）、south（下北）和 center（中）。布局还可嵌套，轻松实现后台管理页布局
EasyUI 树形菜单组件	树形菜单（Tree）是一种特别的菜单，使用它实现某种层次关系。譬如在资源管理器中左边窗口的目录树就是树型菜单
EasyUI 折叠面板组件	折叠面板（Accordion）包含一系列的面板（Panel）。所有面板的头部（Header）都是可见的，但是一次仅仅显示一个面板的主体内容。当用户点击面板的头部时，该面板的主体内容将可见，同时其他面板的主体内容将隐藏不可见
EasyUI 选项卡组件	选项卡（Tabs）有多个可以动态地添加或移除的面板（Panel）。可以使用 Tabs 在相同的页面上显示不同的实体。选项卡一次仅仅显示一个面板，每个面板都有标题、图标和关闭按钮。当 Tabs 被选中时，将显示对应的面板的内容
EasyUI 数据网格组件	数据网格（Datagrid）按行和列显示数据，数据可以直接是 HTML 代码，建议远程加载服务器数据（如数据库中的表转换成 Json 文本格式）
EasyUI 分页组件	分页组件（Pagination）具有首页、上一页、下一页、尾页、到第几页功能的组件，一般与数据网格组件配合使用
EasyUI 树形网格组件	树形网格（TreeGrid）从数据网格（DataGrid）继承，但是允许在行之间存在父/子节点关系。许多属性继承至数据网格，可以用在树形网格中
EasyUI 菜单组件	EasyUI 菜单（Menu）包含多种样式，横向下拉菜单，纵向菜单、右键菜单等，菜单项以链接按钮（LinkButton）形式展现

续表 4-16

知 识 点	描　述
EasyUI 窗口组件	窗口(Window)具有关闭、放大、最小化按钮的一种可弹出容器
EasyUI 消息框组件	消息框(Messager)有多种方式,例如在浏览器窗口的右下角显示一个消息窗口,显示一个含有确定按钮的消息窗口,显示一个含有确定和取消按钮的确认消息窗口,显示一个确定和取消按钮的信息提示窗口,提示用户输入一些文本
EasyUI 表单与表单控件组件	表单(Form)实现交互式用户界面的容器。表单控件为表单中的元素,用来实现交互式用户界面的内容。包括文本框(TextBox)、搜索框(SearchBox)、文件框(FileBox)、组合框(ComboBox)、组合网络(ComboGrid)、组合树(ComboTree)、号码框(NumberBox)、日历(Calendar)、日期框(DateBox)、日期时间框(DateTimeBox)、验证箱(ValidateBox)、链接按钮(LinkButton)等
在线 HTML 编辑器	在线编辑基于 HTML 的文档,常用在线 HTML 编辑器有 Ueditor、CKEditor、eWebEditor、KindEditor 等
amCharts 绘图组件	amCharts 绘图组件采用 Javascript/HTML5 实现,支持柱状图、条形图、线形图、面积图、烛台图、雷达图等基本图形

2. 项目拓展

【项目名称】

通用网站后台管理 UI 界面设计与开发。

【项目内容】

(1)根据网站建设方案,优化后台管理功能。

(2)使用 EayUI 框架实现网站后台管理功能模块的 UI 界面。

(3)学习 ExtJs 框架知识,使用 ExtJs 框架实现网站后台管理功能模块的 UI 界面。

【项目要求】

(1)提交网站后台管理功能结构图。

(2)完成网站后台管理功能模块 UI 界面的设计与实现(两个版本 EayUI 和 ExtJs)。在实训案例的基础上扩展以下功能:

①实现后台登录页图片动态验证码的生成。

②实现栏目管理页栏目合并 UI 界面。

③依照文章管理页的制作原理实现用户管理页、用户评论管理页的 UI 界面。

④理解模板管理的思想,实现模块管理页的 UI 界面。

⑤理解用户权限管理的思想,实现用户权限管理页的 UI 界面。

⑥使用 amCharts 绘图组件实现蜡烛图的绘制。

附　录

附录一　HTML 标签及描述

HTML(hypertext markup language)即文本标记语言,是用于描述网页文档的一种标记语言。被用来对信息(例如标题、段落和列表等)进行结构化处理,也可用来在一定程度上描述文档的外观和语义。一个网页对应于一个 HTML 文件,HTML 文件以. htm 或. html 为扩展名。

HTML 用于描述功能的符号称为标签,通过标签告诉浏览器如何显示网页,如 < br > 告诉浏览器显示一个换行。标签通常分为单标签和双标签两种类型,单标签仅单独使用就可以表达完整的意思,基本语法如下:

< 标签名称 > 或 < 标签名称/ >

双标签由开始标签和结束标签两部分组成,必须成对使用。基本语法如下:

< 标签名称 > 内容 < /标签名称 >

HTML 标签及描述见表 A – 1。

表 A – 1　HTML 标签及描述

	标　签	描　述
基础	<! DOCTYPE >	定义文档类型
	< html >	定义 HTML 文档
	< title >	定义文档的标题
	< body >	定义文档的主体
	< h1 > to < h6 >	定义 HTML 标题
	< p >	定义段落
	< br >	定义换行
	< hr >	定义水平线
	<! --. . . -->	定义注释
格式	< acronym >	定义只取首字母的缩写
	< abbr >	定义缩写
	< address >	定义文档作者或拥有者的联系信息
	< b >	定义粗体文本
	< bdi > 🔲	定义文本的文本方向,使其脱离其周围文本的方向设置
	< bdo >	定义文字方向
	< big >	定义大号文本

续表 A-1

标　　签		描　　述
< blockquote >		定义长的引用
< center >		定义居中文本，不推荐使用
< cite >		定义引用（citation）
< code >		定义计算机代码文本
< del >		定义被删除文本
< dfn >		定义项目
< em >		定义强调文本
< font >		定义文本的字体、尺寸和颜色，不推荐使用
< i >		定义斜体文本
< ins >		定义被插入文本
< kbd >		定义键盘文本
< mark >	5	定义有记号的文本
< meter >	5	定义预定义范围内的度量
< pre >		定义预格式文本
< progress >	5	定义任何类型的任务的进度
< q >		定义短的引用
< rp >	5	定义若浏览器不支持 ruby 元素显示的内容
< rt >	5	定义 ruby 注释的解释
< ruby >	5	定义 ruby 注释
< s >		定义加删除线的文本，不推荐使用
< samp >		定义计算机代码样本
< small >		定义小号文本
< strike >		定义加删除线文本，不推荐使用
< strong >		定义语气更为强烈的强调文本
< sup >		定义上标文本
< sub >		定义下标文本
< time >	5	定义日期/时间
< tt >		定义打字机文本
< u >		定义下划线文本，不推荐使用
< var >		定义文本的变量部分
< wbr >	5	定义视频

注：最左侧为竖排"格式"二字。

续表 A −1

标　签		描　述
< form >		定义供用户输入的 HTML 表单
< input >		定义输入控件
< textarea >		定义多行的文本输入控件
< button >		定义按钮
< select >		定义选择列表（下拉列表）
< optgroup >		定义选择列表中相关选项的组合
< option >		定义选择列表中的选项
< label >		定义 input 元素的标注
< fieldset >		定义围绕表单中元素的边框
< legend >		定义 fieldset 元素的标题
< isindex >		定义与文档相关的可搜索索引，不推荐使用
< datalist >	5	定义下拉列表
< keygen >	5	定义生成密钥
< output >	5	定义输出的一些类型
< frame >		定义框架集的窗口或框架
< frameset >		定义框架集
< noframes >		定义针对不支持框架的用户的替代内容
< iframe >		定义内联框架
< img >		定义图像
< map >		定义图像映射
< area >		定义图像地图内部的区域
< canvas >	5	定义图形
< figcaption >	5	定义 figure 元素的标题
< figure >	5	定义媒介内容的分组，以及它们的标题
< audio >	5	定义声音内容
< source >	5	定义媒介源
< track >	5	定义用在媒体播放器中的文本轨道
< video >	5	定义视频
< a >		定义锚
< link >		定义文档与外部资源的关系
< nav >	5	定义导航链接

表单列：form、input、textarea、button、select、optgroup、option、label、fieldset、legend、isindex、datalist、keygen、output

框架列：frame、frameset、noframes、iframe

图像列：img、map、area、canvas、figcaption、figure

音频视频列：audio、source、track、video

链接列：a、link、nav

续表 A-1

标 签		描 述
	< ul >	定义无序列表
	< ol >	定义有序列表
	< li >	定义列表的项目
	< dir >	定义目录列表，不推荐使用
列表	< dl >	定义列表
	< dt >	定义列表中的项目
	< dd >	定义列表中项目的描述
	< menu >	定义命令的菜单/列表
	< menuitem >	定义用户可以从弹出菜单调用的命令/菜单项目
	< command > 🔟	定义命令按钮
	< table >	定义表格
	< caption >	定义表格标题
	< th >	定义表格中的表头单元格
	< tr >	定义表格中的行
表格	< td >	定义表格中的单元
	< thead >	定义表格中的表头内容
	< tbody >	定义表格中的主体内容
	< tfoot >	定义表格中的表注内容(脚注)
	< col >	定义表格中一个或多个列的属性值
	< colgroup >	定义表格中供格式化的列组
	< style >	定义文档的样式信息
	< div >	定义文档中的节
	< span >	定义文档中的节
	< header > 🔟	定义 section 或 page 的页眉
	< footer > 🔟	定义 section 或 page 的页脚
样式	< section > 🔟	定义 section
	< article > 🔟	定义文章
	< aside > 🔟	定义页面内容之外的内容
	< details > 🔟	定义元素的细节
	< dialog > 🔟	定义对话框或窗口
	< summary > 🔟	为 < details > 元素定义可见的标题

续表 A－1

	标　签		描　述
元信息	< head >		定义关于文档的信息
	< meta >		定义关于 HTML 文档的元信息
	< base >		定义页面中所有链接的默认地址或默认目标
	< basefont >		定义页面中文本的默认字体、颜色或尺寸，不推荐使用
编程	< script >		定义客户端脚本
	< noscript >		定义针对不支持客户端脚本的用户的替代内容
	< applet >		定义嵌入的 applet，不推荐使用
	< embed >	🔲	为外部应用程序(非 HTML)定义容器
	< object >		定义嵌入的对象
	< param >		定义对象的参数

说明：使用图标"🔲"标注的标签，为 HTML5 新增标签。

附录二 CSS 属性及描述

1. CSS 基本语法

CSS 语法由两个主要的部分构成：选择器（selector，也称为选择符）和声明（declaration）。选择器通常是需要改变样式的 HTML 元素。

声明由一个或多个属性名称与属性值组成。属性名称是 CSS 的关键字，如 color（颜色）、border（边框）、background（背景）等。属性名称用于指定选择器某一方面的特性，而属性值用于指定选择器的特性的具体特征。基本语法如下：

selector｛property1：value1；property2：value2；property3：value3；…｝

选择器｛属性1：属性值1；属性2：属性值2；属性3：属性值3；…｝

2. CSS 属性列表

表 B－1　CSS 属性列表

	属　性	描　述	CSS
CSS3 动画 属性	@ keyframes	定义动画	3
	animation	定义所有动画属性的简写属性，除了 animation-play-state 属性	3
	animation-name	定义@ keyframes 动画的名称	3
	animation-duration	定义动画完成一个周期所花费的秒或毫秒	3
	animation-timing-function	定义动画的速度曲线	3
	animation-delay	定义动画何时开始	3
	animation-iteration-count	定义动画被播放的次数	3
	animation-direction	定义动画是否在下一周期逆向地播放	3
	animation-play-state	定义动画是否正在运行或暂停	3
	animation-fill-mode	定义对象动画时间之外的状态	3
CSS 背景 属性	background	在一条声明中设置所有的背景属性	1
	background-attachment	设置背景图像是否固定或者随着页面的其余部分滚动	1
	background-color	设置元素的背景颜色	1
	background-image	设置元素的背景图像	1
	background-position	设置背景图像的开始位置	1
	background-repeat	设置是否及如何重复背景图像	1
	background-clip	规定背景的绘制区域	3
	background-origin	规定背景图片的定位区域	3
	background-size	规定背景图片的尺寸	3

续表 B－1

属　性	描　述	CSS
border	在一个声明中设置所有的边框属性	1
border-bottom	在一个声明中设置所有的下边框属性	1
border-bottom-color	设置下边框的颜色	2
border-bottom-style	设置下边框的样式	2
border-bottom-width	设置下边框的宽度	1
border-color	设置四条边框的颜色	1
border-left	在一条声明中设置所有的左边框属性	1
border-left-color	设置左边框的颜色	2
border-left-style	设置左边框的样式	2
border-left-width	设置左边框的宽度	1
border-right	在一条声明中设置所有的右边框属性	
border-right-color	设置右边框的颜色	2
border-right-style	设置右边框的样式	2
border-right-width	设置右边框的宽度	1
border-style	设置四条边框的样式	1
border-top	在一条声明中设置所有的上边框属性	1
border-top-color	设置上边框的颜色	2
border-top-style	设置上边框的样式	2
border-top-width	设置上边框的宽度	1
border-width	设置四条边框的宽度	1
outline	在一条声明中设置所有的轮廓属性	2
outline-color	设置轮廓的颜色	2
outline-style	设置轮廓的样式	2
outline-width	设置轮廓的宽度	2
border-bottom-left-radius	定义边框左下角的形状	3
border-bottom-right-radius	定义边框右下角的形状	3
border-image	简写属性，设置所有 border-image-＊属性	3
border-image-outset	规定边框图像区域超出边框的量	3

CSS 边框属性 (left-side vertical label)

续表 B–1

属 性		描 述	CSS
CSS 边框 属性	border-image-repeat	图像边框是否应平铺（repeated）、铺满（rounded）或拉伸（stretched）	3
	border-image-slice	规定图像边框的向内偏移	3
	border-image-source	规定用作边框的图片	3
	border-image-width	规定图片边框的宽度	3
	border-radius	简写属性，设置所有四个 border-*-radius 属性	3
	border-top-left-radius	定义边框左上角的形状	3
	border-top-right-radius	定义边框右下角的形状	3
	box-shadow	向方框添加一个或多个阴影	3
Box 属性	overflow-x	如果内容溢出了元素内容区域，是否对内容的左/右边缘进行裁剪	3
	overflow-y	如果内容溢出了元素内容区域，是否对内容的上/下边缘进行裁剪	3
	overflow-style	规定溢出元素的首选滚动方法	3
	rotation	围绕由 rotation-point 属性定义的点对元素进行旋转	3
	rotation-point	定义距离上左边框边缘的偏移点	3
Color 属性	color-profile	允许使用源的颜色配置文件的默认以外的规范	3
	opacity	规定书签的级别	3
	rendering-intent	允许使用颜色配置文件渲染意图的默认以外的规范	3
Content for Paged Media 属性	bookmark-label	规定书签的标记	3
	bookmark-level	规定书签的级别	3
	bookmark-target	规定书签链接的目标	3
	float-offset	将元素放在 float 属性通常放置的位置的相反方向	
	hyphenate-after	规定连字单词中连字符之后的最小字符数	
	hyphenate-before	规定连字单词中连字符之前的最小字符数	
	hyphenate-character	规定当发生断字时显示的字符串	
	hyphenate-lines	指示元素中连续断字连线的最大数	
	hyphenate-resource	规定帮助浏览器确定断字点的外部资源（逗号分隔的列表）	
	hyphens	设置如何对单词进行拆分，以改善段落的布局	
	image-resolution	规定图像的正确分辨率	
	marks	向文档添加裁切标记或十字标记	

续表 B-1

属 性		描 述	CSS
CSS 尺寸 属性	height	设置元素高度	1
	max-height	设置元素的最大高度	2
	max-width	设置元素的最大宽度	2
	min-height	设置元素的最小高度	2
	min-width	设置元素的最小宽度	2
	width	设置元素的宽度	1
可伸 缩框 属性	box-align	规定如何对齐框的子元素	3
	box-direction	规定框的子元素的显示方向	3
	box-flex	规定框的子元素是否可伸缩	3
	box-flex-group	将可伸缩元素分配到柔性分组	3
	box-lines	规定当超出父元素框的空间时，是否换行显示	3
	box-ordinal-group	规定框的子元素的显示次序	3
	box-orient	规定框的子元素是否应水平或垂直排列	3
	box-pack	规定水平框中的水平位置或者垂直框中的垂直位置	3
CSS 字体 属性	font	在一条声明中设置所有字体属性	1
	font-family	规定文本的字体系列	1
	font-size	规定文本的字体尺寸	1
	font-size-adjust	为元素规定 aspect 值	2
	font-stretch	收缩或拉伸当前的字体系列	2
	font-style	规定文本的字体样式	1
	font-variant	规定是否以小型大写字母的字体显示文本	1
	font-weight	规定字体的粗细	1
内容 生成	content	与：before 以及：after 伪元素配合使用，来插入生成内容	2
	counter-increment	递增或递减一个或多个计数器	2
	counter-reset	创建或重置一个或多个计数器	2
	quotes	设置嵌套引用的引号类型	2
	crop	允许被替换元素仅仅是对象的矩形区域，而不是整个对象	3
	move-to	从流中删除元素，然后在文档中后面的点上重新插入	3
	page-policy	确定元素基于页面的 occurrence 应用于计数器还是字符串值	3

续表 B－1

	属 性	描 述	CSS
Grid 属性	grid-columns	规定网格中每个列的宽度	3
	grid-rows	规定网格中每个列的高度	3
Hyperlink 属性	target	简写属性，设置 target-name、target-new 和 target-position 属性	
	target-name	规定在何处打开链接(链接的目标)	
	target-new	规定目标链接在新窗口还是在已有窗口的新标签页中打开	
	target-position	规定在何处放置新的目标链接	
CSS 列表 属性	list-style	在一个声明中设置所有的列表属性	1
	list-style-image	将图像设置为列表项标记	1
	list-style-position	设置列表项标记的放置位置	1
	list-style-type	设置列表项标记的类型	1
CSS 外边距属性	margin	在一个声明中设置所有外边距属性	1
	margin-bottom	设置元素的下外边距	1
	margin-left	设置元素的左外边距	1
	margin-right	设置元素的右外边距	1
	margin-top	设置元素的上外边距	1
Marquee 属性	marquee-direction	设置移动内容的方向	3
	marquee-play-count	设置内容移动的次数	3
	marquee-speed	设置内容滚动的快慢	3
	marquee-style	设置移动内容的样式	3
多列 属性	column-count	规定元素应该被分隔的列数	3
	column-fill	规定如何填充列	3
	column-gap	规定列之间的间隔	3
	column-rule	设置所有 column-rule-＊ 属性的简写属性	3
	column-rule-color	规定列之间规则的颜色	3
	column-rule-style	规定列之间规则的样式	3
	column-rule-width	规定列之间规则的宽度	3
	column-span	规定元素应该横跨的列数	3
	column-width	规定列的宽度	3
	columns	规定设置 column-width 和 column-count 的简写属性	3

续表 B - 1

	属　性	描　述	CSS
CSS 内边 距属 性	padding	在一个声明中设置所有内边距属性	1
	padding-bottom	设置元素的下内边距	1
	padding-left	设置元素的左内边距	1
	padding-right	设置元素的右内边距	1
	padding-top	设置元素的上内边距	1
Paged Media 属性	fit	示意如何对 width 和 height 属性均不是 auto 的被替换元素进行缩放	3
	fit-position	定义盒内对象的对齐方式	3
	image-orientation	规定用户代理应用于图像的顺时针方向旋转	3
	page	规定元素应该被显示的页面特定类型	3
	size	规定页面内容包含框的尺寸和方向	3
CSS 定位 属性	bottom	设置定位元素下外边距边界与其包含块下边界之间的偏移	2
	clear	规定元素的哪一侧不允许其他浮动元素	1
	clip	剪裁绝对定位元素	2
	cursor	规定要显示的光标的类型(形状)	2
	display	规定元素应该生成的框的类型	1
	float	规定框是否应该浮动	1
	left	设置定位元素左外边距边界与其包含块左边界之间的偏移	2
	overflow	规定当内容溢出元素框时发生的事情	2
	position	规定元素的定位类型	2
	right	设置定位元素右外边距边界与其包含块右边界之间的偏移	2
	top	设置定位元素的上外边距边界与其包含块上边界之间的偏移	2
	vertical-align	设置元素的垂直对齐方式	1
	visibility	规定元素是否可见	2
	z-index	设置元素的堆叠顺序	2
CSS 打印 属性	orphans	设置当元素内部发生分页时必须在页面底部保留的最少行数	2
	page-break-after	设置元素后的分页行为	2
	page-break-before	设置元素前的分页行为	2
	page-break-inside	设置元素内部的分页行为	2
	widows	设置当元素内部发生分页时必须在页面顶部保留的最少行数	2

续表 B－1

	属　性	描　述	CSS
CSS 表格 属性	border-collapse	规定是否合并表格边框	2
	border-spacing	规定相邻单元格边框之间的距离	2
	caption-side	规定表格标题的位置	2
	empty-cells	规定是否显示表格中的空单元格上的边框和背景	2
	table-layout	设置用于表格的布局算法	2
CSS 文本 属性	color	设置文本的颜色	1
	direction	规定文本的方向 / 书写方向	2
	letter-spacing	设置字符间距	1
	line-height	设置行高	1
	text-align	规定文本的水平对齐方式	1
	text-decoration	规定添加到文本的装饰效果	1
	text-indent	规定文本块首行的缩进	1
	text-shadow	规定添加到文本的阴影效果	2
	text-transform	控制文本的大小写	1
	unicode-bidi	设置文本方向	2
	white-space	规定如何处理元素中的空白	1
	word-spacing	设置单词间距	1
	hanging-punctuation	规定标点字符是否位于线框之外	3
	punctuation-trim	规定是否对标点字符进行修剪	3
	text-align-last	设置如何对齐最后一行或紧挨着强制换行符之前的行	3
	text-emphasis	向元素的文本应用重点标记以及重点标记的前景色	3
	text-justify	规定当 text-align 设置为"justify"时所使用的对齐方法	3
	text-outline	规定文本的轮廓	3
	text-overflow	规定当文本溢出包含元素时发生的事情	3
	text-shadow	向文本添加阴影	3
	text-wrap	规定文本的换行规则	3
	word-break	规定非中日韩文本的换行规则	3
	word-wrap	允许对长的不可分割的单词进行分割并换行到下一行	3

续表 B – 1

	属 性	描 述	CSS
2D/3D 转换 属性	transform	向元素应用 2D 或 3D 转换	3
	transform-origin	允许改变被转换元素的位置	3
	transform-style	规定被嵌套元素如何在 3D 空间中显示	3
	perspective	规定 3D 元素的透视效果	3
	perspective-origin	规定 3D 元素的底部位置	3
	backface-visibility	定义元素在不面对屏幕时是否可见	3
过渡 属性	transform	向元素应用 2D 或 3D 转换	3
	transform-origin	允许改变被转换元素的位置	3
	transition	简写属性,用于在一个属性中设置四 4 过渡属性	3
	transition-property	规定应用过渡的 CSS 属性的名称	3
	transition-duration	定义过渡效果花费的时间	3
	transition-timing-function	规定过渡效果的时间曲线	3
	transition-delay	规定过渡效果何时开始	3
用户 界面 属性	appearance	允许将元素设置为标准用户界面元素的外观	3
	box-sizing	允许以确切的方式定义适应某个区域的具体内容	3
	icon	为创作者提供使用图标化等价物来设置元素样式的能力	3
	nav-down	规定在使用 arrow-down 导航键时向何处导航	3
	nav-index	设置元素的 tab 键控制次序	3
	nav-left	规定在使用 arrow-left 导航键时向何处导航	3
	nav-right	规定在使用 arrow-right 导航键时向何处导航	3
	nav-up	规定在使用 arrow-up 导航键时向何处导航	3
	outline-offset	对轮廓进行偏移,并在超出边框边缘的位置绘制轮廓	3
	resize	规定是否可由用户对元素的尺寸进行调整	3

附录三 JavaScript 常用对象方法

表 C-1 JavaScript 常用对象方法

对象	方法(函数)	描 述
Array	concat( )	连接两个或更多的数组，并返回结果
	join( )	把数组的所有元素放入一个字符串，元素通过指定的分隔符进行分隔
	pop( )	删除并返回数组的最后一个元素
	push( )	向数组的末尾添加一个或更多元素，并返回新的长度
	reverse( )	颠倒数组中元素的顺序
	shift( )	删除并返回数组的第一个元素
	slice( )	从某个已有的数组返回选定的元素
	sort( )	对数组的元素进行排序
	splice( )	删除元素，并向数组添加新元素
	toSource( )	返回该对象的源代码
	toString( )	把数组转换为字符串，并返回结果
	toLocaleString( )	把数组转换为本地数组，并返回结果
	unshift( )	向数组的开头添加一个或更多元素，并返回新的长度
	valueOf( )	返回数组对象的原始值
Boolean	toSource( )	返回该对象的源代码
	toString( )	把逻辑值转换为字符串，并返回结果
	valueOf( )	返回 Boolean 对象的原始值
Date	Date( )	返回当天的日期和时间
	getDate( )	从 Date 对象返回一个月中的某一天（1 ~ 31）
	getDay( )	从 Date 对象返回一周中的某一天（0 ~ 6）
	getMonth( )	从 Date 对象返回月份（0 ~ 11）
	getFullYear( )	从 Date 对象以四位数字返回年份
	getYear( )	请使用 getFullYear( )方法代替
	getHours( )	返回 Date 对象的小时（0 ~ 23）
	getMinutes( )	返回 Date 对象的分钟（0 ~ 59）
	getSeconds( )	返回 Date 对象的秒数（0 ~ 59）
	getMilliseconds( )	返回 Date 对象的毫秒（0 ~ 999）
	getTime( )	返回 1970 年 1 月 1 日至今的毫秒数

续表 C–1

对象	方法(函数)	描　述
Date	getTimezoneOffset( )	返回本地时间与格林尼治标准时间（GMT）的分钟差
	getUTCDate( )	根据世界时从 Date 对象返回月中的一天（1 ~ 31）
	getUTCDay( )	根据世界时从 Date 对象返回周中的一天（0 ~ 6）
	getUTCMonth( )	根据世界时从 Date 对象返回月份（0 ~ 11）
	getUTCFullYear( )	根据世界时从 Date 对象返回四位数的年份
	getUTCHours( )	根据世界时返回 Date 对象的小时（0 ~ 23）
	getUTCMinutes( )	根据世界时返回 Date 对象的分钟（0 ~ 59）
	getUTCSeconds( )	根据世界时返回 Date 对象的秒钟（0 ~ 59）
	getUTCMilliseconds( )	根据世界时返回 Date 对象的毫秒(0 ~ 999)
	parse( )	返回1970 年1 月1 日午夜到指定日期(字符串)的毫秒数
	setDate( )	设置 Date 对象中月的某一天（1 ~ 31）
	setMonth( )	设置 Date 对象中月份（0 ~ 11）
	setFullYear( )	设置 Date 对象中的年份(四位数字)
	setYear( )	请使用 setFullYear( )方法代替
	setHours( )	设置 Date 对象中的小时（0 ~ 23）
	setMinutes( )	设置 Date 对象中的分钟（0 ~ 59）
	setSeconds( )	设置 Date 对象中的秒钟（0 ~ 59）
	setMilliseconds( )	设置 Date 对象中的毫秒（0 ~ 999）
	setTime( )	以毫秒设置 Date 对象
	setUTCDate( )	根据世界时设置 Date 对象中月份的一天（1 ~ 31）
	setUTCMonth( )	根据世界时设置 Date 对象中的月份（0 ~ 11）
	setUTCFullYear( )	根据世界时设置 Date 对象中的年份(四位数字)
	setUTCHours( )	根据世界时设置 Date 对象中的小时（0 ~ 23）
	setUTCMinutes( )	根据世界时设置 Date 对象中的分钟（0 ~ 59）
	setUTCSeconds( )	根据世界时设置 Date 对象中的秒钟（0 ~ 59）
	setUTCMilliseconds( )	根据世界时设置 Date 对象中的毫秒（0 ~ 999）
	toSource( )	返回该对象的源代码
	toString( )	把 Date 对象转换为字符串
	toTimeString( )	把 Date 对象的时间部分转换为字符串
	toDateString( )	把 Date 对象的日期部分转换为字符串
	toGMTString( )	请使用 toUTCString( )方法代替

续表 C-1

对象	方法(函数)	描述
Date	toUTCString( )	根据世界时,把 Date 对象转换为字符串
	toLocaleString( )	根据本地时间格式,把 Date 对象转换为字符串
	toLocaleTimeString( )	根据本地时间格式,把 Date 对象的时间部分转换为字符串
	toLocaleDateString( )	根据本地时间格式,把 Date 对象的日期部分转换为字符串
	UTC( )	根据世界时返回 1970 年 1 月 1 日到指定日期的毫秒数
	valueOf( )	返回 Date 对象的原始值
Math	abs(x)	返回数的绝对值
	acos(x)	返回数的反余弦值
	asin(x)	返回数的反正弦值
	atan(x)	以介于-PI/2 与 PI/2 弧度之间的数值来返回 x 的反正切值
	atan2(y, x)	返回从 x 轴到点 (x, y) 的角度(介于-PI/2 与 PI/2 弧度之间)
	ceil(x)	对数进行上舍入
	cos(x)	返回数的余弦
	exp(x)	返回 e 的指数
	floor(x)	对数进行下舍入
	log(x)	返回数的自然对数(底为 e)
	max(x, y)	返回 x 和 y 中的最高值
	min(x, y)	返回 x 和 y 中的最低值
	pow(x, y)	返回 x 的 y 次幂
	random( )	返回 0 ~ 1 之间的随机数
	round(x)	把数四舍五入为最接近的整数
	sin(x)	返回数的正弦
	sqrt(x)	返回数的平方根
	tan(x)	返回角的正切
	toSource( )	返回该对象的源代码
	valueOf( )	返回 Math 对象的原始值
Number	toString( )	把数字转换为字符串,使用指定的基数
	toLocaleString( )	把数字转换为字符串,使用本地数字格式顺序
	toFixed( )	把数字转换为字符串,结果的小数点后有指定位数的数字
	toExponential( )	把对象的值转换为指数计数法
	toPrecision( )	把数字格式化为指定的长度
	valueOf( )	返回一个 Number 对象的基本数字值

续表 C-1

对象	方法(函数)	描 述
String	anchor( )	创建 HTML 锚
	big( )	用大号字体显示字符串
	blink( )	显示闪动字符串
	bold( )	使用粗体显示字符串
	charAt( )	返回在指定位置的字符
	charCodeAt( )	返回在指定的位置的字符的 Unicode 编码
	concat( )	连接字符串
	fixed( )	以打字机文本显示字符串
	fontcolor( )	使用指定的颜色来显示字符串
	fontsize( )	使用指定的尺寸来显示字符串
	fromCharCode( )	从字符编码创建一个字符串
	indexOf( )	检索字符串
	italics( )	使用斜体显示字符串
	lastIndexOf( )	从后向前搜索字符串
	link( )	将字符串显示为链接
	localeCompare( )	用本地特定的顺序来比较两个字符串
	match( )	找到一个或多个正则表达式的匹配
	replace( )	替换与正则表达式匹配的子串
	search( )	检索与正则表达式相匹配的值
	slice( )	提取字符串的片断,并在新的字符串中返回被提取的部分
	small( )	使用小字号来显示字符串
	split( )	把字符串分割为字符串数组
	strike( )	使用删除线来显示字符串
	sub( )	把字符串显示为下标
	substr( )	从起始索引号提取字符串中指定数目的字符
	substring( )	提取字符串中两个指定的索引号之间的字符
	sup( )	把字符串显示为上标
	toLocaleLowerCase( )	把字符串转换为小写
	toLocaleUpperCase( )	把字符串转换为大写
	toLowerCase( )	把字符串转换为小写
	toUpperCase( )	把字符串转换为大写

续表 C - 1

对象	方法（函数）	描 述
	toSource( )	代表对象的源代码
	toString( )	返回字符串
	valueOf( )	返回某个字符串对象的原始值
	match( )	找到一个或多个正则表达式的匹配
	replace( )	替换与正则表达式匹配的子串
	search( )	检索与正则表达式相匹配的值
	slice( )	提取字符串的片断，并在新的字符串中返回被提取的部分
	small( )	使用小字号来显示字符串
	split( )	把字符串分割为字符串数组
	strike( )	使用删除线来显示字符串
String	sub( )	把字符串显示为下标
	substr( )	从起始索引号提取字符串中指定数目的字符
	substring( )	提取字符串中两个指定的索引号之间的字符
	sup( )	把字符串显示为上标
	toLocaleLowerCase( )	把字符串转换为小写
	toLocaleUpperCase( )	把字符串转换为大写
	toLowerCase( )	把字符串转换为小写
	toUpperCase( )	把字符串转换为大写
	toSource( )	代表对象的源代码
	toString( )	返回字符串
	valueOf( )	返回某个字符串对象的原始值
	compile( )	编译正则表达式
	exec( )	检索字符串中指定的值。返回找到的值，并确定其位置
	test( )	检索字符串中指定的值。返回 true 或 false
RegExp	search( )	检索与正则表达式相匹配的值
	match( )	找到一个或多个正则表达式的匹配
	replace( )	替换与正则表达式匹配的子串
	split( )	把字符串分割为字符串数组

续表 C – 1

对象	方法（函数）	描　述
全局 对象	decodeURI( )	解码某个编码的 URI
	decodeURIComponent( )	解码一个编码的 URI 组件
	encodeURI( )	把字符串编码为 URI
	encodeURIComponent( )	把字符串编码为 URI 组件
	escape( )	对字符串进行编码
	eval( )	计算 JavaScript 字符串，并把它作为脚本代码来执行
	getClass( )	返回一个 JavaObject 的 JavaClass
	isFinite( )	检查某个值是否为有穷大的数
	isNaN( )	检查某个值是否是数字
	Number( )	把对象的值转换为数字
	parseFloat( )	解析一个字符串并返回一个浮点数
	parseInt( )	解析一个字符串并返回一个整数
	String( )	把对象的值转换为字符串
	unescape( )	对由 escape( )编码的字符串进行解码

附录四   jQuery 参考手册

1. jQuery 选择器

表 D – 1   jQuery 选择器

选择器	实 例	选 取
*	$ (" * ")	所有元素
#id	$ (" #lastname ")	ID = " lastname " 的元素
. class	$ (" . intro ")	所有 class = " intro " 的元素
element	$ (" p ")	所有 < p > 元素
. class. class	$ (" . intro. demo ")	所有 class = " intro " 且 class = " demo " 的元素
: first	$ (" p: first ")	第一个 < p > 元素
: last	$ (" p: last ")	最后一个 < p > 元素
: even	$ (" tr: even ")	所有偶数 < tr > 元素
: odd	$ (" tr: odd ")	所有奇数 < tr > 元素
: eq(index)	$ (" ul li: eq(3) ")	列表中的第四个元素(index 从 0 开始)
: gt(no)	$ (" ul li: gt(3) ")	列出 index 大于 3 的元素
: lt(no)	$ (" ul li: lt(3) ")	列出 index 小于 3 的元素
: not(selector)	$ (" input: not(: empty) ")	所有不为空的 input 元素
: header	$ (" : header ")	所有标题元素 < h1 > - < h6 >
: animated	$ (" : animated ")	所有动画元素
: contains(text)	$ (" : contains(' W3School ') ")	包含指定字符串的所有元素
: empty	$ (" : empty ")	无子(元素)节点的所有元素
: hidden	$ (" p: hidden ")	所有隐藏的 < p > 元素
: visible	$ (" table: visible ")	所有可见的表格
, s2, s3	$ (" th, td, . intro ")	所有带有匹配选择的元素
[attribute]	$ (" [href] ")	所有带有 href 属性的元素
[attribute = value]	$ (" [href = '#'] ")	所有 href 属性的值等于" #"的元素
[attribute! = value]	$ (" [href! = '#'] ")	所有 href 属性的值不等于" #"的元素
[attribute $ = value]	$ (" [href $ = '. jpg'] ")	所有 href 属性的值包含". jpg"结尾的元素
: input	$ (" : input ")	所有 < input > 元素
: text	$ (" : text ")	所有 type = " text " 的 < input > 元素
: password	$ (" : password ")	所有 type = " password " 的 < input > 元素

续表 D－1

选择器	实　例	选　取
: radio	$("　: radio")$	所有 type = "radio" 的 ＜input＞ 元素
: checkbox	$("　: checkbox")$	所有 type = "checkbox" 的 ＜input＞ 元素
: submit	$("　: submit")$	所有 type = "submit" 的 ＜input＞ 元素
: reset	$("　: reset")$	所有 type = "reset" 的 ＜input＞ 元素
: button	$("　: button")$	所有 type = "button" 的 ＜input＞ 元素
: image	$("　: image")$	所有 type = "image" 的 ＜input＞ 元素
: file	$("　: file")$	所有 type = "file" 的 ＜input＞ 元素
: enabled	$("　: enabled")$	所有激活的 input 元素
: disabled	$("　: disabled")$	所有禁用的 input 元素
: selected	$("　: selected")$	所有被选取的 input 元素
: checked	$("　: checked")$	所有被选中的 input 元素

2. jQuery 事件方法

表 D－2　jQuery 事件方法

方　法	描　述
ind( )	向匹配元素附加一个或更多事件处理器
blur( )	触发或将函数绑定到指定元素的 blur 事件
change( )	触发或将函数绑定到指定元素的 change 事件
click( )	触发或将函数绑定到指定元素的 click 事件
dblclick( )	触发或将函数绑定到指定元素的 double click 事件
delegate( )	向匹配元素的当前或未来的子元素附加一个或多个事件处理器
die( )	移除所有通过 live( ) 函数添加的事件处理程序
error( )	触发或将函数绑定到指定元素的 error 事件
event. isDefaultPrevented( )	返回 event 对象上是否调用了 event. preventDefault( )
event. pageX	相对于文档左边缘的鼠标位置
event. pageY	相对于文档上边缘的鼠标位置
event. preventDefault( )	阻止事件的默认动作
event. result	包含由被指定事件触发的事件处理器返回的最后一个值
event. target	触发该事件的 DOM 元素
event. timeStamp	该属性返回从 1970 年 1 月 1 日到事件发生时的毫秒数
event. type	描述事件的类型
event. which	指示按了哪个键或按钮

续表 D – 2

方　法	描　述
focus( )	触发或将函数绑定到指定元素的 focus 事件
keydown( )	触发或将函数绑定到指定元素的 key down 事件
keypress( )	触发或将函数绑定到指定元素的 key press 事件
keyup( )	触发或将函数绑定到指定元素的 key up 事件
live( )	为当前或未来的匹配元素添加一个或多个事件处理器
load( )	触发或将函数绑定到指定元素的 load 事件
mousedown( )	触发或将函数绑定到指定元素的 mouse down 事件
mouseenter( )	触发或将函数绑定到指定元素的 mouse enter 事件
mouseleave( )	触发或将函数绑定到指定元素的 mouse leave 事件
mousemove( )	触发或将函数绑定到指定元素的 mouse move 事件
mouseout( )	触发或将函数绑定到指定元素的 mouse out 事件
mouseover( )	触发或将函数绑定到指定元素的 mouse over 事件
mouseup( )	触发或将函数绑定到指定元素的 mouse up 事件
one( )	向匹配元素添加事件处理器。每个元素只能触发一次该处理器
ready( )	文档就绪事件(当 HTML 文档就绪可用时)
resize( )	触发或将函数绑定到指定元素的 resize 事件
scroll( )	触发或将函数绑定到指定元素的 scroll 事件
select( )	触发或将函数绑定到指定元素的 select 事件
submit( )	触发或将函数绑定到指定元素的 submit 事件
toggle( )	绑定两个或多个事件处理器函数，发生轮流的 click 事件执行
trigger( )	所有匹配元素的指定事件
triggerHandler( )	第一个被匹配元素的指定事件
unbind( )	从匹配元素移除一个被添加的事件处理器
undelegate( )	从匹配元素移除一个被添加的事件处理器，现在或将来
unload( )	触发或将函数绑定到指定元素的 unload 事件

3. jQuery 效果函数

表 D-3　jQuery 效果函数

方　　法	描　　述
animate( )	对被选元素应用"自定义"的动画
clearQueue( )	对被选元素移除所有排队的函数(仍未运行的)
delay( )	对被选元素的所有排队函数(仍未运行)设置延迟
dequeue( )	运行被选元素的下一个排队函数
fadeIn( )	逐渐改变被选元素的不透明度,从隐藏到可见
fadeOut( )	逐渐改变被选元素的不透明度,从可见到隐藏
fadeTo( )	把被选元素逐渐改变至给定的不透明度
hide( )	隐藏被选的元素
queue( )	显示被选元素的排队函数
show( )	显示被选的元素
slideDown( )	通过调整高度来滑动显示被选元素
slideToggle( )	对被选元素进行滑动隐藏和滑动显示的切换
slideUp( )	通过调整高度来滑动隐藏被选元素
stop( )	停止在被选元素上运行动画
toggle( )	对被选元素进行隐藏和显示的切换

4. jQuery 文档操作方法

表 D-4　jQuery 文档操作方法

方　　法	描　　述
addClass( )	向匹配的元素添加指定的类名
after( )	在匹配的元素之后插入内容
append( )	向匹配元素集合中的每个元素结尾插入由参数指定的内容
appendTo( )	向目标结尾插入匹配元素集合中的每个元素
attr( )	设置或返回匹配元素的属性和值
before( )	在每个匹配的元素之前插入内容
clone( )	创建匹配元素集合的副本
detach( )	从 DOM 中移除匹配元素集合
empty( )	删除匹配的元素集合中所有的子节点
hasClass( )	检查匹配的元素是否拥有指定的类

续表 D – 4

方　法	描　述
html( )	设置或返回匹配的元素集合中的 HTML 内容
insertAfter( )	把匹配的元素插入到另一个指定的元素集合的后面
insertBefore( )	把匹配的元素插入到另一个指定的元素集合的前面
prepend( )	向匹配元素集合中的每个元素开头插入由参数指定的内容
prependTo( )	向目标开头插入匹配元素集合中的每个元素
remove( )	移除所有匹配的元素
removeAttr( )	从所有匹配的元素中移除指定的属性
removeClass( )	从所有匹配的元素中删除全部或者指定的类
replaceAll( )	用匹配的元素替换所有匹配到的元素
replaceWith( )	用新内容替换匹配的元素
text( )	设置或返回匹配元素的内容
toggleClass( )	从匹配的元素中添加或删除一个类
unwrap( )	移除并替换指定元素的父元素
val( )	设置或返回匹配元素的值
wrap( )	把匹配的元素用指定的内容或元素包裹起来
wrapAll( )	把所有匹配的元素用指定的内容或元素包裹起来
wrapinner( )	将每一个匹配的元素的子内容用指定的内容或元素包裹起来

5. jQuery 属性操作方法

表 D – 5　jQuery 属性操作方法

方　法	描　述
addClass( )	向匹配的元素添加指定的类名
attr( )	设置或返回匹配元素的属性和值
hasClass( )	检查匹配的元素是否拥有指定的类
html( )	设置或返回匹配的元素集合中的 HTML 内容
removeAttr( )	从所有匹配的元素中移除指定的属性
removeClass( )	从所有匹配的元素中删除全部或者指定的类
toggleClass( )	从匹配的元素中添加或删除一个类
val( )	设置或返回匹配元素的值

6. jQuery CSS 操作函数

表 D - 6　jQuery CSS 操作函数

CSS 属性	描　述
css( )	设置或返回匹配元素的样式属性
height( )	设置或返回匹配元素的高度
offset( )	返回第一个匹配元素相对于文档的位置
offsetParent( )	返回最近的定位祖先元素
position( )	返回第一个匹配元素相对于父元素的位置
scrollLeft( )	设置或返回匹配元素相对滚动条左侧的偏移
scrollTop( )	设置或返回匹配元素相对滚动条顶部的偏移
width( )	设置或返回匹配元素的宽度

7. jQuery Ajax 操作函数

表 D - 7　jQuery Ajax 操作函数

函　数	描　述
jQuery. ajax( )	执行异步 HTTP（Ajax）请求
. ajaxComplete( )	当 Ajax 请求完成时注册要调用的处理程序。这是一个 Ajax 事件
. ajaxError( )	当 Ajax 请求完成且出现错误时注册要调用的处理程序。这是一个 Ajax 事件
. ajaxSend( )	在 Ajax 请求发送之前显示一条消息
jQuery. ajaxSetup( )	设置将来的 Ajax 请求的默认值
. ajaxStart( )	当首个 Ajax 请求完成开始时注册要调用的处理程序。这是一个 Ajax 事件
. ajaxStop( )	当所有 Ajax 请求完成时注册要调用的处理程序。这是一个 Ajax 事件
. ajaxSuccess( )	当 Ajax 请求成功完成时显示一条消息
jQuery. get( )	使用 HTTP GET 请求从服务器加载数据
jQuery. getJSON( )	使用 HTTP GET 请求从服务器加载 JSON 编码数据
jQuery. getScript( )	使用 HTTP GET 请求从服务器加载 JavaScript 文件，然后执行该文件
. load( )	从服务器加载数据，然后将返回的 HTML 放入匹配元素
jQuery. param( )	创建数组或对象的序列化表示，适合在 URL 查询字符串或 Ajax 请求中使用
jQuery. post( )	使用 HTTP POST 请求从服务器加载数据
. serialize( )	将表单内容序列化为字符串
. serializeArray( )	序列化表单元素，返回 JSON 数据结构数据

8. jQuery 遍历函数

表 D – 8　jQuery 遍历函数

函　　数	描　　述
. add( )	将元素添加到匹配元素的集合中
. andSelf( )	把堆栈中之前的元素集添加到当前集合中
. children( )	获得匹配元素集合中每个元素的所有子元素
. closest( )	从元素本身开始，逐级向上级元素匹配，并返回最先匹配的祖先元素
. contents( )	获得匹配元素集合中每个元素的子元素，包括文本和注释节点
. each( )	对 jQuery 对象进行迭代，为每个匹配元素执行函数
end( )	结束当前链中最近的一次筛选操作，并将匹配元素集合返回到前一次的状态
. eq( )	将匹配元素集合缩减为位于指定索引的新元素
. filter( )	将匹配元素集合缩减为匹配选择器或匹配函数返回值的新元素
. find( )	获得当前匹配元素集合中每个元素的后代，由选择器进行筛选
. first( )	将匹配元素集合缩减为集合中的第一个元素
. has( )	将匹配元素集合缩减为包含特定元素的后代的集合
. is( )	根据选择器检查当前匹配元素集合，如果存在至少一个匹配元素，则返回 true
. last( )	将匹配元素集合缩减为集合中的最后一个元素
. map( )	把当前匹配集合中的每个元素传递给函数，产生包含返回值的新 jQuery 对象
. next( )	获得匹配元素集合中每个元素紧邻的同辈元素
. nextAll( )	获得匹配元素集合中每个元素之后的所有同辈元素，由选择器进行筛选(可选)
. nextUntil( )	获得每个元素之后所有的同辈元素，直到遇到匹配选择器的元素为止
. not( )	从匹配元素集合中删除元素
. offsetParent( )	获得用于定位的第一个父元素
. parent( )	获得当前匹配元素集合中每个元素的父元素，由选择器筛选(可选)
. parents( )	获得当前匹配元素集合中每个元素的祖先元素，由选择器筛选(可选)
. parentsUntil( )	获得当前匹配元素集合中每个元素的祖先元素，直到遇到匹配选择器的元素为止
. prev( )	获得匹配元素集合中每个元素紧邻的前一个同辈元素，由选择器筛选(可选)
. prevAll( )	获得匹配元素集合中每个元素之前的所有同辈元素，由选择器进行筛选(可选)
. prevUntil( )	获得每个元素之前所有的同辈元素，直到遇到匹配选择器的元素为止
iblings( )	获得匹配元素集合中所有元素的同辈元素，由选择器筛选(可选)
. slice( )	将匹配元素集合缩减为指定范围的子集

9. jQuery 数据操作函数

表 D-9　jQuery 数据操作函数

函　数	描　述
. clearQueue( )	从队列中删除所有未运行的项目
. data( ) 或 jQuery. data( )	存储与匹配元素相关的任意数据
. dequeue( ) 或 jQuery. dequeue( )	从队列最前端移除一个队列函数，并执行它
jQuery. hasData( )	存储与匹配元素相关的任意数据
. queue( ) 或 jQuery. queue( )	显示或操作匹配元素所执行函数的队列
. removeData( ) 或 jQuery. removeData( )	移除之前存放的数据

10. jQuery DOM 元素方法

表 D-10　jQuery DOM 元素方法

函　数	描　述
. get( )	获得由选择器指定的 DOM 元素
. index( )	返回指定元素相对于其他指定元素的 index 位置
. size( )	返回被 jQuery 选择器匹配的元素的数量
. toArray( )	以数组的形式返回 jQuery 选择器匹配的元素

11. jQuery 核心函数

表 D-11　jQuery 核心函数

函　数	描　述
jQuery( )	接受一个字符串，其中包含了用于匹配元素集合的 CSS 选择器
jQuery. noConflict( )	运行这个函数将变量 $ 的控制权让渡给第一个实现它的那个库

12. jQuery 属性

表 D-12　jQuery 属性

属性	描述
context	在版本 1.10 中被弃用。包含传递给 jQuery( ) 的原始上下文
jquery	包含 jQuery 版本号
jQuery. fx. interval	改变以毫秒计的动画速率
jQuery. fx. off	全局禁用/启用所有动画
jQuery. support	表示不同浏览器特性或漏洞的属性集合（用于 jQuery 内部使用）
length	包含 jQuery 对象中的元素数目

附录五　Bootstrap 参考手册

1. Bootstrap 框架安装步骤

　　Bootstrap 是一个非常受欢迎的前端开发框架，是由在 Twitter 工作的 Mark Otto 和 Jacob Thornton 共同开发的一个开源框架。该框架可提高团队的开发效率，同时也可规范团队成员在使用 CSS 和 JavaScript 方面的编写规范。Bootstrap 的强大之处在于它对常见的 CSS 布局小组件和 JavaScript 插件都进行了完整且完善的封装，使得开发人员（不仅是前端开发人员）轻松使用。它解决了广大后端开发人员的难题，使得在团队没有前端开发人员的情况下独立开发一个规范且美观的 Web 系统。Bootstrap 框架安装步骤如下：

　　步骤 1. Bootstrap 框架获取。

　　输入网址 http://getbootstrap.com/进入 Bootstrap 官方网站，如图 E–1 所示（Bootstrap 中文网站 http://www.bootcss.com/）。

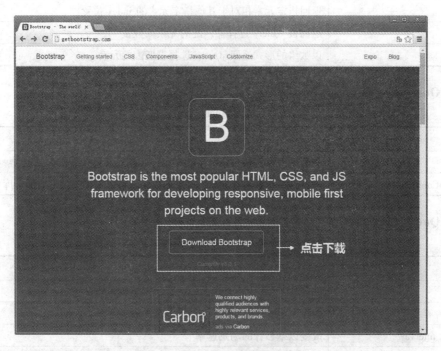

图 E–1　Bootstrap 官方网站首页

　　点击"Download Bootstrap"链接，进入下载页，如图 E–2 所示。

　　Bootstrap 有两个版本供下载，一个是用于生产环境的 Bootstrap 预编译版本（编译并压缩后的 CSS、JavaScript 和字体文件，不包含文档和源码文件），另一个是 Bootstrap 源码（Less、JavaScript 和字体文件的源码，并且带有文档）。下载成功后的 Bootstrap 文件结构如下：

　　1）预编译的 Bootstrap 文件结构

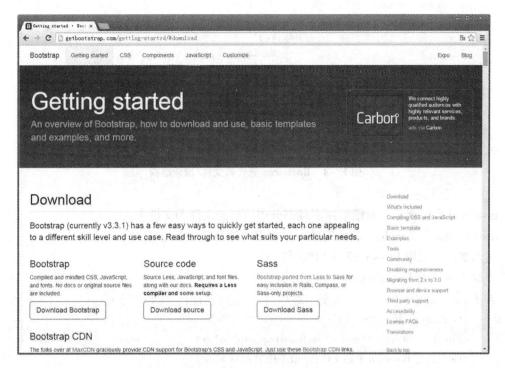

图 E-2　Bootstrap 下载页

下载 Bootstrap 的已编译版本，解压缩 ZIP 文件，文件/目录结构如图 E-3 所示。

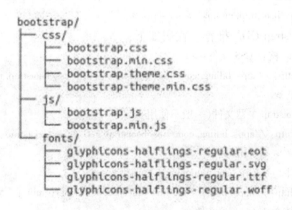

图 E-3　预编译的 Bootstrap 文件/目录结构

预编译的 Bootstrap 下载包包含编译的 CSS 和 JS(bootstrap. *)，以及已编译压缩的 CSS 和 JS(bootstrap. min. *)。同时也包含了 Glyphicons 的字体。

2)Bootstrap 源代码文件结构

下载 Bootstrap 源代码包，解压缩 ZIP 文件，文件/目录结构如图 E-4 所示。

less/、js/ 和 fonts/ 下的文件分别是 Bootstrap CSS、JS 和图标字体的源代码。

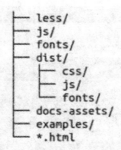

```
├── less/
├── js/
├── fonts/
├── dist/
│   ├── css/
│   ├── js/
│   └── fonts/
├── docs-assets/
├── examples/
└── *.html
```

图 E-4 Bootstrap 源代码文件/目录结构

dist/文件夹包含了上面预编译下载部分中所列的文件和文件夹。

docs-assets/、examples/ 和所有的 ∗.html 文件是 Bootstrap 文档。

实训案例均采用 Bootstrap3.3 预编译版本。

步骤 2. 网页中引入 Bootstrap 框架。

方法 1：下载 Bootstrap，导入至本地项目，再进行引用。代码如下：

```
1    <!--Bootstrap 核心 CSS 文件-->
2    <link rel="stylesheet" href="css/bootstrap.min.css">
3    <!--可选的 Bootstrap 主题文件(一般不用引入)-->
4    <link rel="stylesheet" href="css/bootstrap-theme.min.css">
5    <!--jQuery 文件。务必在 bootstrap.min.js 之前引入-->
6    <script src="js/jquery.min.js"></script>
7    <!--Bootstrap 核心 JavaScript 文件-->
8    <script src="js/bootstrap.min.js"></script>
```

方法 2：采用 Bootstrap CDN 推荐。代码如下：

```
1    <!--新 Bootstrap 核心 CSS 文件-->
2    <link href="http://apps.bdimg.com/libs/bootstrap/3.0.3/css/bootstrap.min.css"
     rel="stylesheet">
3    <!--可选的 Bootstrap 主题文件(一般不使用)-->
4    <script src="http://apps.bdimg.com/libs/bootstrap/3.0.3/css/bootstrap
     -theme.min.css"></script>
5    <!--jQuery 文件。务必在 bootstrap.min.js 之前引入-->
6    <script src="http://apps.bdimg.com/libs/jquery/2.0.0/jquery.min.js"></script>
7    <!--Bootstrap 核心 JavaScript 文件-->
8    <script src="http://apps.bdimg.com/libs/bootstrap/3.0.3/js/bootstrap.min.js"></script>
```

2. Bootstrap 整体架构

大多数 Bootstrap 的使用者都认为 Bootstrap 只提供了 CSS 组件和 JavaScript 插件，其实 CSS 组件和 JavaScript 插件只是 Bootstrap 框架的表现形式而已，他们都是构建在基础平台之上的。在详细分析其架构之前，先来看看它的整体架构图，如图 E-5 所示。

图总共分为 6 大部分，除了 CSS 组件和 JavaScript 插件以外，另外 4 部分都是基础支撑平台，下面对它们分别进行介绍。

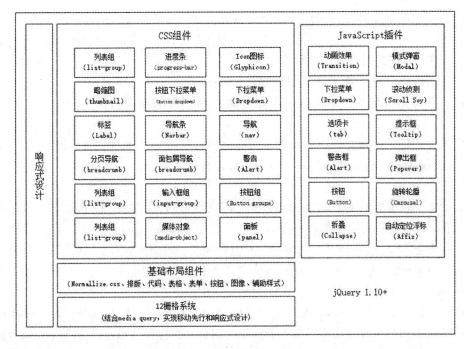

图 E-5 Bootstrap 整体架构图

1）栅格系统

要理解 12 栅格系统，首先要知道什么叫做栅格系统。栅格系统没有官方的定义，但是根据互联网上的各种描述，可以这样定义：以规则的网格阵列来指导和规范网页中的版面布局以及信息分布。网页栅格系统是从平面栅格系统中发展而来的。对于网页设计来说，使用栅格系统，不仅可以让网页信息的呈现更加美观、易读，更具可用性，而且对于前端开发来说，也让网页开发更加灵活和规范。

Bootstrap 的 12 栅格系统也就是把网页的总宽度平分 12 份，开发人员可以自由组合，以便开发出简洁方便的程序。另外 Boostrap 也提供了更加灵活的栅格系统，即栅格系统所使用的总宽度可以不固定，你可以针对一个 div 元素使用 12 等分的栅格，因为 Bootstrap 是按照百分比进行 12 等分的（保留了 15 位小数点精度）。

12 栅格系统是整个 Bootstrap 的核心功能，也是响应式设计核心理念的一种实现形式。

2）基础布局组件

在 12 栅格系统的基础之上，Bootstrap 提供了多种基础布局组件，比如排版、代码、表格、按钮、表单等，这些基础组件可以随意应用在任何页面的任何元素上，包括其顶部的 CSS 组件内部也可以任意使用这些基础组件。只有通过在成型的 CSS 组件上应用丰富多彩的自定义基础组件，才能制造出漂亮、精美、炫酷的网页来。

3）jQuery

Bootstrap 所有的 JavaScript 插件都依赖于 jQuery1.10＋，如果要使用这些插件，就必须引用 jQuery 库。如果只用 CSS 组件，那就可以不引用它。

4）响应式设计

页面的设计与开发应当根据用户行为和设备环境（系统平台、屏幕尺寸、屏幕定向等）进行相应的响应和调整。具体的实践方式由多方面决定，包括弹性网格和布局、图片、CSS 媒体查询（media query）的使用等。无论用户正在使用笔记本还是 iPad，我们的页面都应该能够自动切换分辨率、图片尺寸及相关脚本功能等，以适应不同设备。换句话说，页面应该有能力自动适应用户的设备环境。响应式网页设计就是一个网站能够兼容多个终端，而不是为每个终端做一个特定的版本。这样就可以不必为不断到来的新设备做专门的版本设计和开发了。

响应式设计是一个理念，而非功能，这里之所以把它放在整个架构图的左边，是因为 Bootstrap 的所有内容，都是以响应式设计为设计理念来实现的。

5）CSS 组件

最新的 3.x 版本里提供了 20 种 CSS 组件，而在原来的 2.x 版本里，Bootstrap 只提供了 14 种 CSS 组件，分别是：下拉菜单（Dropdown）、按钮组（Button group）、按钮下拉菜单（Button dropdown）、导航（Nav）、导航条（Navbar）、面包屑导航（Breadcrumb）、分页导航（Pagination）、标签与徽章（Label&Badge）、排版（Typography）、缩略图（Thumbnail）、警告框（Alert）、进度条（Progress bar）、媒体对象（Media object）、其他（Well）。

对比一下，可以发现：Icon 图标、大屏幕展播（Jumbotron）、页面标题（Page header）和洼地（Well）从基本布局里独立出来，成为了独立的组件；而标签（Label）、徽章（Badge）原来是一个组件，现在也成为了两个单独的组件了（并进行了增强）；最后，还新增了 3 个组件，分别是：输入框组（Input group）、列表组（List group）和面板（Panel）。另外，CSS 和 JavaScript 插件中间有 5 个箭头，表示这 5 个相关的组件（插件）是有直接关系的。

6）JavaScript 插件

新版的 JavaScript 插件总共 12 种，与 2.x 版本的 13 种相比少了一种输入提示（typeahead）插件。删除它的原因是该插件已经单独成为了 Twitter 的一个独立项目（https：//github.com/twitter/typeahead.js）。另外，Bootstrap 项目由原来的 https：//github.com/twitter 转移到了 https：//github.com/twbs，其原因就不多介绍了。如果大家有兴趣继续使用 typeahead 插件，可自行下载并安装使用。

附录六 EasyUI 参考手册

1. EasyUI 框架安装步骤

EasyUI 是一种基于 jQuery 的用户界面插件集合。EasyUI 具有以下特点：

(1) 为创建交互式 Web 界面提供丰富的 UI 组件。

(2) 只需要 HTML 代码，就可以定义用户界面。

(3) 完美支持 HTML5 网页的完整框架。

(4) 提高 Web 前端开发效率。

EasyUI 框架安装步骤如下：

步骤 1. EasyUI 框架获取。

输入网址 http：//www. jeasyui. com/进入 EasyUI 官方网站，如图 F-1 所示。

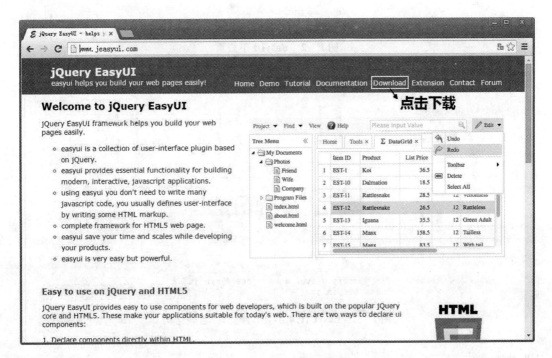

图 F-1 EasyUI 官方网站首页

点击"Download"链接，进入下载页，如图 F-2 所示。

实训案例均采用 EasyUI1.4.1GPL 版本。下载 EasyUI1.4.1GPL 版本成功后，解压缩 ZIP 文件，文件/目录结构如图 F-3 所示。

jquery. easyui. min. js 为 EasyUI 核心文件，jquery. min. js 为 jQuery 核心文件。

demo 目录下的文件为 EasyUI 各种组件的实例文件，如树形菜单、日历等。

locale 目录下的文件为 EasyUI 本地化文件，包含多种语言的本地化，如中文、日文等，默

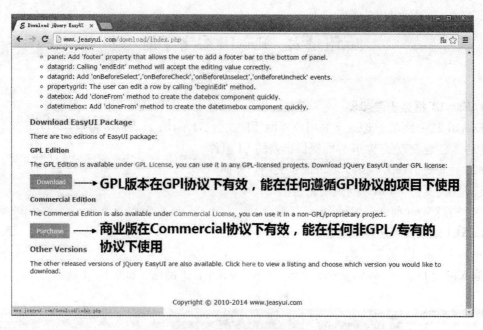

图 F - 2　EasyUI 下载页

图 F - 3　EasyUI1.4.1GPL 版文件/目录结构

认为英语。

　　plugins 目录下的文件为 EasyUI 各种组件的独立 JS 文件,如树形菜单、日历等。这些 JS 文件已包含在 jquery.easyui.min.js 文件中。

　　src 目录下的文件为 EasyUI 各种组件的独立 JS 未压缩文件。

　　themes 目录下的文件为 EasyUI 主题文件,共有 default、black、bootstrap、gray 和 metro 5 种主题可供切换。

　　步骤 2. 网页中引入 EasyUI 框架。

　　下载 EasyUI,导入至本地项目,再进行引用。代码如下:

```
1      <!--默认的 EasyUI 主题样式文件-->
2      < link rel = " stylesheet" type = " text/css" href = " themes/default/easyui. css" >
3      <!--默认的 EasyUI 小图标样式文件-->
4      < link rel = " stylesheet" type = " text/css" href = " themes/icon. css" >
5      <!--jQuery 文件。务必在 jquery. easyui. min. js 之前引入-->
6      < script src = " jquery. min. js" > </script >
7      <!--EasyUI 核心 JavaScript 文件-->
8      < script src = " jquery. easyui. min. js" > </script >
9      <!--EasyUI 本地化文件,此例为简体中文-->
10     < script src = " locale/easyui-lang-zh_CN. js" > </script >
```

2. EasyUI 整体架构

EasyUI 组件整体架构如图 F‒4 所示。

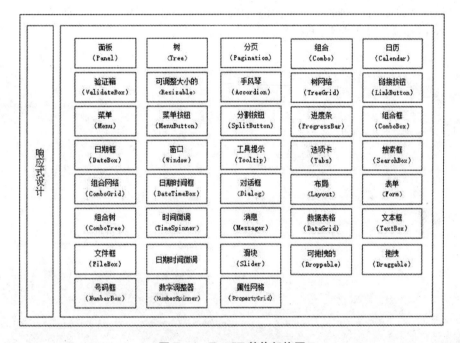

图 F‒4　EasyUI 整体架构图

参考文献

［1］（美）Jennifer Niederst Robbins. Web 前端工程师修炼之道［M］（第 4 版）. 北京：机械工业出版社，2014.

［2］曹刘阳. 编写高质量代码——Web 前端开发修炼之道［M］. 北京：机械工业出版社，2010.

［3］Lamp 兄弟. ThinkPHP 搭建 CMS［V］. 北京：机械工业出版社，2014.

［4］（美）斯珀洛克（Jake Spurlock）. Bootstrap 用户手册：设计响应式网站［M］. 北京：人民邮电出版社，2013.

［5］成林. Bootstrap 实战［M］. 北京：机械工业出版社，2013.